普通高等教育"十二五"规划教材

# 化 工 安 全

邵 辉 主编

北 京
冶金工业出版社
2012

## 内 容 提 要

本书根据化工生产的特点,系统地讲述了化工生产过程危险物质的泄漏与扩散、燃烧与爆炸等各种事故和职业性伤害发生的规律及原因;阐述了在典型的化工反应和化工操作过程中预防和控制化工事故的基本理论和技术;介绍了化工职业健康卫生、化工生产安全管理和化工事故应急救援等化工安全相关技术知识。

本书可以作为高等院校安全工程、安全管理工程、化学工艺与工程等专业的教学用书,也可供化工企业的安全和技术管理人员参考。

**图书在版编目(CIP)数据**

化工安全/邵辉主编. —北京:冶金工业出版社,2012.5
普通高等教育"十二五"规划教材
ISBN 978-7-5024-5898-0

Ⅰ.①化… Ⅱ.①邵… Ⅲ.①化工安全—高等教育—教材
Ⅳ.①TQ086

中国版本图书馆 CIP 数据核字(2012)第 067748 号

出 版 人 曹胜利
地　　　址 北京北河沿大街嵩祝院北巷 39 号,邮编 100009
电　　　话 (010)64027926　电子信箱 yjcbs@ cnmip. com. cn
责任编辑 张耀辉　马文欢　美术编辑 李　新　版式设计 孙跃红
责任校对 卿文春　责任印制 李玉山
ISBN 978-7-5024-5898-0
北京印刷一厂印刷;冶金工业出版社出版发行;各地新华书店经销
2012 年 5 月第 1 版,2012 年 5 月第 1 次印刷
787mm×1092mm　1/16;16. 25 印张;389 千字;247 页
**35. 00 元**

**冶金工业出版社投稿电话:(010)64027932　投稿信箱:tougao@cnmip. com. cn**
**冶金工业出版社发行部　电话:(010)64044283　传真:(010)64027893**
**冶金书店　地址:北京东四西大街46号(100010)　电话:(010)65289081(兼传真)**
(本书如有印装质量问题,本社发行部负责退换)

# 前　言

化工生产是经济社会发展的重要支柱。一方面，化工生产有力地促进了国民经济的发展，改善和提高了人们的生活水平；另一方面，在化工（特别是危险化学品）生产过程中存在着许多不安全因素和职业危害，如易燃、易爆、易中毒、高温、高压、有腐蚀等，因此比其他工业生产有着更大的潜在危险性。

在化工生产过程中，风险是客观存在的，虽然看不见、摸不着，但它却与生产活动密不可分，如影随形。本书以化工生产过程为主线，应用安全原理与事故控制理论，对化工生产中的事故和职业危害进行了系统地分析与阐述。

化工安全是保证化工安全生产的主要技术支撑，是安全工程专业学生必须掌握的专业技术，在安全人才培养中占有重要的地位，对培养学生的安全工程思维和应用能力具有重要意义。

化工生产的多样性和工艺过程的复杂性，使得化工安全技术具有极强的实践性，本书通过一些典型的化工生产工艺与安全控制技术的介绍，力图达到举一反三的目的，使化工安全技术成为化工安全生产、降低伤亡事故和财产损失的有效保障。

作者根据多年来在化工安全方面的研究与实践，在编写上力求能够为读者提供一个较为系统的技术体系：

（1）在内容上力求科学性、系统性、基础性和前沿性。

（2）在功用上力求广泛性和实用性。

（3）在风格上力求简明性和趣味性，做到深入浅出，语言简练明了，案例典型、生动。

本书由常州大学邵辉（第1章）、葛秀坤（第2、4章）、郑州大学刘诗飞（第3、6章）、安徽工业大学刘秀玉（第5、9章）、淮海工学院李娜（第7章）、常州大学黄勇（第8章）共同编写，邵辉教授承担全书的策划与统调。本书是作者多年来的教学与研究经验和不断阅读与思索的总结。限于作者的理论水平和实践经验，书中难免存在一些不足，恳请广大读者予以批评指正。

　　本书在编写的过程中，引用了大量与本书内容有关的反映学术前沿的教材、专著和论文，在此向原作者表示感谢！同时，本书的编写还得到常州大学、郑州大学、安徽工业大学、淮海工学院的大力支持和帮助，在此一并表示感谢！

作　者

2012 年 3 月

# 目　　录

# 1 绪　　论

化工是国民经济的基础产业，经济的快速发展对化工产品的需求种类及数量与日俱增，现代社会已离不开化工生产。社会的巨大需求又促进了化工生产的快速增长，特别是我国的经济发达地区，也是化工生产的聚集区，如在经济发达的长三角地区据不完全统计就集聚了上万家的大大小小的化工生产企业。化工生产由于存在着许多不安全因素和职业危害，如易燃、易爆、易中毒、高温、高压、有腐蚀性等，故比其他生产有着更大的危险性。本章将就化工生产的特点、安全与系统安全、我国化工安全生产的现状与发展趋势等做简要介绍。

## 1.1　化工生产的特点

化工生产的特点是由其使用的物料、设备、工艺、产品等多种因素所决定的，在生产过程中对这些因素要有清晰的认识和分析，了解它们之间的相互关系，才能有的放矢地进行安全管理，采取有效的安全技术措施，确保安全生产。

### 1.1.1　化工生产系统的特点

化工生产系统是一个复杂的"人-机-环"系统，该系统可以用图1-1表示。

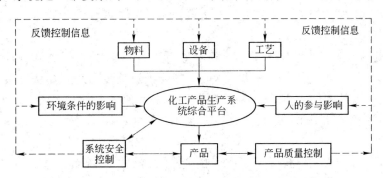

图1-1　化工生产系统逻辑结构图

由图1-1可见，化工生产系统有如下特点：

（1）化工生产系统组成的复杂性与可变性。化工生产系统组成的复杂性取决于化工产品的多样性、生产工艺的多变性。根据其生产的产品，其生产系统由物料、设备、工艺组成相应的产品生产系统平台，在生产中还要受到环境、人的参与等因素的影响。

化工生产系统的可变性表明：生产同一产品可有不同的系统组成；反之，相同的系统组成也可生产不同的化工产品。

（2）化工生产系统中各种信息流动与交换的时空性。在化工生产中各种信息流动与交换的时空性对系统的稳定性发挥重要的影响作用。这些信息包括物料信息、设备信息、工艺参数信息、系统状态信息、产品信息、安全信息、人的参与信息、各种控制信息等，它们显现的时间、空间位置对系统都有不同的影响作用。只有正确地了解并控制这些信息，才能保证系统按设计的功能稳定运行。

（3）化工生产系统控制的多样性。在化工生产系统中有各种控制子系统，如产品质量控制系统、系统安全控制系统等，这些系统相互关联，同时又相互制约。系统中的各种控制又依赖于系统中各种信息的流动与交换。

（4）化工生产系统的动态性。化工生产系统的动态性使得化工安全管理的难度大大提高，这种系统的动态性表现有时又是非常复杂的，如产品的变化、设备的变化、工艺参数的变化、人的操作变化、信息的变化、环境因素的变化等，均可引起系统生产的变化，与此同时对应的各种控制、操作、技术措施等必须跟上，否则系统就会不稳定。

正确理解化工生产系统的特点，是做好安全生产最基础的工作。

## 1.1.2 化工生产中的事故特点

了解化工生产的事故特点是做好事故预防的前提。在化工生产过程中存在着许多不安全因素和职业危害，这主要是由于化学品生产具有如下几个特点：

（1）化工生产使用的物料绝大多数具有潜在危险性。化工生产使用的原料、中间体和产品种类繁多，绝大多数是易燃易爆、有毒有害、有腐蚀性等危险化学品。例如，聚氯乙烯树脂生产使用的原料乙烯、甲苯和 $C_4$ 及中间产品二氯乙烷和氯乙烯都是易燃易爆物质，在空气中达到一定的浓度，遇火源即会发生火灾、爆炸事故；氯气、二氯乙烷、氯乙烯还具有较强的毒性，氯乙烯并具有致癌作用，氯气和氯化氢在有水分存在的情况下有强烈腐蚀性。

这些潜在危险性决定了在生产过程中必须对化学品的使用、储存、运输提出特殊的要求，如果稍有不慎就会酿成事故。

（2）化工生产工艺过程复杂、工艺条件苛刻。化学品生产从原料到产品，都有其特定的工艺流程、控制条件和检测方法，一般都需要经过许多生产工序和复杂的加工单元，通过多次反应或分离才能完成。有些化学反应是在高温、高压下进行的，这些化学反应都存在较高的危险性，如硝化、氯化、氟化、氨化、磺化、加氢、重氮化、氧化、过氧化、裂解、聚合等。

例如，在由轻柴油裂解制乙烯，进而生产聚乙烯的生产过程中，轻柴油在裂解炉中的裂解温度为 800℃，裂解气要在深冷（-96℃）条件下进行分离，纯度为 99.99% 的乙烯气体在 294kPa 压力下聚合，制取聚乙烯树脂。

一般炼油生产的催化裂化装置，从原料到产品要经过 8 个加工单元，乙烯从原料裂解到产品出来需要 12 个化学反应和分离单元。

化学品生产的工艺参数前后变化很大。工艺条件的复杂多变，再加上许多介质具有强烈的腐蚀性，在温度应力、交变应力等作用下，受压容器常常因此而遭到破坏。有些反应过程要求的工艺条件很苛刻。像用丙烯和空气直接氧化生产丙烯酸的反应，各种物料比就处于爆炸范围附近，且反应温度超过中间产物丙烯醛的自燃点，控制上稍有偏差就有发生爆炸的危险。

（3）生产规模大型化、生产过程连续性。现代化工生产装置规模越来越大，以求降低单位产品的投资和成本，提高经济效益。例如，我国的炼油装置最大规模已达年产800万吨，乙烯装置已建成年生产能力70万吨。装置的大型化有效地提高了生产效率，但规模越大，储存的危险物料量越多，潜在的危险能量也越大，事故造成的后果往往也越严重。

生产从原料输入到产品输出具有高度的连续性，前后单元息息相关，相互制约，某一环节发生故障常常会影响到整个生产的正常进行。由于装置规模大且工艺流程长，使用设备的种类和数量都相当多。如某厂年产30万吨乙烯装置含有裂解炉、加热炉、反应器、换热器、塔、槽、泵、压缩机等设备共500多台件，管道上千根，还有各种控制和检测仪表，这些设备若维修保养不良很易引起事故的发生。

（4）化工事故发生的因果性、不确定性与突发性。

1）因果性。事故的发生都存在各种各样的因果关系，这种因果关系千差万别，有的比较清晰，有的比较模糊，有的似乎毫无关系。但事故的发生总是这些"因"与"果"发展变化过程的结果。在化工生产中人们更多看到的是事故发生后产生的结果，而没有认真地去思考，事故的结果是如何产生的，在什么条件下产生的，在什么时候会产生，在什么地点产生，其事故发生前的演化过程如何。

根据事故的因果理论，正确把握化工生产过程中各种因素的相互关系，理清"因"与"果"的逻辑关系、逻辑层次及信息传输，是做好化工事故预防的重要基础工作。

2）不确定性。事故的发生看起来是不确定的，一般无法精确预料事故在什么时间、什么地点发生，但事故的这种不确定性可以应用数理统计的思想和方法来解决。事故的不确定性表现在两个方面：

① 事故发生的不确定性，即事故发生的可能性有多大。这可以应用数理统计中的概率进行解决，由于关于事故的统计资料很少，在实际应用中有很大的难度。常州大学邵辉教授等人研究提出了基于信息扩散理论的对单一样本点进行集值化处理的模糊数学处理方法，该方法认为，虽然小样本携带的信息不完备，具有模糊不确定性。但在处理小样本问题时，根据模糊集的理论，可以把概率分布看做是从事件到概率值的映射。因此，在求某一事故的发生概率时，可以转化成求观测样本和事故发生概率分布的一个映射关系。

② 事故产生的危害程度的不确定性，即事故发生后产生的后果有多大（如人员伤亡情况、财产损失程度、环境影响程度等）。目前我国衡量事故严重度的指标主要有建筑施工死亡率、火灾死亡率、工矿商贸企业从业人员10万人死亡率、亿元GDP死亡率、道路交通万车死亡率等，这些指标都是宏观控制指标，对于具体事故的衡量指标还有待于进一步的研究。

现在常用的一个概念是"可接受的风险"，或称"合理的风险程度"。风险是综合衡量事故的发生可能性与后果严重度的指标，在确定了"可接受的风险"和事故的发生概率后，就可求出事故发生后可接受的严重度。

3）突发性。事故的突发性表现在事故发生的偶然性与潜伏性，事故在发生前是不会显现的，生产系统好像一切都"正常"、"平静"。事故是否发生表现为很大的偶然性。但事故的研究表明，在化工生产系统中客观地存在着危险因素，只要这些危险因素不消除，就存在诱导事故发生的客观条件。另外，海因里希事故法则告诉我们，事故是事物发展演变过程中，偶然中存在必然，必然中存在偶然的辩证关系的客观表现。要正确认识事故偶然性，不能有丝毫的侥幸心理，要在化工生产过程中注重"危险因素"和"一般事件"的防治。

## 1.2　安全与系统安全

### 1.2.1　安全与危险

安全与危险是系统安全中的一对矛盾与统一，它们都是系统的一种客观存在"状态"，只是在讨论问题时的出发角度不同而已。

#### 1.2.1.1　安全

关于安全的定义有不同的表述，这里引用美国安全工程师学会（ASSE）编写的《安全专业术语辞典》以及《英汉安全专业术语辞典》中对安全的定义，其表述为：

安全意味着可以容忍的风险程度。

在这个简短的定义中包含了三层意思：首先，表明安全是系统存在的一种状态；其次，这种状态是在一定经济社会条件下人们可接受的；再者，判断系统的安全是人们主观对系统客观存在的认识与可接受标准的分析、比较与判断过程，常用安全度这一概念来表达主观认识对客观存在的反映。

#### 1.2.1.2　危险

危险是系统客观存在的一种潜在的状态，指材料、物品、系统、工艺过程、设施或场所对人、财产或环境具有产生伤害的潜能，其发生可能造成人员伤害、职业病、财产损失、作业环境破坏的状态。危险常用风险这一概念来表达其大小，风险是危险发生（转变）事故的可能性与事故产生的严重度的综合。

#### 1.2.1.3　安全与危险的逻辑关系

安全与危险的逻辑关系可通过图1-2来认识与理解。

在讨论安全或危险时，首先要确定对象，也就是系统（或子系统、或独立单元等）。图1-2表示系统中由安全和危险共同构成的逻辑整体，即图中的矩形。用对角线将矩形一分为二，上下分别代表系统的安全与危险，安全与危险合起来为逻辑"1"。

由图1-2可见，沿着对角线由右向左发展时，表示系统的安全度在逐渐提高，危险性在逐渐降低。当到达最左边界线时，系统

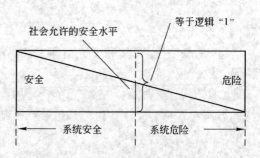

图1-2　安全与危险的逻辑关系

达到了"绝对安全"，因为这里，系统的安全为"1"，危险为"0"。这是一种理想的安全系统，在真实系统中是不存在的。

反之，沿着对角线由左向右发展时，表示系统的风险在逐渐提高，即安全度在逐渐降低。当到达最右边界线时，系统达到了"绝对危险"，因为这里，系统的危险为"1"，安

全为"0"。这是一种"绝对危险"的系统，这样的系统在真实系统中也是不可能存在的。

图1-2中"社会允许的安全水平"也是十分重要的概念，是表示在一定的经济社会发展水平、技术水平、人类文明、环境状况等条件下人们可接受的安全水平，也是人们对安全与危险的一种权衡与协调。

综上所述，安全与危险的逻辑关系对人们认识安全与危险具有一定的帮助，也给安全工作提供了一种指导思想和安全极限目标。

### 1.2.1.4　对安全与危险的主要认识

（1）没有任何系统（事物）是绝对安全的，任何系统（事物）中都潜伏着危险因素，通常所说的安全或危险只不过是一种主观认识对客观存在的判断。

（2）不可能根除一切危险源和危险，可以减少来自现有危险源的危险性，宁可减少总的危险性而不是只彻底去消除几种选定的危险。

（3）由于人的认识能力有限，有时不能完全认识危险源和危险，即使认识了现有的危险源，随着生产技术的发展，新技术、新工艺、新材料和新能源的出现，又会产生新的危险源。由于受技术、资金、劳动力等因素的限制，对于认识了的危险源也不可能完全根除。由于不能全部根除危险源，只能把危险降低到可接受的程度，即可接受的危险。安全工作的目标就是控制危险源，努力把事故发生概率降到最低，即使发生事故，也可把伤害和损失控制在较轻的程度上。

## 1.2.2　系统安全

系统安全理论是为解决复杂系统的安全问题而开发、研究出来的安全理论、方法体系。系统安全的思想，就是应用系统安全工程解决安全问题的思想。系统安全的思想是安全生产的灵魂，是化工企业职工必须具备的最基本素质。系统安全的思想反映在三个方面。

### 1.2.2.1　安全是相对的思想

长期以来，人们一直把安全和危险看做是截然不同的、相对对立的。系统安全的思想认为，世界上没有绝对安全的事物，任何事物中都包含不安全的因素，具有一定的危险性。

安全是通过对系统的危险性和允许接受的限度比较而确定的，人们对系统安全的把握是主观认识对客观存在的反映，这一过程可用图1-3加以说明。

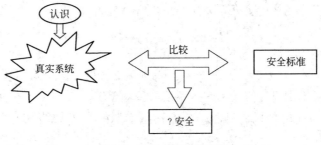

图1-3　安全的认识过程

因此，安全工作的首要任务就是在主观认识能够真实地反映客观存在的前提下，在允许的安全限度内，判断系统危险性的程度。在这一过程中要注意：

认识的客观、真实性；安全标准的科学、合理性；分析判断的正确性。

所以安全是伴随人们的活动过程。它是一种状态，是与时、空相联系的状态变化过程。

### 1.2.2.2　安全伴随着系统生命周期的思想

系统的生命周期从系统的构思开始，经过可行性论证、设计、建造、试运转、运转、维修直至系统报废（完成一个生命周期），其各个环节都存在不同的安全的问题。要充分认识系统生命周期中安全的两个方面：

（1）本质化安全。本质安全是系统安全的根本保证，从系统的构思、设计开始就融入系统，对系统有两个基本的要求：一是系统正常运行条件下本身是安全的，也就是系统在其生命周期中不依赖保护与修正安全设备也能安全运行；二是系统的故障安全，也就是系统在出现故障时，如失去电或公用工程，系统将进入故障安全状态，保证人员和财产的安全。本质安全是系统的理想状态，是安全工作追求的目标。

（2）工程化安全。工程化安全思想是对本质安全的补充，其主导思想就是应用工程安全保护设备进一步加强系统在其生命周期中的安全性，但是必须确保工程安全设备在系统出现问题时不产生故障。

本质安全和工程化安全构成了系统生命周期安全的思想。

### 1.2.2.3　系统中的危险源是事故根源的思想

危险源是可能导致事故的潜在的不安全因素。任何系统都不可避免地存在某些危险源，而这些危险源只有在触发事件的触发下才会产生事故。

有关危险源的分类方法很多，这里介绍常用的一种分类：

（1）第一类危险源。根据能量意外释放理论，能量或危险物质的意外释放是伤亡事故发生的本质。于是，把生产过程中存在的，可能发生意外释放的能量（能源或能量载体）或危险物质称为第一类危险源。

（2）第二类危险源。导致能量或危险物质约束或限制措施破坏或失效、故障的各种因素，称做第二类危险源。它主要包括物的故障、人为失误和环境因素。

一起伤亡事故的发生往往是两类危险源共同作用的结果。第一类危险源是伤亡事故发生的能量主体，决定事故后果的严重程度；第二类危险源是第一类危险源造成事故的必要条件，决定事故发生的可能性。

综上所述，安全工作的一个重要指导思想就是辨识系统中的危险源和消除触发事件的思想。

如何解决危险源问题？应从三个方面思考：

（1）识别危险源，就是具有专门安全知识与技术的人员，利用现代安全检测技术及设备，应用危险源识别方法与技术进行系统的危险辨识。

（2）危险源的评价分析，目的是得到各危险源引发事故的可能性和后果严重程度，对危险源进行排序。

（3）危险源的控制，就是应用由工程技术（Engineering）对策、教育（Education）对策和法制（Enforcement）对策组成的"3E"对策进行危险源的综合控制。

### 1.2.3 "人-机-环"系统安全分析

#### 1.2.3.1 问题的提出

大量事故的调查分析结果表明，导致事故的原因是由于不安全状态、不安全行为和不良环境而引起的，也就是人的因素、物的因素和环境条件三个要素。从系统工程观点来说，这三个要素构成一个"人-机（设备）-环（环境）"系统。为了确保系统获得最佳安全状态，就必须综合考虑三个要素，消除导致事故的原因，使系统达到最佳安全状态。

生产设备是靠人来操纵的，把人、机器（设备）这两个对象作为一个整体来对待，即构成"人-机"系统。这种系统普遍存在于各种工业行业，如化工行业、机械制造行业、运输行业等。从系统安全观点出发，不只是考虑"人-机"系统的关系，还应考虑"人-机（设备）-环（环境）"系统的关系。例如化工生产在一些特殊环境下（如高温、高压、低压、有毒有害物质等），应考虑操作人员和化工机械的关系，以保证安全生产和提高生产效率。

#### 1.2.3.2 "人-机-环"系统及安全分析要素

显而易见，为了确保系统安全，不能孤立地研究人、机、环境这三个要素，而要从系统的总体高度上将它们看成是一个相互作用、相互依赖的系统，参见图1-4，并运用系统工程方法，使系统处于最佳安全状态和最佳工作状态。

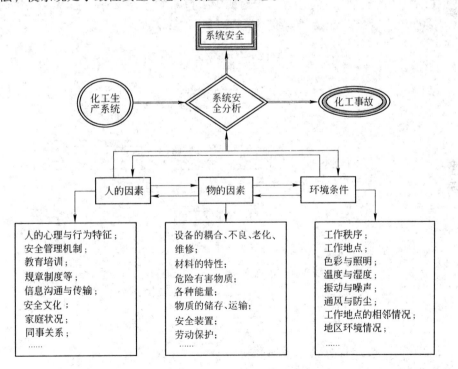

图1-4 "人-机-环"系统及安全分析要素关系

由图1-4可见，"人-机-环"组成的生产系统在生产过程中是向系统安全方向发展，还是向化工事故方向发展，要用系统安全分析的方法进行分析与评价，通过对"人-机-

环"三个主要方面的分析评价，获得系统的薄弱环节和安全控制策略。

怎样才能实现"人-机-环"系统的最优组合？核心问题是要以人、机、环三个要素的各自特性为基础，认真进行总体分析。即在明确系统总体要求的前提下，拟出若干个安全措施方案，并相应建立有关模型和进行模拟试验，着重分析和研究人、机、环境三个要素对系统总体性能的影响和所应具备的各自功能及相互关系，不断修正和完善"人-机-环"系统的结构方式，最终确保最优组合方案的实现。

从安全角度来说，在"人-机-环"系统中作为主体工作的人，理所当然处在首位，这是系统安全工程与其他工程系统存在的显著差异之处。为了确保安全，不仅要研究产生不安全的因素，并采取预防措施，而且要寻找不安全的潜在隐患，力争把事故消灭在萌芽状态。

然而，建立"人-机-环"系统的目的，并不是单纯为了安全，而是在安全保障的前提下能使系统高效率稳定地进行工作，这是生产系统的最根本的要求，否则，就失去了这个系统存在的意义。

#### 1.2.3.3　"人-机-环"系统安全分析与控制过程

危险源是可能导致事故的潜在的不安全因素。任何系统都不可避免地存在某些危险源，而这些危险源只有在触发事件的触发下才会产生事故。因此防止事故的发生就是要辨识危险源、分析危险源和控制危险源。不同类别的危险源所产生的危险与危害也不相同，在进行化工生产的安全分析与控制时要有明确的指导思想。

"人-机-环"系统安全分析与控制过程可用图 1-5 表示。

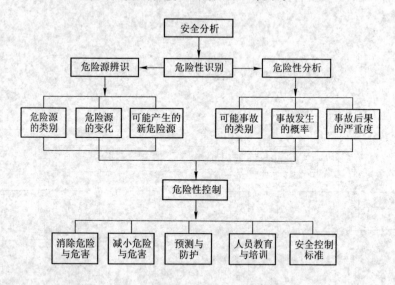

图 1-5　"人-机-环"系统安全分析与控制过程

#### 1.2.3.4　安全分析应注意的问题

（1）人的能力。在"人-机-环"系统中，一些恶劣的特殊环境会给人身安全带来危害，应采取防护措施，这点是人所共知的。但是，由于人的操作错误造成系统的功能失灵，甚至危及人的生命安全，却往往没有引起人们足够的重视。随着科学技术的发展，各种机器设备日益复杂和精密，对操作人员的要求也越来越高。不仅要求操作人员要准确、熟练地操作机器，而且要求其具有能准确、熟练地分析、判断、决策和对复杂情况迅速作出反应的能力。然而人的能力是有限度的，不可能随着机器的发展而无限提高。如果先进的机器设备对人的操作要求过高，超出人的能力范围，就容易发生操作错误。这样，不仅系统性能得不到发挥，甚至还会使整个系统失灵或发生重大事故。为此，应注意几个问题：

1) 根据人、机的各自特点，合理分配人机功能，尽量减轻操作的复杂程度，为人的有效工作创造有利条件，以防止错误操作的发生；

2) 加强对操作人员的选拔、训练和责任心教育，并加强适应能力和反应能力的锻炼；

3) 为了防止人为差错，机器设备的设计也要采取防错措施，例如重要按钮（紧急停车按钮）采用红色或闪光按钮等；

4) 创造有利的工作环境，防止人的操作失误，例如噪声的污染不仅引起人的听觉错误，使信息失误，而且使人心烦意乱，容易造成操作错误等。

（2）产品安全。不要产生不发生故障的生产就是安全的误解。不发生故障或把故障减至最低程度，可以使产品比较可靠、安全，但还有其他出事故的原因，如产品本身的危险特性、人的作用、异常环境因素或这些因素的结合等。因此，安全性分析必须从"人-机-环"系统整体来分析。

（3）系统的分解。把系统分解为子系统时，必须注意子系统之间的接口（或临界面）问题，也就是把安全管理上经常采用的连接点扩展为接合面，在接合面上要妥善进行"子系统之间的信息和能量的交流"。

## 1.3 我国化工安全生产的现状与发展趋势

### 1.3.1 我国化工安全生产的现状

我国是化学品生产和使用大国，目前正处于工业化加速发展的时期，对化学品的需求巨大，主要化学品产量和使用量均居世界前列。

截至 2005 年 6 月底，全国有危险化学品从业单位 305728 家，其中生产单位 24055 家（2007 年 10 月底生产单位），储存单位 3473 家，经营单位 214463 家，运输单位 5755 家，使用单位 57719 家，废弃物处理单位 263 家，涉及剧毒化学品的从业单位 16186 家。

我国危险化学品生产企业安全管理水平参差不齐，大体可分为四种类型：

（1）中国石油天然气集团公司、中国石油化工集团公司、中国海洋石油总公司等中央企业，技术和装备先进，规章制度健全，管理水平较高，安全状况相对比较稳定（但近年也发生了一些影响较大的事故，如 2010 年中石油大连国际储运有限公司原油储备基地"7·16"火灾爆炸事故，2011 年 7 月 16 日 14 时 25 分中石油大连石化公司常减压蒸馏装置因换热器泄漏发生火灾事故，2011 年 6 月中海油海上油气田蓬莱 19-3 油田发生原油渗漏事故等）。

（2）地方国有化工企业，约 8000 多家，大多建于 20 世纪，企业安全管理有一定基础，但多数单位历史包袱重，经济效益差，安全投入不足，生产工艺陈旧，设备带病运转，安全保障能力下降。

（3）以私营为主的小化工企业，约 15000 多家，普遍工艺落后，设备简陋，人员素质低，安全管理差，事故多发。

（4）大型化工跨国公司在华投资企业，工艺、技术和设备先进，安全管理严格，职工队伍素质较高。但也存在部分企业，只是迎合我国政策管理层面的需要，在实际生产过程中过分追求经济效益，在安全投入、职工安全培训教育等方面存在一定的缺陷。

随着改革开放的深入，我国经济成分的多样化给化工安全生产造成非常复杂的局面。在一些地区、一些企业，以牺牲安全为代价获取短期、局部经济利益的现象十分普遍，企业的整体安全素质下降比较明显。

我国国有企业长期以来习惯于上级行业部门的行政管理，政府的行业主管部门也习惯于直接管理企业内部事务。国家机关改革后，行业行政职能削弱（如化工部、石油和化学工业部以及地方化工厅等相继撤销），转而要求企业依法自主经营、自我约束、自己承担法律责任。但是，由于相关法律法规的不健全或监督执行不力，安全工作又不直接与收益相关联，有些危险化学品企业在生产中是经济利益第一，安全工作仅是口头形式。某些私企、合资或小型外商独资化工企业的安全工作比国有企业还要差，安全生产责任主体没有真正落实到位。有相当一部分从事危险化学品生产的中小企业没有建立和完善安全生产规章制度和操作规程，有的即使有基本的安全生产规章制度和操作规程，也只是为了应付检查，做表面文章，没有真正落到实处。还有许多企业的安全生产规章制度和操作规程多年不进行修订，满足不了不断变化的新技术、新设备、新工艺的安全要求。还有些企业，没有建立和健全安全生产管理机构，未按规定配备足够的安全管理人员，造成安全管理混乱，安全生产事故频发。

根据国家安全生产监督管理总局的统计数据，2006 年我国发生危险化学品事故 158 起，死亡 277 人；2007 年我国发生危险化学品事故死亡 161 人；2008 年我国发生危险化学品事故 98 起，死亡 157 人。

2004 年我国 200 起典型的危险化学品事故统计见表 1-1。

**表 1-1　2004 年我国 200 起典型的危险化学品事故统计**

| 环　节 | 事故起数 | 比例/% | 环　节 | 事故起数 | 比例/% |
| --- | --- | --- | --- | --- | --- |
| 生产环节 | 33 | 16.5 | 运输环节 | 61 | 30.5 |
| 储存环节 | 26 | 13.0 | 使用环节 | 58 | 29.0 |
| 经营环节 | 8 | 4.0 | 处置环节 | 14 | 7.0 |

根据国际劳工组织的报告，目前全世界就业总人数为 27 亿人，每年因职业事故造成的死亡人数约 21 万人（指劳动者工伤事故死亡人数，不包括交通事故和职业病死亡），由职业事故和职业危害引发的财产损失、赔偿、工作日损失、生产中断、培训和再培训、医疗费用等总经济损失，约占全球生产总值的 4%。

世界各国既采用事故死亡人数的绝对指标，也采用反映事故死亡人数与经济发展关系的相对性指标，如从业人员 10 万人事故死亡率、单位国内生产总值事故死亡率、百万工时事故死亡率、道路交通万车死亡率以及煤炭百万吨死亡率等，来反映国家地区或某些行业领域的安全状况。如果这些指标居高不下，则意味着其为经济发展付出了高昂的生命代价。

近20年来，世界各国的从业人员10万人死亡率均呈下降趋势。1990年大部分国家在15左右，2000年平均降至10以下，2002年降至8以下。但是各国情况很不均衡。先进工业化国家10万人死亡率普遍较低，目前平均值为4左右，其中英国最低，在1以下；澳大利亚其次，由1992年的7下降到2002年的2；德国居第三位，由1990年的5.1下降到2002年的2.9；美国由1992年的5.3下降到2002年的4.2；日本2002年为4.5。发展中国家一般在10以上，其中巴西为15左右，非洲等经济相对落后国家则更高。同口径测算，我国目前为9左右。

单位国内生产总值事故死亡率，折算为人民币，英国由1990年的0.04降至目前的0.02；日本由1990年的0.07降至目前的0.05；美国、澳大利亚、法国均在0.04～0.06之间。发展中国家则普遍较高，韩国目前为0.6，我国2004年为0.86，2005年为0.7，2006年为0.558。

## 1.3.2 我国化工安全生产的发展趋势

在今后很长一段时期内，化工生产仍将是我国国民经济的基础，化工安全生产是今后安全工作的重要领域，同时又与全国其他行业的安全生产密切相关。

### 1.3.2.1 从事故多发到逐步稳定、下降的发展周期规律

研究表明，安全状况相对于经济社会发展水平，呈非对称抛物线函数关系，大致可划分为4个阶段：一是工业化初级阶段，工业经济快速发展，生产安全事故多发；二是工业化中级阶段，生产安全事故达到高峰并逐步得到控制；三是工业化高级阶段，生产安全事故快速下降；四是后工业化时代，事故稳中有降，死亡人数很少。

例如：日本1948～1960年处于工业化初级阶段，人均国内生产总值从300美元增到1420美元，年均增长15.5%，事故也急剧增加，13年间职业事故死亡率增长了146.1%。1961～1968年处于工业化中级阶段，人均国内生产总值从1420美元增加到5925美元，事故高发势头得到一定控制，但在工业、制造业就业人口仅5000万人左右的情况下，职业事故死亡人数仍在6000人左右的高位波动。1969～1984年进入工业化高级阶段，事故死亡人数大幅度下降到2635人，平均每年减少5.2%。之后，日本进入后工业化时代，事故死亡人数保持平稳下降趋势，如2002年下降为1689人。

英国、德国、法国等工业化国家的安全生产，也都经历了从事故多发到下降和趋于稳定的过程。作为发展中国家的巴西，20世纪60年代以后是其经济快速增长期和调整稳定期，10万人死亡率在经历了20多年的波动后，1992年后开始出现下降趋势。

安全生产的这种阶段性特点，揭示了安全生产与经济社会发展水平之间的内在联系。当人均国内生产总值处于快速增长的特定区间时，生产安全事故也相应地较快上升，并在一个时期内处于高位波动状态，我们把这个阶段称为生产安全事故的"易发期"。所谓"易发"，是指潜在的不安全因素较多。这个时期，一方面经济快速发展，社会生产活动和交通运输规模急剧扩大；另一方面安全法制尚不健全，政府安全监管机制不尽完善，科技和生产力水平较低，企业和公共安全基础仍然比较薄弱，教育与培训相对滞后，这些因

素都容易导致事故多发。

　　依据世界银行关于经济发展水平的划分标准，有关机构对 27 个国家、14 项经济社会发展指标进行了综合分析，发现安全生产除了与经济社会发展水平和产业结构相关外，还与国家安全监管体制、安全法制建设、科技投入水平、社会福利制度、教育普及程度、安全文化等因素密切相关，因此"易发"并不必然等于事故高发、频发。事实上，各国"易发期"所处的经济发展区间、经历的时间跨度也不尽相同：美国、英国处于人均 1000～3000 美元之间，时间跨度分别为 60 年（1900～1960 年）和 70 年（1880～1950 年）；战后新兴的工业化国家日本的"易发期"则处于 1000～6000 美元之间，时间跨度也缩短为 26 年（1948～1974 年）。

### 1.3.2.2　我国安全生产经历的规律特点

　　新中国成立以来，我国安全生产在曲折中发展，大致经历了四个事故高峰期（1958～1961 年、1971～1973 年、1996～1998 年、2001～2002 年）。通过对各个时期、各个阶段事故伤亡统计数据进行分析，可以发现：

　　（1）事故总量随着经济规模的扩大而上升。从大致走势看，新中国成立以来事故死亡人数呈上升态势。值得注意的是 2003 年出现了"拐点"，当年在国内生产总值持续增长背景下，事故死亡人数开始下降。从事故死亡指数曲线分析，1953～1976 年波动幅度较大，1978 年后波动幅度相对较小，死亡指数波动幅度与 GDP 增长率的变化具有统计学关系。改革开放以来比较稳定的经济社会环境，为安全生产平稳发展创造了有利条件。

　　（2）反映事故死亡人数与经济活动关系的一些相对性指标持续下降。煤炭百万吨死亡率、道路交通万车死亡率以及工矿企业从业人员 10 万人死亡率呈逐年下降趋势。这表明随着安全法制的健全和政府监管力度的加大，我国安全生产确实在不断地加强和改进。

　　（3）特别重大事故发生频率呈增加态势。这种现象表明，随着生产规模扩大、生产集中化程度提高、城市化进程加快、交通运输量增加等，发生群死群伤等重特大事故的几率随之增加；而劳动生产率低下，规范的生产经营秩序尚未建立健全，也加大了重特大事故发生的风险。防范遏制重特大事故，是当前和今后一个时期我国安全生产工作的重点任务。

## 1.3.3　加强安全生产的对策措施

　　可通过如下对策措施加强安全生产：

　　（1）"安全发展"指导统领安全生产。"安全发展"指导原则的确立，为加强安全生产奠定了思想和理论基础，用"安全发展"来统一思想、凝聚共识，把握规律、指导实践，有力地推动了安全生产。

　　1）要继续深入学习贯彻中央领导同志关于安全生产的重要讲话，充分认识安全生产的重要性，进一步增强践行"安全发展"科学理念的自觉性，把安全生产作为落实科学发展观的重要任务，作为构建社会主义和谐社会的重要着力点和切入点之一，真正纳入社会主义现代化建设和经济社会发展的总体布局，摆到党委和政府工作的重要位置上来，主要领导要继续亲自动手抓。

　　2）要进一步完善以"安全发展"为核心的安全生产理论体系，自觉用科学理论指导安全生产工作实践，提高各级干部领导和组织开展安全生产工作的能力，减少盲目性，增强主动性和工作的实效性；把安全发展的必然趋势和安全生产的普遍规律与本地区、本单位的实际紧密结合起来，有针对性地采取措施，创造性地抓工作，使安全生产工作不再仅仅停留在口头上、会议上和文件中，而真正落到实处。

3）要加大宣传力度，用"安全发展"凝聚共识，动员全社会继续高度关注、积极支持、广泛参与、共同监督安全生产工作。加强安全文化建设，发挥主流媒体的作用。以"综合治理、保障平安"为主题，组织开展好全国"安全生产月"等活动，推动"安全发展"的科学理念以及安全法律知识、安全常识进企业、进乡村、进社区，为增强全体社会成员的安全意识，调动上下各方的积极性，为加强安全生产，创造更加有利的社会舆论氛围。

4）要认真实施安全发展规划，切实落实规划的目标任务和重大项目。

（2）采取有力措施，推动两个主体、两个负责制落实到位。两个主体、两个负责制相辅相成，共同构成现阶段我国安全生产工作基本责任制度。两个主体能否强化，两个负责制能否落实到位，直接决定着一个地方或单位安全生产的实际成效。

从政府的角度讲，各级政府是本行政区域内各类企业安全生产监督管理的主体，政府主要领导是安全生产的第一责任人。发展经济是政绩，安全生产也是政绩。必须把安全生产纳入区域经济社会发展的总体规划，建立健全各级领导安全生产责任制和安全生产控制考核指标体系，纳入政绩业绩考核，逐级抓好落实；要对管辖范围内各类企业安全生产实施监管，重大隐患要胸中有数，重大问题要亲自动手抓，确保一方平安。各级安全监管监察机构、行业管理等部门是政府监管主体的组成部分，必须认真贯彻各级党委、政府安全生产工作部署，坚持从严执法、公正执法、廉洁执法，尽职尽责，任劳任怨，彻底解决"执法不严、工作不实"问题，切实履行好监管监察、行业管理等职责。

从企业的角度来说，直接掌握生产经营决策权的法定代表人是安全生产第一责任人，必须对本单位的安全生产负总责，自觉接受政府的依法监管、行业部门的有效指导和社会的广泛监督，确保党和国家安全生产方针政策、法律法令在本企业的贯彻落实。企业领导人和经营者要依法依规，自觉保证和增加安全投入，改善安全条件，加强改进安全基础管理，搞好安全教育培训，排查和治理隐患，创建本质安全型企业。坚决纠正忽视安全、放松管理的错误倾向，切实保障从业人员的生命安全和健康权益。

在推动两个负责制落实到位方面：

1）坚持和完善安全生产控制考核指标体系，加强考核，建立激励约束机制。

2）要加强对重点地区、重点企业安全生产工作的监督检查，对查出的隐患和问题实行问责，情节恶劣、后果严重的，以及拖着不办、迟迟不落实整改措施的，要严肃追究有关领导的责任，不能姑息迁就、含糊过关，一查了之、屡查屡犯。

3）要加强对各级干部和企业负责人的安全生产教育培训，明了党和国家安全生产方针政策、法律法规，掌握安全防范、应急处置、事故查处和责任追究等方面的基本知识。

4）完善对企业安全生产的监督制约机制。安全生产不能单纯依靠企业家的自觉自愿，必须多管齐下。各重点行业领域都要就加强企业安全生产基础管理，研究制定规范性指导意见。要着手对企业开展安全诚信评价，建立安全诚信体系。

（3）建立规范完善的安全生产法治秩序

1）继续抓好立法修法，严密罗织安全法网。

2）在法律的贯彻执行上动真从严，维护政府安全生产工作的执行力和公信力。

3）坚持和完善地方党委政府统一领导、各部门共同参与的联合执法机制。

4）把安全标准作为安全生产法制建设的重要一环来抓。先进工业化国家普遍重视标准工作。德国每年大约制定修订 1500 个标准。相比之下，我们这方面的工作比较落后。目前煤炭、化工、建材、轻工、石油等 12 个行业共有各种标准 29698 个，涉及安全生产的标准为 1154 个，其中 52% 为 1990 年之前所制定，2001 年之后制定和修改的仅占 9.8%。现存标准中，有的已经十多年甚至数十年没有修订，与安全生产实际相脱节，形同虚设。对此，要以高危行业急需的标准为重点，争取每年制定修订 100～150 部安全标准，经过努力，在高危行业建立比较完善的安全生产标准体系。

（4）实施科技兴安战略，用科技创新引领和支持安全发展。

1）加快安全科技重大项目、重点课题研究攻关。

2）研发集成先进技术装备，为隐患治理和安全技术改造提供技术支持。推广先进、适用技术和装备，建立安全技术示范工程，提升企业安全生产技术水平；研发、集成和推广新工艺、新技术、新设备和新材料，提高企业安全保障能力。

3）发展教育、加强培训，化解安全专业人才危机。

（5）推进安全生产源头治本、政策治本，解决影响安全生产的深层次问题。

安全生产是经济社会发展水平和政府社会管理、经济管理能力的综合反映，而影响制约我国安全生产稳定好转的因素也是多方面的。为此必须综合运用经济政策、法律法规、科技进步和必要的行政措施，推动安全文化、安全法制、安全责任、安全科技、安全投入等要素落实到位，做到标本兼治、重在治本。

1）要认真贯彻落实高危行业安全费用提取、安全风险抵押等政策。

2）要用好国债资金扶持重点安全技术改造的政策。

3）要探索采取更有利于安全生产的经济政策。

（6）加强安全文化建设，提高全民安全素质，加强社会监督。安全文化是安全生产在意识形态领域和人们思想观念上的综合反映，包括了一定社会的安全价值观、安全判断标准和安全能力、安全行为方式等。安全文化建设，则是以提高全民安全素质为目标，而组织开展的一系列宣传疏导、培训教育活动。在安全文化建设上，要做好五件事情：

1）宣传普及安全法律和安全知识。倡导和树立"以人为本"的安全价值观，营造"关爱生命、关注安全"的舆论氛围，使社会公众自觉遵法守法，人人做到不伤害自己，不伤害别人，也不被别人伤害。

2）强制性进行安全培训和教育。企业必须按照《安全生产法》的要求，对企业主要负责人、安全生产管理人员和从业人员进行安全培训；高危行业从业人员和特种作业人员必须经培训和考核合格，并取得相应资格证书后，才能任职和上岗作业。把安全技能培训纳入农民工就业技能培训范围。安全教育要从青少年抓起，所有中小学都要开设公共安全知识课。

3）加强对安全生产的舆论监督和社会监督。媒体要宣传安全生产的好典型、好经验，揭露安全生产领域各种非法、违法行为，及时曝光重特大事故。各级政府要定期公布安全生产重点工作进展情况，接受群众和社会监督。关闭不具备安全条件企业要发布公告。对群众举报的重大隐患和事故要彻底核查，举报属实的要给予奖励。

4）发挥工会等群众团体的作用，保障劳动者安全健康权益。各类所有制企业都必须建立健全工会组织。工会要组织职工群众参与和监督企业安全工作，依法维护自身安全健康权益。职工群众在发现安全隐患后，有检举揭发权；在危及安全情况下，有拒绝作业权；受事故伤害后，有索赔权。

5）建设企业安全文化。把安全文化落实到企业两个文明建设和经营管理各个环节。推动企业采用先进的安全管理理念和方法，建立自我约束、持续改进的安全生产长效机制。

（7）深入开展重点行业领域安全专项整治。切实加强非煤矿山、危险化学品、烟花爆竹的安全监管。严格实行采矿许可和非煤矿山安全许可制度，实现源头治乱；清理整顿化工园区和化工企业，坚决关闭取缔不具备安全生产条件的小化工企业，坚决把危化品事故上升的势头压下来；以传统产业区和"禁改限"城市为重点，加大烟花爆竹安全监管力度，严厉打击非法生产经营行为。

进一步加强道路交通、消防、建筑施工、民爆器材、铁路、水上交通、民航、电力、渔业船舶、农业机械、特种设备、水利、旅游等重点行业领域的安全生产工作。针对各行业领域存在的薄弱环节和突出问题，采取切实有效措施，深入开展安全专项整治。

（8）完善安全生产监管体制机制，加强监管监察队伍建设。要进一步健全安全监管、监察机构，理顺安全监管职责。要加强监管监察系统基础工作和基层建设，建立数据资料档案和台账，规范基础管理，建立健全规章制度；加强学习培训，切实掌握开展监管监察和行业管理所必需的法律知识、业务知识等，提高履职能力，规范与监管监察对象的关系，维护良好的队伍形象。

# 1.4　危险化学品从业单位安全生产标准化概述

## 1.4.1　危险化学品安全生产标准化发展概述

安全生产标准化包括企业安全管理标准化、安全技术标准化、安全装备标准化、环境安全标准化和安全作业标准化五大方面。

2004年初，国务院在《关于进一步加强安全生产工作的决定》中明确提出要在全国所有工矿、商贸、交通运输、建筑施工等企业普遍开展安全质量标准化活动。同年国务院安委会第二次全体会议强调，要制定颁布各行业的安全质量标准，规范安全生产行为，指导各类企业建立健全各环节、各岗位的安全质量标准，推动企业安全质量管理上等级、上水平。

在总结试点经验和广泛征求专家意见基础上，吸收和借鉴国内外先进的安全管理经验，国家安全生产监督管理总局于2005年12月16日下发《关于印发〈危险化学品从业单位安全标准化规范》（试行）和〈危险化学品从业单位安全标准化考核机构管理办法〉（试行）的通知》，全面开展危化品安全标准化工作。

2007年，根据国家安全生产监督管理总局要求及化学品安全标准化分技术委员会《危险化学品安全2008～2010年标准化发展子规划》，相关部门研究制定了《危险化学品从业单位安全标准化通用规范》（AQ3013—2008）以及氯碱、合成氨生产企业的安全标准化实施指南等3个AQ标准，并于2008年11月19日发布，2009年1月1日施行。

《国家安全监管总局关于做好安全生产许可证延期换证工作的通知》（安监总政法[2008]127号）规定：要结合换证工作，积极推动生产企业安全标准化活动。对已经取得《安全标准化企业证书》的企业，当其提出安全生产许可证延期申请时，可直接办理延期换证手续。鉴于首轮安全生产许可证颁发过程中存在降低准入门槛、安全评价质量差，导致许多企业带病生产作业等问题，对尚未开展安全标准化工作的生产企业，要严格按照规定条件进行审查，做好安全生产许可证的换证手续。

2008年，《国务院安委会办公室关于进一步加强危险化学品安全生产工作的指导意见》（安委办[2008]26号）指出："全面开展安全生产标准化工作。要按照《危险化学品从业单位安全标准化规范》，全面开展安全生产标准化工作，规范企业安全生产管理。要将安全生产标准化工作与贯彻落实安全生产法律法规、深化安全生产专项整治相结合，纳入企业安全管理工作计划和目标考核，通过实施安全生产标准化工作，强化企业安全生产'双基'工作，建立企业安全生产长效机制。剧毒化学品、易燃易爆化学品生产企业和涉及危险工艺的企业（以下称重点企业）要在2010年底前，实现安全生产标准化全面达标。"

2009年6月24日，国家安全生产监督管理总局印发的《关于进一步加强危险化学品企业安全生产标准化工作的指导意见》（安监总管三[2009]124号）指出："2009年底前，危险化学品企业全面开展安全生产标准化工作。2010年底前，使用危险工艺的危险化学品生产企业，化学制药企业，涉及易燃易爆、剧毒化学品、吸入性有毒有害气体等企业（以下统称重点危险化学品企业）要达到安全生产标准化三级以上水平。2012年底前，重点危险化学品企业要达到安全生产标准化二级以上水平，其他危险化学品企业要达到安全生产标准化三级以上水平。"

2010年，《国务院关于进一步加强企业安全生产工作的通知》（国发[2010]23号）要求："全面开展安全达标。深入开展以岗位达标、专业达标和企业达标为内容的安全生产标准化建设，凡在规定时间内未实现达标的企业要依法暂扣其生产许可证、安全生产许可证，责令停产整顿；对整改逾期未达标的，地方政府要依法予以关闭。""强化企业安全生产属地管理。安全生产监管监察部门、负有安全生产监管职责的有关部门和行业管理部门要按职责分工，对当地企业包括中央、省属企业实行严格的安全生产监督检查和管理，组织对企业安全生产状况进行安全标准化分级考核评价，评价结果向社会公开，并向银行业、证券业、保险业、担保业等主管部门通报，作为企业信用评级的重要参考依据。"

2010年，国家安全生产监督管理总局《关于进一步加强企业安全生产规范化建设，严格落实企业安全生产主体责任的指导意见》（安监总办[2010]139号）指出："企业要严格执行安全生产法律法规和行业规程标准，按照《企业安全生产标准化基本规范》（AQ/T 9006—2010）的要求，加大安全生产标准化建设投入，积极组织开展岗位达标、专业达标和企业达标的建设活动，并持续巩固达标成果，实现全面达标、本质达标和动态达标。"

2010 年，国家安全生产监督管理总局、工业和信息化部《关于危险化学品企业贯彻落实〈国务院关于进一步加强企业安全生产工作的通知〉的实施意见》（安监总管三 [2010] 186 号）指出："企业要全面贯彻落实《企业安全生产标准化基本规范》（AQ/T 9006—2010）、《危险化学品从业单位安全标准化通用规范》（AQ 3013—2008），积极开展安全生产标准化工作。要通过开展岗位达标、专业达标，推进企业的安全生产标准化工作，不断提高企业安全管理水平。"

2011 年，国家安全生产监督管理总局《关于进一步加强危险化学品企业安全生产标准化工作的通知》（安监总管三 [2011] 24 号）要求："确保 2012 年底前所有危化品企业达到三级以上安全标准化水平。"

## 1.4.2 危险化学品安全生产标准化的实施原则

### 1.4.2.1 危险化学品安全生产工作的基本思想

（1）合理规划、严格准入。这是源头治本的要求，从规划入手，实现产业安全发展；以安全准入为手段，提高安全准入门槛，保证新建项目或企业最大程度地符合安全生产有关法律法规和标准规范的要求。

（2）改造提升、固本强基。以提高本质安全化水平为目标，对现有企业实施安全技术改造，提高在役装置安全可靠性；加强企业从业人员培训和安全生产基础管理工作，提高企业安全生产水平。

（3）完善法规、加大投入。建立和完善危险化学品安全生产法律法规和标准体系，引导企业加大安全投入，增强安全保障能力，依法监管。

（4）落实责任、强化监管。危险化学品生产形势好转，最终要靠落实"两个责任"来实现，以落实政府监管责任推动企业落实安全生产主体责任。

### 1.4.2.2 把握危险化学品安全生产重点，建立与完善安全生产标准化体系

（1）完善和改进安全生产条件；

（2）完善和严格履行全员安全生产责任制，严格执行安全管理规章制度；

（3）建立规范的隐患排查治理工作体制机制；

（4）加强全员的安全教育和技能培训；

（5）加强重大危险源、关键装置、重点部位的安全监控，加强危险化学品企业应急管理工作；

（6）认真吸取生产安全事故和安全事件教训；

（7）中央企业要在推进安全生产标准化工作中发挥表率作用；

（8）各地要加快制定危险化学品企业安全生产标准化地方标准，加强危险化学品企业安全生产标准化标准制定工作，加快修订完善化工装置工程建设标准，分级组织开展安全生产标准化工作；

（9）充分认识进一步加强安全生产标准化工作的重要性，积极推进危险化学品企业

安全生产标准化工作，加大危险化学品企业安全生产标准化宣传和培训工作的力度；

（10）要因地制宜，制定政策措施，激励危险化学品企业积极开展安全生产标准化工作，切实加强对安全生产标准化工作的督促检查力度。

### 1.4.2.3　危险化学品安全生产标准化突出十个制度

（1）重大隐患治理和重大事故查处督办制度；

（2）领导干部轮流现场带班制度；

（3）先进适用技术装备强制推行制度；

（4）安全生产长期投入制度；

（5）企业安全生产信用挂钩联动制度（将安全生产标准化分级评价结果，作为信用评级的重要考核依据）；

（6）应急救援基地建设制度；

（7）现场紧急撤人避险制度；

（8）高危企业安全生产标准核准制度；

（9）工伤事故死亡职工一次性赔偿制度；

（10）企业负责人职业资格否决制度。

### 1.4.2.4　危险化学品安全生产标准化中的十个强化要求

（1）强化隐患整改效果，要求做到整改措施、责任、资金、时限和预案"五到位"，实行以安全生产专业人员为主导的隐患整改效果评价制度。强调企业要每月进行一次安全生产风险分析，建立预警机制。

（2）要求全面开展安全生产标准化达标建设，做到岗位达标、专业达标和企业达标，并强调通过严格生产许可证和安全生产许可证管理，推进达标工作。

（3）加强安全生产技术管理和技术装备研发，要求健全机构，配备技术人员，强化企业主要技术负责人技术决策和指挥权；将安全生产关键技术和装备纳入国家科学技术领域支持范围和国家"十二五"规划重点推进。

（4）安全生产综合监管、行业管理和司法机关联合执法，严厉打击非法违法生产、经营和建设，取缔非法企业。

（5）强化企业安全生产属地管理，对当地包括中央和省属企业安全生产实行严格的监督检查和管理。

（6）积极开展社会监督和舆论监督，维护和落实职工对安全生产的参与权与监督权，鼓励职工监督举报各类安全隐患。

（7）严格限定对严重违法违规行为的执法裁量权，规定对企业"三超"（超能力、超强度、超定员）组织生产的、无企业负责人带班下井或该带班而未带班的等，要求按有关规定的上限处罚；对以整合技改名义违规组织生产的、拒不执行监管指令的、违反建设项目"三同时"规定和安全培训有关规定的等，要依法加重处罚。

（8）进一步加强安全教育培训，鼓励进一步扩大采矿、机电、地质、通风、安全等专业技术和技能人才培养。

（9）强化安全生产责任追究，规定要加大重特大事故的考核权重，发生特别重大生产安全事故的，要视情节追究地市级及以上政府（部门）领导的责任；加大对发生重大和特别重大事故企业负责人或企业实际控制人以及上级企业主要负责人的责任追究力度；

强化打击非法生产的地方责任。

（10）强调要结合转变经济发展方式，就加快推进安全发展、强制淘汰落后技术产品、加快产业重组步伐提出了明确要求。这充分体现了安全生产与经济社会发展密不可分、协调推进的要求，通过不断提高生产力发展水平，从根本上促进企业安全生产水平的提高。

### 1.4.3　危险化学品从业单位安全生产标准化通用规范简介

危险化学品从业单位安全标准化通用规范（AQ 3013—2008）共分5章：范围、规范性引用文件、术语和定义、要求及管理要素。其中第4、5章为强制性条款。

（1）范围。标准规定了危险化学品从业单位开展安全标准化的总体原则、过程和要求。该标准适用于中华人民共和国境内危险化学品生产、使用、储存企业及有危险化学品储存设施的经营企业。

（2）通过本标准的引用而成为本标准的条款。凡是注日期的引用文件，其随后所有的修改单（不包括勘误的内容）或修订版均不适用于本标准，然而，鼓励根据本标准达成协议的各方研究是否可使用这些文件的最新版本。

（3）术语和定义。标准采用和定义的18个术语与概念。

危险化学品从业单位，指依法设立，生产、经营、使用和储存危险化学品的企业或者其所属生产、经营、使用和储存危险化学品的独立核算成本的单位。

安全标准化，指为安全生产活动获得最佳秩序，保证安全管理及生产条件达到法律、行政法规、部门规章和标准等要求而制定的规则。

关键装置，指在易燃、易爆、有毒、有害、易腐蚀、高温、高压、真空、深冷、临氢、烃氧化等条件下进行工艺操作的生产装置。

重点部位，指生产、储存、使用易燃易爆、剧毒等危险化学品场所，以及可能形成爆炸、火灾场所的罐区、装卸台（站）、油库、仓库等；对关键装置安全生产起关键作用的公用工程系统等。

资源，指实施安全标准化所需的人力、财力、设施、技术和方法等。

相关方，指关注企业职业安全健康绩效或受其影响的个人或团体。

供应商，指为企业提供原材料、设备设施及其服务的外部个人或团体。

承包商，指在企业的作业现场，按照双方协定的要求、期限及条件向企业提供服务的个人或团体。

事件，指导致或可能导致事故的情况。

事故，指造成死亡、职业病、伤害、财产损失或其他损失的意外事件。

危险、有害因素，指可能导致伤害、疾病、财产损失、环境破坏的根源或状态。

危险、有害因素识别，指识别危险、有害因素的存在并确定其性质的过程。

风险，指发生特定危险事件的可能性与后果的结合。

风险评价，指评价风险程度并确定其是否在可承受范围的过程。

安全绩效，指基于安全生产方针和目标，控制和消除风险取得的可测量结果。

变更，指人员、管理、工艺、技术、设施等永久性或暂时性的变化。

隐患，指作业场所、设备或设施的不安全状态，人的不安全行为和管理上的缺陷。

（2008 年 2 月 1 日起施行的《安全生产事故隐患排查治理暂行规定》（国家安全生产监督管理总局第 16 号令）：隐患是指生产经营单位违反安全生产法律、法规、规章、标准、规程和安全生产管理制度的规定，或者因其他因素在生产经营活动中存在可能导致事故发生的物的危险状态、人的不安全行为和管理上的缺陷）

重大事故隐患，指可能导致重大人身伤亡或者重大经济损失的事故隐患。（国家安全生产监督管理总局 16 号令：重大事故隐患是指危害和整改难度较大，应当全部或者局部停产停业，并经过一定时间整改治理方能排除的隐患，或者因外部因素影响致使生产经营单位自身难以排除的隐患）

（4）要求。本规范采用计划（P）、实施（D）、检查（C）、改进（A）动态循环、持续改进的管理模式。

1）原则。企业应结合自身特点，依据本规范的要求，开展安全标准化。

安全标准化的建设，应当以危险、有害因素辨识和风险评价为基础，树立任何事故都是可以预防的理念，与企业其他方面的管理有机地结合起来，注重科学性、规范性和系统性。

安全标准化的实施，应体现全员、全过程、全方位、全天候的安全监督管理原则，通过有效方式实现信息的交流和沟通，不断提高安全意识和安全管理水平。

安全标准化采取企业自主管理，安全标准化考核机构考评、政府安全生产监督管理部门监督的管理模式，持续改进企业的安全绩效，实现安全生产长效机制。

2）实施。安全标准化的建立过程，包括初始评审、策划、培训、实施、自评、改进与提高 6 个阶段。

初始评审阶段：依据法律法规及本规范要求，对企业安全管理现状进行初始评估，了解企业安全管理现状、业务流程、组织机构等基本管理信息，发现差距。

策划阶段：根据相关法律法规及本规范的要求，针对初始评审的结果，确定建立安全标准化方案，包括资源配置、进度、分工等；进行风险分析；识别和获取适用的安全生产法律法规、标准及其他要求；完善安全生产规章制度、安全操作规程、台账、档案、记录等；确定企业安全生产方针和目标。

培训阶段：对全体从业人员进行安全标准化相关内容培训。

实施阶段：根据策划结果，落实安全标准化的各项要求。

自评阶段：应对安全标准化的实施情况进行检查和评价，发现问题，找出差距，提出完善措施。

改进与提高阶段：根据自评的结果，改进安全标准化管理，不断提高安全标准化实施水平和安全绩效。

（5）管理要素。标准的管理要素由 10 个一级要素和 53 个二级要素组成，参见表 1-2。

由表 1-2 可见，标准的 10 个一级要素和 53 个二级要素构成了化工企业安全生产的安全管理体系，这些要素相互关联、相互制约、相互影响。建设与实施化工企业安全生产标准化，就是要建立并完善这些要素，使它们形成一个有机的整体，并按照计划（P）、实施（D）、检查（C）、改进（A）动态循环、持续改进的模式运行，实现企业安全生产。

表 1-2 《危险化学品从业单位安全标准化通用规范》管理要素表

| 一级要素 | 二级要素 | 一级要素 | 二级要素 |
|---|---|---|---|
| 负责人与职责 | 负责人 | 生产设施与工艺安全 | 检维修 |
| | 方针目标 | | 拆除和报废 |
| | 机构设置 | 作业安全 | 作业许可 |
| | 职责 | | 警示标志 |
| | 安全生产投入及工伤保险 | | 作业环节 |
| 风险管理 | 范围与评价方法 | | 承包商和供应商 |
| | 风险评价 | | 变更 |
| | 风险控制 | 产品安全与危害告知 | 危险化学品档案 |
| | 隐患治理 | | 化学品分类 |
| | 重大危险源 | | 化学品安全技术说明书和安全标签 |
| | 风险信息更新 | | 化学事故应急咨询服务电话 |
| 法律法规与管理制度 | 法律法规 | | 危险化学品登记 |
| | 符合性评价 | | 危害告知 |
| | 安全生产规章制度 | 职业危害 | 职业危害申报 |
| | 操作规程 | | 作业场所职业危害管理 |
| | 修订 | | 劳动防护用品 |
| 培训教育 | 培训教育管理 | | 事故报告 |
| | 管理人员培训教育 | | 抢险与救护 |
| | 从业人员培训教育 | | 事故调查与处理 |
| | 新从业人员培训教育 | 事故与应急 | 应急指挥与救援系统 |
| | 其他人员培训教育 | | 应急救援器材 |
| | 日常安全教育 | | 应急救援预案与演练 |
| 生产设施及工艺安全 | 生产设施建设 | | 安全检查 |
| | 安全设施 | | 安全检查形式与内容 |
| | 特种设备 | 检查与自评 | 整改 |
| | 工艺安全 | | 自评 |
| | 关键设备及重点部位 | | |

## 1.4.4 危险化学品从业单位安全生产标准化评审标准简介

为全面、深入贯彻《国务院关于进一步加强安全生产工作的通知》（国发〔2010〕23号）和《国务院安委会关于深入开展企业安全生产标准化建设的指导意见》（安委〔2011〕4号），进一步促进危险化学品从业单位安全生产标准化工作的规范化、科学化，根据《企业安全生产标准化基本规范》（AQ/T 9006—2010）和《危险化学品从业单位安全标准化通用规范》（AQ 3013—2008），国家安全生产监督管理总局制定了《危险化学品从业单位安全标准化评审标准》（安监总管三〔2011〕93号）。

### 1.4.4.1 申请安全生产标准化达标评审的条件

危险化学品安全生产标准化企业分为一级、二级、三级（简称一级企业、二级企业、三级企业），一级为最高。

（1）三级企业条件。三级企业必须满足下列条件：

1）依法取得国家规定的相应安全许可；

2）开展危险化学品安全生产标准化工作，并按规定进行自评；

3）至申请之日前1年内未发生生产安全死亡事故或重大爆炸、火灾、泄漏、中毒事故；

4）安全生产标准化评审得分80分（含）以上，且每个A级要素评审得分均在60分（含）以上。

（2）二级企业条件。二级企业除满足三级企业标准外，还必须满足下列条件：

1）三级企业持续运行两年（含）以上，或安全生产标准化三级企业评审得分90分（含）以上，经省级安监部门同意，可直接申请二级企业评审；

2）从事危险化学品生产、经营5年（含）以上，至申请之日前3年内未发生生产安全死亡事故或重大爆炸、火灾、泄漏、中毒事故。

（3）一级企业条件。一级企业除满足二级企业标准外，还必须满足下列条件：

1）二级企业持续运行两年（含）以上；

2）至申请之日前5年内未发生生产安全死亡事故（含承包商事故）或重大爆炸、火灾、泄漏、中毒事故。

### 1.4.4.2　申请安全生产标准化达标评审的工作要求

《危险化学品从业单位安全标准化评审标准》（安监总管三〔2011〕93号）与《危险化学品从业单位安全标准化通用规范》（AQ 3013—2008）的框架结构基本一致，涵盖了通用规范的所有要求，但个别地方作了调整，并增加了危险化学品企业安全许可条件和近期出台的有关规定等内容。

《危险化学品从业单位安全标准化评审标准》设置了12个A级要素，56个B级要素。比《危险化学品从业单位安全标准化通用规范》多了2个A级要素和3个B级要素。《危险化学品从业单位安全标准化评审标准》使用表格的结构形式，使得评审条理清晰、更具操作性，参见表1-3。

表1-3　《危险化学品从业单位安全标准化评审标准》（部分）

| A级要素 | B级要素 | 标准化要求 | 企业达标标准 | 评审方法 | 评审标准 | |
|---|---|---|---|---|---|---|
| | | | | | 否决项 | 扣分项 |
| 法律法规和标准（100分） | 法律法规和标准的识别和获取（50分） | 企业应建立识别和获取适用的安全生产法律法规、标准及其他要求管理制度，明确责任部门，确定获取渠道、方式和时机，及时识别和获取，定期更新 | 1. 建立识别和获取适用的安全生产法律法规、标准及政府其他有关要求的管理制度；<br>2. 明确责任部门、获取渠道、方式；<br>3. 及时识别和获取适用的安全生产法律法规和标准及政府其他有关要求；<br>4. 形成法律法规、标准及政府其他有关要求清单和文本数据库，并定期更新 | 查文件：<br>1. 识别和获取适用的安全生产法律法规、标准及政府其他要求的制度；<br>2. 适用的法律法规、标准及政府其他要求的清单和文本数据库；<br>3. 定期更新记录 | 未明确专门部门定期识别和获取，扣50分（B级要素否决项） | 1. 识别和获取的法律法规、标准及政府其他要求，一项不符合扣1分；<br>2. 法律法规、标准及政府其他要求未识别到条款，一项扣1分；<br>3. 未形成清单或文本数据库，扣5分；<br>4. 未定期更新清单或文本数据库，扣5分 |

## 思　考　题

1-1　简述化工生产系统的特点。

1-2　化工生产中的事故特点有哪些?

1-3　简述安全与危险的逻辑关系。

1-4　如何理解安全是相对的思想?

1-5　简述"人-机-环"系统安全分析的基本内容。

1-6　加强安全生产的对策措施有哪些?

1-7　简述危险化学品从业单位安全生产标准化的基本要素。

# 2 化工安全基础

化工物料和化工设备的安全是化工安全生产的基础，本章将从物料安全、化工生产常用设备安全、化工生产事故的预防与控制等方面入手，分析系统存在的危险因素，揭示事故发生原因，为化工事故的控制提供技术保障。

## 2.1 物料安全基础

### 2.1.1 化学物质的危险性和危害

#### 2.1.1.1 化学物质的燃爆危险

**A 化学物质的燃爆危险机理**

化学物质的燃爆危险主要是由化学物质本身具有的化学活性和混合危险性决定的。

（1）化学活性。化学物质的化学活性是指化合物具有的化学反应能力及释放反应能量的性质。化学反应能力很强，可以释放出大量反应能量（如反应热、分解热、燃烧热等形式的能量）的化合物称为活性化学品。活性化学品的主要危险是分解（或燃烧）反应，如果释放出的热量不能及时移除，就会造成热量积聚，从而引起火灾和爆炸。

活性化学品一般具有可以放出较大能量的原子基团，且大多具有较弱的化学键，因此在较低的温度下就开始反应，放出大量的热而使温度上升，导致着火和爆炸，故也称这些物质为不稳定物质。表2-1列出了部分"爆炸性基团"。另外，具有"过氧化物基团"的化学物质与空气长时间共存时因与其中的氧发生反应而生成不安定或具爆炸性的有机过氧化物，也具有潜在的危险性，它们的主要结构特征是含有弱 C—H 键及不饱和键，见表2-2。

**表 2-1 爆炸性物质所特有的原子团**

| 原子团 | 化合物 | 原子团 | 化合物 |
|---|---|---|---|
| —C≡C— | 乙炔衍生物 | —C—N=N—O—N=N—C— | 双偶氮氧化物 |
| —C≡C—Me | 乙炔金属盐 | —C—N=N—N—C— R (R=H, —CN, —OH, —NO) | 三氮烯 |
| —C≡C—X | 卤代乙炔衍生物 | —N=N—N=N— | 高氮化合物，四唑（四氮杂茂） |
| N=N C | 环丙二氮烯 | —C—O—O—H | 过氧酸、烷基过氧化氢 |

| 原子团 | 化合物 | 原子团 | 化合物 |
|---|---|---|---|
| $CN_2$ | 重氮化合物 | —C—O—O—C— | 过氧化物，过氧酸酯 |
| —C—N=O | 亚硝基化合物 | —O—O—Me | 金属过氧化物 |
| —C—NO_2 | 硝基链（烷）烃，C-硝基及多硝基芳烃化合物 | —O—O—Non_Me | 非金属过氧化物 |
| C(NO_2)(NO_2) | 偕二硝基化合物，多硝基烷 | N—Cr—O_2 | 胺铬过氧化物 |
| —C—O—N=O | 亚硝酸酯或亚硝酰 | —N_3 | 叠氮化物（酰基、卤代、非金属、有机基团） |
| —C—O—NO_2 | 硝酸酯或亚硝酰 | C—N_2^+ O^- | 重氮锌盐 |
| C—C—O（环氧） | 1，2-环氧乙烷 | —C—N_2^+ S^- | 硫代重氮盐及其衍生物 |
| —C=N—O—Me | 金属雷酸盐、亚硝酰盐 | —N^+—HZ^- | 肼盐，胺的锌盐 |
| —C(NO_2)(NO_2)—F | 氟二硝基甲烷化合物 | —N^+—OHZ^- | 羟铵盐、胲盐 |
| —N—Me | N-金属衍生物，氨基金属盐 | —C—N_2 Z^- | 重氮根羧酸酯或盐 |
| —N—N=O | N-亚硝基化合物（亚硝基氨基化合物） | [N→Me]^+ Z | 胺金属锌盐 |
| —N—NO_2 | N-硝基化合物（硝胺） | Ar—Me—X  X—Ar—Me | 卤代烷基金属 |
| —C—N=N—C— | 偶氮化合物 | —N—X | 卤代叠氮化合物，N-卤化物，N-卤化（酰）亚胺 |
| —C—N=N—O—C— | 偶氮氧化物、烷基重氮酸酯 | —NF_2 | 二氟氨基化合物 |
| —C—N=N—S— | 偶氮硫化物、烷基硫代重氮酸酯 | —O—X | 烷基高氯酸盐、氯酸盐、卤氧化物、次卤酸盐、高氯酸、高氯化物 |

表 2-2　空气中易形成过氧化物的结构

| 原子团 | 化合物 | 原子团 | 化合物 |
|---|---|---|---|
| $\begin{array}{c}\\ -\overset{\displaystyle |}{\underset{\displaystyle H}{C}}-O\\ \end{array}$ | 缩醛类、酯类、环氧 | $C=C-C=C$ | 二烯类 |
| $\begin{array}{c}-CH_2\\ \ \ \ \ C-\\ -CH_2\ \ H\end{array}$ | 异丙基化合物、萘烷类 | $C=C-C\equiv C-$ | 乙烯乙炔类 |
| $\begin{array}{c}C=C-\overset{\displaystyle |}{\underset{\displaystyle H}{C}}-\end{array}$ | 烯丙基化合物 | $\begin{array}{c}-\overset{\displaystyle |}{\underset{\displaystyle H}{C}}-C-Ar\end{array}$ | 异丙基苯类、四氢萘类、苯乙烷类 |
| $\begin{array}{c}\ \ \ \ X\\ C=C\\ \ \ \ H\end{array}$ | 卤代链烯类 | $\begin{array}{c}-C=O\\ \ \ \ \ \ |\\ \ \ \ \ \ H\end{array}$ | 醛类 |
| $C=C$ | 乙烯化合物（单体、酯、醚类） | $\begin{array}{c}-C-N-C\\ \ \ \|\\ \ \ O\end{array}$ | N-烷基酰胺，N-烷基脲，内酰胺类、碱金属（特别是钾）、碱金属的烷氧及酰胺物、有机金属化合物 |

（2）混合危险。一种物质与另一种物质接触时发生激烈反应，甚至发火或产生危险性气体时，这些物质称为混合危险物质，这些物质的配伍称为危险配伍，或不相容配伍。表 2-3 为混合危险配伍，表 2-4 为混合时产生有毒物的不相容配伍，表 2-5 为可发生激烈反应的不相容配伍。

表 2-3　混合危险配伍

| 物质 A | 物质 B | 可能发生的某些现象 | 物质 A | 物质 B | 可能发生的某些现象 |
|---|---|---|---|---|---|
| 氧化剂 | 可燃物 | 生成爆炸性混合物 | 过氧化氢溶液 | 胺类 | 爆炸 |
| 氯酸盐 | 酸 | 混触发火 | 醚 | 空气 | 生成爆炸性的有机过氧化物 |
| 亚氯酸盐 | 酸 | 混触发火 | 烯烃 | 空气 | 生成爆炸性的有机过氧化物 |
| 次氯酸盐 | 酸 | 混触发火 | 氯酸盐 | 铵盐 | 生成爆炸性的铵盐 |
| 三氧化铬 | 可燃物 | 混触发火 | 亚硝酸盐 | 铵盐 | 生成不稳定的铵盐 |
| 高锰酸钾 | 可燃物 | 混触发火 | 氯酸钾 | 红磷 | 生成对冲击、摩擦敏感的爆炸物 |
| 高锰酸钾 | 浓硫酸 | 爆炸 | | | |
| 四氯化铁 | 碱金属 | 爆炸 | 乙炔 | 铜 | 生成对冲击、摩擦敏感的铜盐 |
| 硝基化物 | 碱 | 生成高感度物质 | | | |
| 亚硝基化合物 | 碱 | 生成高感度物质 | 苦味酸 | 铅 | 生成对冲击、摩擦敏感的铅盐 |
| 碱金属 | 水 | 混触发火 | 浓硝酸 | 胺类 | 混触发火 |
| 亚硝胺 | 酸 | 混触发火 | 过氧化钠 | 可燃物 | 混触发火 |

表2-4　混合时产生有毒物的不相容配伍

| 物质 A | 物质 B | 产生的有毒物 | 物质 A | 物质 B | 产生的有毒物 |
| --- | --- | --- | --- | --- | --- |
| 含砷化合物 | 还原剂 | 砷化三氢 | 亚硝酸盐 | 酸 | 二氧化氮 |
| 叠（迭）氮化物 | 酸 | 叠氮化氢 | 磷 | 苛性碱或还原剂 | 磷化氢 |
| 氰化物 | 酸 | 氰化氢 | 硒化物 | 还原剂 | 硒化氢 |
| 硝酸盐 | 硫酸 | 二氧化氮 | 硫化物 | 酸 | 硫化氢 |
| 次氯酸盐 | 酸 | 氯或次氯酸 | 碲化物 | 还原剂 | 碲化氢 |
| 硝酸 | 铜、黄铜、重金属 | 二氧化氮 | | | |

表2-5　可发生激烈反应的不相容配伍

| 物质 A | 物质 B | 物质 A | 物质 B |
| --- | --- | --- | --- |
| 醋酸 | 铬酸、硝酸、含氢氧基的化合物、乙二醇、过氯酸、过氧化物、高锰酸盐 | 氢氟酸及氟化氢 | 氨或氨的水溶液 |
| 丙酮 | 浓硝酸和浓硫酸混合物 | 过氧化氢 | 铜、铬、铁等大多数金属或它们的盐、任何易燃液体、可燃物、苯胺、硝基甲烷 |
| 乙炔 | 氯、溴、铜、银、氟及汞 | 硫化氢 | 发烟硝酸、氧化性气体 |
| 碱金属和碱土金属，如钠、钾、锂、镁、钙、铝粉 | 二氧化碳、四氯化碳及其他烃类氯化物（火场中有物质 A 时禁用水、泡沫及干粉，可用干沙灭火） | 碘 | 乙炔、氨（无水的或水溶液） |
| | | 汞 | 乙炔、雷酸、氨 |
| 无水的氨 | 汞、氯、次氯酸钙、碘、溴和氟化氢 | 浓硝酸 | 醋酸、丙酮、醇、苯胺、铬酸、氢氰酸、硫化氢、易燃液体和可硝化物质，纸、硬板纸、破布 |
| 硝酸铵 | 酸、金属粉、易燃液体、氯酸盐、亚硝酸盐、硫、有机物或可燃物的粉屑 | 硝基烷烃 | 无机碱、氨 |
| | | 草酸 | 银、汞 |
| 苯胺 | 硝酸、过氧化氢 | 氧 | 油、脂、氢、易燃液体、固体或气体 |
| 氧化钙 | 水 | | |
| 溴 | 氨、乙炔、丁二烯、丁烷和其他石油气、钠的碳化物、松节油、苯及金属粉屑 | 过氯酸 | 醋酐、醇、纸、木、脂、油 |
| | | 有机过氧化物 | 酸（有机或无机），避免摩擦，冷藏 |
| 活性炭 | 次氯酸钙 | 硫酸 | 氯酸盐、过氯酸盐、高锰酸盐 |
| 氯酸盐 | 氨盐、酸、金属粉、硫、有机物或可燃物的粉屑 | 黄磷 | 空气、氧 |
| 铬酸和三氧化铬 | 醋酸、萘、樟脑、甘油、松节油、醇及其他易燃液体 | 氯酸钾 | 酸（同氯酸盐） |
| | | 过氯酸钾 | 酸（同过氯酸） |
| 氯 | 氨、乙炔、丁二烯、丁烷和其他石油气、氢、钠的碳化物、松节油、苯和金属粉屑 | 高锰酸钾 | 甘油、乙二醇、苯甲醛、硫酸 |
| | | 银 | 乙炔、草酸、酒石酸、雷酸、氨化合物 |
| 二氧化氯 | 氨、甲烷、磷化氢、硫化氢 | | |
| 铜 | 乙炔、过氧化氢 | 硝酸钠 | 硝酸铵及其他铵盐 |
| 氟 | 与各种物品隔离 | | |
| 肼（联氨） | 过氧化氢、硝酸、其他氧化剂 | 过氧化钠 | 任何可氧化的物质，如乙醇、甲醇、冰醋酸、醋酐、苯甲醛、二硫化碳、甘油、乙二醇、醋酸乙酯、醋酸甲酯和糠醛 |
| 烃（苯、丁烷、丙烷、汽油、松节油等） | 氟、氯、溴、铬酸、过氧化物 | | |
| 氢氰酸 | 硝酸、碱 | | |

B 可燃气体、可燃蒸气、可燃粉尘的燃爆危险性

可燃气体、可燃蒸气或可燃粉尘与空气组成的混合物，当遇点火源时极易发生燃烧爆炸，但并非在任何混合比例下都能发生，而是有其固定的浓度范围，在此浓度范围内，浓度不同，放热量不同，火焰蔓延速度（即燃烧速度）也不相同。在混合气体中，所含可燃气体为化学计量浓度时，发热量最大，稍高于化学计量浓度时，火焰蔓延速度最大，燃烧最剧烈。可燃物浓度增加或减少，发热量都要减少，蔓延速度降低。当浓度低于某一最低浓度或高于某一最高浓度时，火焰便不能蔓延，燃烧也就不能进行。

另外，某些气体即使在没有空气或氧存在时，同样可以发生爆炸。如乙炔即使在没有氧的情况下，若被压缩到 $2.0265 \times 10^5$ Pa（2 个大气压）以上，遇到火星也能引起爆炸。这种爆炸是由物质的分解引起的，称为分解爆炸。乙炔发生分解爆炸时所需的外界能量随压力的升高而降低。实验证明，若压力在 1.5 MPa 以上，乙炔需要很少能量甚至无须能量即会发生爆炸，表明高压下的乙炔是非常危险的。其他一些分解反应为放热反应的气体，也有同样性质，如乙烯、环氧乙烷、丙烯、联氨、一氧化氮、二氧化氮、二氧化氯等。

C 可燃液体的燃烧危险性

易（可）燃液体在火源或热源的作用下，先蒸发成蒸气，然后蒸气氧化分解并进行燃烧。开始时燃烧速度较慢，火焰也不高，因为这时的液面温度低，蒸发速度慢，蒸气量较少。随着燃烧时间延长，火焰向液体表面传热，使表面温度上升，蒸发速度和火焰温度则同时增加，这时液体就会达到沸腾的程度，使火焰显著增高。如果不能隔断空气，易（可）燃液体就可能完全烧尽。

D 可燃固体的燃烧危险性

固体燃烧分两种情况：对于硫、磷等低熔点简单物质，受热时首先熔化，继而蒸发变为蒸气进行燃烧，无分解过程，容易着火；对于复杂物质，受热时首先分解为物质的组成部分，生成气态和液态产物，然后气态和液态产物的蒸气再发生氧化而燃烧。

某些固态化学物质一旦点燃将迅速燃烧，例如镁，一旦燃烧将很难熄灭；某些固体对摩擦、撞击特别敏感，如爆炸品、有机过氧化物，当受外来撞击或摩擦时，很容易引起燃烧爆炸，故对该类物品进行操作时，要轻拿轻放，切忌摔、碰、拖、拉、抛、掷等；某些固态物质在常温或稍高温度下即能发生自燃，如黄磷若露置空气中可很快燃烧，因此生产、运输、储存等环节要加强对该类物品的管理，这对减少火灾事故的发生具有重要意义。

2.1.1.2 化学物质的健康危害

（1）化学物质进入人体的途径。生产性毒物进入人体的途径主要有呼吸道、皮肤和消化道。

1）呼吸道。这是最常见和最主要的途径。呈气体、气溶胶（粉尘、烟、雾）状态的毒物均可经呼吸道进入人体。

2）皮肤。在生产中，因皮肤吸收毒物而中毒者也较常见。某些毒物可透过完整的皮肤进入体内。皮肤吸收的毒物一般是通过表皮屏障到达真皮，然后进入血液循环的。

3）消化道。在生产环境中，单纯因消化道吸收而引起中毒的机会比较少见，往往是由于手被毒物污染后再直接用污染的手拿食物吃，从而造成毒物随食物进入消化道。

（2）化学物质的毒性危害。毒性危害可造成急性或慢性中毒甚至导致死亡，可用实验动物的半数致死剂量表征。毒性的大小在很大程度上取决于化学物质与生物系统接受部位反应生成的化学键类型。对毒性反应起重要作用的化学键的基本类型是共价键、离子键和氢键，另外还有范德华力。

有机化合物的毒性与其成分、结构和性质的关系是人们早已熟知的事实。例如将卤素原子引入有机分子中时几乎总是伴随着有机物毒性的增加，多键的引入也会增加物质的毒性作用。硝基、亚硝基或氨基官能团引入分子会剧烈改变化合物的毒性，而羟基的存在或乙酰化则会降低化合物的毒性。

（3）化学物质的腐蚀和刺激危害。腐蚀性物质既不属于具有共同的结构、化学或反应特征的特定化学物质种类，也不属于具有共同用途的一类物质，而是属于能够严重损伤活性细胞组织的一类物质。一般腐蚀性物质除具有生物危害外，还能损伤金属、木材等其他物质。

在化工生产中最具代表性的腐蚀性物质有：酸和酸酐、碱、卤素和含卤盐、卤代烃、卤代有机酸、酯和盐以及不属于以上任何一类的其他腐蚀性物质，如多硫化氢、邻氯苯甲醛、肼和过氧化氢等。

（4）化学物质的致癌和致变危害。致癌性是指一些物质或制剂，通过呼吸、饮食或皮肤注射进入人体后会诱发癌症或增加癌变危险。长期接触一些化学物质可能引起人体细胞的无节制生长，形成癌性肿瘤。例如：砷、石棉、铬、镍等物质可能导致肺癌；鼻腔癌和鼻窦癌是由铬、镍、木材、皮革粉尘等引起的；膀胱癌与接触联苯胺、萘胺、皮革粉尘等有关；皮肤癌与接触砷、煤焦油和石油产品等有关；接触氯乙烯单体可引起肝癌；接触苯可引起再生障碍性贫血等。

致变性是指一些物质或制剂可以诱发生物活性，又称变异性，如污染物或其他环境因素引起生物体细胞遗传信息发生突然改变的作用。常见的具有致变作用的环境污染物有：亚硝胺类、甲醛、苯、砷、铅、DDT、烷基汞化合物、甲基对硫磷、敌敌畏、谷硫磷、百草枯等。

### 2.1.1.3　化学物质的环境危害

随着化学工业的发展，各种化学物质的产量大幅度增加，新的化学物质也不断涌现。人们在充分利用化学物质的同时，也制造了大量的化学废物，其中不乏有毒有害物质。由于化学物质毫无控制的随意排放及其他途径的泄放，使环境状况日益恶化，污染严重。目前，与化工有关的环境危害主要是空气污染、水体污染和土壤污染。

## 2.1.2　危险化学品分类

根据《危险化学品从业单位安全标准化规范》，危险化学品一般是指具有易燃易爆、有毒有害或有腐蚀特性，会对人员、设施、环境造成伤害或损害的化学品，包括爆炸品、压缩气体和液化气体、易燃液体、易燃固体、自燃物品和遇湿易燃物品、氧化剂和有机过氧化物、有毒品和腐蚀品等。其比较严格的定义为：化学品中符合有关危险化学品（物质）分类标准规定的化学品（物质）属于危险化学品。目前我国主要有三个判断标准：《危险货物品名表》（12268—2005/XG1—2007）、《剧毒化学品目录》（2010）和《危险化学品名录》（2010）。符合标准规定的危险化学品一般都以它们的燃烧性、爆炸性、毒性、反应活性（包括腐蚀性）为衡量指标，分类主要参考《危险货物分类和品名编号》（GB 6944—2005），分为9大类。具体见表2-6。

表2-6　危险化学品分类表

| 分　类 | 分项 | 分　项　说　明 | 备　注 |
|---|---|---|---|
| 第1类<br>爆炸品 | 第1.1项 | 有整体爆炸危险的物质和物品 | 包括：（a）爆炸性物质；（b）爆炸性物品；（c）为产生爆炸或烟火实际效果而制造的上述2项中未提及的物质或物品 |
| | 第1.2项 | 有迸射危险，但无整体爆炸危险的物质和物品 | |
| | 第1.3项 | 有燃烧危险并有局部爆炸危险或局部迸射危险或这两种危险都有，但无整体爆炸危险的物质和物品。本项包括：（a）可产生大量辐射热的物质和物品；（b）相继燃烧产生局部爆炸或迸射效应或两种效应兼而有之的物质和物品 | |
| | 第1.4项 | 不呈现重大危险的物质和物品。本项包括运输中万一点燃或引发时仅出现小危险的物质和物品；其影响主要限于包件本身，并预计射出的碎片不大、射程也不远，外部火烧不会引起包件内全部内装物的瞬间爆炸 | |
| | 第1.5项 | 有整体爆炸危险的非常不敏感物质。本项包括有整体爆炸危险性、但非常不敏感以致在正常运输条件下引发或由燃烧转为爆炸的可能性很小的物质 | |
| | 第1.6项 | 无整体爆炸危险的极端不敏感物品。本项包括仅含有极端不敏感起爆物质，并且其意外引发爆炸或传播的概率可忽略不计的物品<br>（注：该项物品的危险仅限于单个物品的爆炸） | |
| 第2类<br>气体 | 第2.1项 | 易燃气体。本项包括（在20℃和101.3kPa条件下）：（a）与空气的混合物按体积分类占13%或更少时可点燃的气体；（b）不论易燃下限如何，与空气混合，燃烧范围的体积分数至少为12%的气体 | 本类气体指：（a）在50℃时，蒸气压力大于300kPa的物质；（b）20℃时，在101.3kPa标准压力下完全是气态的物质。本类气体包括压缩气体、液化气体、溶解气体和冷冻液化气体、一种或多种气体与一种或多种其他类别物质的蒸气的混合物、充有气体的物品和烟雾剂 |
| | 第2.2项 | 非易燃无毒气体。在20℃和压力不低于280kPa条件下运输或以冷冻液体状态运输的气体，并且是：（a）窒息性气体——会稀释或取代通常在空气中的氧气的气体；（b）氧化性气体——通过提供氧气比空气更能引起或促进其他材料燃烧的气体；（c）不属于其他项别的气体 | |
| | 第2.3项 | 毒性气体。本项包括：（a）已知对人类具有的毒性或腐蚀性强到对健康造成危害的气体；（b）半数致死浓度$LC_{50}$值不大于5000mL/m³，因而推定对人类具有毒性或腐蚀性的气体<br>（注：具有两个项别以上危险性的气体和气体混合物，其危险性先后顺序为2.3项优先于其他项，2.1项优先于2.2项） | |
| 第3类<br>易燃液体 | | （a）易燃液体。在其闪点温度（其闭杯试验闪点不高于60.5℃，或其开杯试验闪点不高于65.6℃）时放出易燃蒸气的液体或液体混合物，或是在溶液或悬浮液中含有固体的液体。本项还包括：在温度等于或高于其闪点的条件下提交运输的液体；或以液态形式在高温条件下运输或提交运输、并在温度等于或低于最高运输温度下放出易燃蒸气的物质；<br>（b）液态退敏爆炸品 | |

| 分类 | 分项 | 分项说明 | 备注 |
|---|---|---|---|
| 第 4 类<br>易燃固体、<br>易于自燃<br>的 物 质、<br>遇水放出<br>易燃气体<br>的物质 | 第 4.1 项 | 易燃固体。本项包括：（a）易燃烧或摩擦可能引燃或助燃的固体；（b）可能发生强烈放热反应的自反应物质；（c）不充分稀释可能发生爆炸的固态退敏爆炸品 | |
| | 第 4.2 项 | 易于自燃的物质。本项包括：（a）发火物质；（b）自热物质 | |
| | 第 4.3 项 | 遇水放出易燃气体的物质；与水相互作用易变成自燃物质或能放出危险数量的易燃气体的物质 | |
| 第 5 类<br>氧化性物<br>质和有机<br>过氧化物 | 第 5.1 项 | 氧化性物质。本身不一定可燃，但通常因放出氧或起氧化反应可能引起或促使其他物质燃烧的物质 | |
| | 第 5.2 项 | 有机过氧化物。分子组成中含有过氧基的有机物质，该物质为热不稳定物质，可能发生放热的自加速分解。该类物质还可能具有以下一种或数种性质：（a）可能发生爆炸性分解；（b）迅速燃烧；（c）对碰撞或摩擦敏感；（d）与其他物质起危险反应；（e）损害眼睛 | |
| 第 6 类<br>毒性物质<br>和感染性<br>物质 | 第 6.1 项 | 毒性物质。经吞食、吸入或皮肤接触后可能造成死亡或严重受伤或健康损害的物质。毒性物质的毒性分为急性口服毒性、吸入毒性和皮肤接触毒性。分别用口服毒性半数致死量 $LD_{50}$、吸入毒性半数致死浓度 $LC_{50}$、皮肤接触毒性半数致死量 $LD_{50}$ 衡量。经口摄取半数致死量：固体 $LD_{50} \leqslant 200mg/kg$；液体 $LD_{50} \leqslant 500mg/kg$；粉尘、烟雾吸入半数致死浓度 $LC_{50} \leqslant 10mg/L$ 的固体或液体；经皮肤接触 24h，半数致死量 $LD_{50} \leqslant 1000mg/kg$ | |
| | 第 6.2 项 | 感染性物质。含有病原体的物质，包括生物制品、诊断样品、基因突变的微生物、生物体和其他媒介，如病毒蛋白等 | |
| 第 7 类<br>放 射 性<br>物 质 | | 含有放射性核素且其放射性活度浓度和总活度都分别超过 GB 11806 规定的限值的物质 | |
| 第 8 类<br>腐 蚀 性<br>物 质 | | 通过化学作用使生物组织在与其接触时会造成严重损伤或在渗漏时会严重损害甚至毁坏其他货物或运载工具的物质。腐蚀性物质包含与完好皮肤组织接触不超过 4h，在 14d 的观察期中发现引起皮肤全厚度损毁，或在温度 55℃ 时，对 S235JR + CR 型或类似型号钢或无覆盖层铝的表面均匀腐蚀率超过 6.25mm/a 的物质 | |
| 第 9 类<br>杂项危险<br>物 质 和<br>物 品 | | 具有其他类别未包括的危险物质和物品，如：（a）危害环境物质；（b）高温物质；（c）经过基因修改的微生物或组织 | |

## 2.1.3 化学物质危险控制的一般原则

化学物质危害控制的目的是通过采取适当的措施，消除或降低工作场所的危害，防止工人在正常作业时受到有害物质的侵害。采取的主要措施是替代、变更工艺、隔离、通风、个体防护、卫生和安全管理等。

（1）替代。控制、预防化学物质危害最理想的方法是不使用有毒有害和易燃易爆的化学品，但这一点并不是总能做到，通常的做法是选用无毒或低毒的化学品替代已有的有毒有害化学品，选用可燃化学品替代易燃化学品。例如，甲苯替代喷漆和除漆中用的苯，用脂肪族烃替代胶水或黏合剂中的苯等。

（2）变更工艺。虽然替代是控制化学物质危害的首选方案，但是目前可供选择的替代物质往往是很有限的，特别是因技术和经济方面的原因，不可避免地要生产、使用有害化学物质。这时可通过变更工艺消除或降低化学物质危害，如以往用乙炔制乙醛，采用汞做催化剂，现在发展为用乙烯为原料，通过氧化或氧氯化制乙醛，不需用汞做催化剂。这样，通过变更工艺，彻底消除了汞的危害。

（3）隔离。隔离就是通过封闭、设置屏障等措施，避免作业人员直接暴露于有害环境中。最常用的隔离方法是将生产或使用的设备完全封闭起来，使工人在操作中不接触化学品。

隔离操作是另一种常用的隔离方法，简单地说，就是把生产设备与操作室隔离开。最简单的形式就是把生产设备的管线阀门、电控开关放在与生产地点完全隔开的操作室内。

（4）通风。通风是控制作业场所中有害气体、蒸气或粉尘最有效的措施。借助于有效的通风，可使作业场所空气中有害气体、蒸气或粉尘的浓度低于安全浓度，保证工人的身体健康，防止火灾、爆炸等事故的发生。

（5）个体防护。当作业场所中有害化学物质的浓度超标时，工人就必须使用合适的个体防护用品。个体防护用品既不能降低作业场所中有害化学物质的浓度，也不能消除作业场所的有害化学物质，而只是一道阻止有害物进入人体的屏障。防护用品本身的失效就意味着保护屏障的消失，因此个体防护不能被视为控制危害的主要手段，而只能作为一种辅助性措施。

防护用品主要有头部防护器具、呼吸防护器具、眼睛防护器具、身体防护用品、手足防护用品等。

（6）卫生。卫生包括保持作业场所清洁和作业人员的个人卫生两个方面。

（7）管理控制。管理控制是指通过管理手段和按照国家法律和标准建立起来的管理程序和措施，是预防化学物质危害的一个重要方面，如对作业场所进行危害识别、张贴标志，在化学物质包装上粘贴安全标签，物质运输、经营过程中附化学物质安全技术说明书，从业人员的安全培训和资质认定，采取接触监测、医学监督等措施均可达到管理控制的目的。

## 2.2　化工生产常用设备安全基础

### 2.2.1　静设备安全技术

静设备是指工作时其本身零部件之间没有或很少有相对运动的设备，这类设备是依靠自身特定的机械结构及工艺条件，让物料通过设备时自动完成工作任务，如各种反应设备类、塔类、储罐类、换热设备类、炉类等。

#### 2.2.1.1　反应釜安全技术

在化工生产过程中，需要为化学反应提供反应空间和反应条件，这样的装置称为反应器。根据结构不同，反应器主要分为釜式反应器、塔式反应器、管式反应器、固定床反应器、流化床反应器等。由于釜式反应器具有投资少、投产快、操作灵活方便等特点，在中小型化工企业应用比较广泛。

（1）反应釜结构。典型的反应釜由釜体、传热装置、搅拌装置、传动装置、轴封装置、支承等组成，如图 2-1 所示。

1）釜体。釜体由圆形筒体、上盖、下封头构成。上盖与筒体连接有两种方法，一种是盖子与筒体直接焊死构成一个整体；另一种是考虑拆卸方便时可用法兰连接。上盖开有人孔、手孔和工艺接管孔等。

2）传热装置。传热装置可以维持反应釜内的最佳温度，其主要传热方式有两种：夹套传热和蛇管传热，如图 2-2 所示。

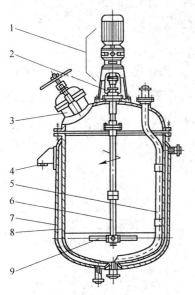

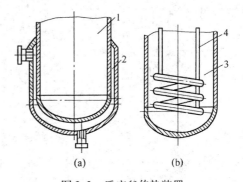

图 2-1　反应釜典型结构示意图

1—传动装置；2—轴封；3—人孔（或加料口）；4—支座；
5—压出管；6—搅拌轴；7—夹套；8—釜体；9—搅拌器

图 2-2　反应釜传热装置

（a）夹套传热；（b）蛇管传热
1—反应釜内腔；2—夹套；3—反应釜内腔；4—蛇管

夹套就是用焊接或法兰连接的方式在容器的外侧装设各种形状的结构，使其与容器外壁形成密闭的空间。在此空间内通入热流体或冷流体，加热或冷却容器内的物料，以维持物料的温度在预定的范围。夹套的主要结构形式如图 2-3 所示。

当需要的传热面积较大，夹套传热不能满足要求时，可采用蛇管传热。它沉浸在物料中，热损失小，传热效果好，还能起到导流筒的作用，改变流体的流动状态，减小旋涡，强化搅拌程度。蛇管结构形式又分为螺旋形盘管和竖式蛇管两种，如图 2-4 所示。

3）搅拌装置。反应釜的搅拌装置的主要功能是提供搅拌过程需要的能量和适宜的流动状态，以达到搅拌的目的。根据搅拌器结构的不同，可分为桨式、涡轮式、推进式、框式、锚式、螺杆式、螺带式等，如图 2-5 所示。

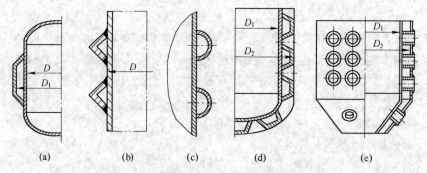

图 2-3　夹套主要结构形式

（a）整体夹套；（b）型钢夹套；（c）半圆管夹套；（d）折边蜂窝夹套；（e）短管支撑式蜂窝夹套

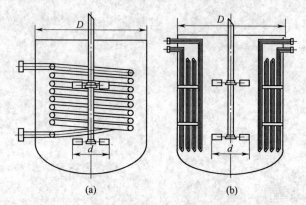

图 2-4　蛇管结构形式

（a）螺旋形盘管；（b）竖式蛇管

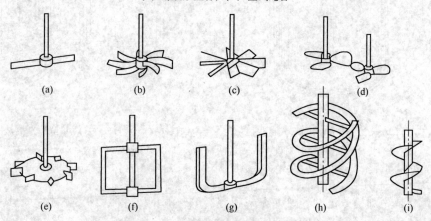

图 2-5　搅拌器结构形式

（a）桨式；（b）弯叶开启涡轮；（c）折叶开启涡轮；（d）推进式；（e）平直叶圆盘涡轮；
（f）框式；（g）锚式；（h）螺带式；（i）螺杆式

4）传动装置。反应釜的传动装置经常设置在反应釜的顶端，一般采用立式布置，如图 2-6 所示，从上到下依次为：电动机和减速机，机架，联轴器，轴封装置，凸缘法兰，搅拌轴。安放在釜盖上的凸缘法兰，安装底盖支撑着机架和密封箱，传动轴则吊装在机架上的轴承箱内，穿越密封箱体伸入釜内，再利用釜内的联轴器与搅拌轴相连，机架的顶端则安装电动机和减速机，其输出轴通过联轴器和传动轴上端的轴颈相连。

（2）反应釜安全技术。

1）反应釜使用安全技术。加料时要严防金属硬物掉入设备内，运转时要防止设备受振动，检修时按化工厂搪玻璃反应釜维护检修规程执行。尽量避免冷罐加热料和热罐加冷料，严防温度骤冷骤热，搪玻璃耐温剧变小于120℃。尽量避免在酸碱液介质中交替使用，否则，将会使搪玻璃表面失去光泽而腐蚀。

严防夹套内进入酸液（如果清洗夹套一定要用酸液时，不能用pH值小于2的酸液），酸液进入夹套会产生氢效应，引起搪玻璃表面呈鱼鳞片状大面积脱落。一般清洗夹套可先用2%的次氯酸钠溶液，然后再用清水清洗。

釜底出料口堵塞时，可用非金属体轻轻疏通，禁止用金属工具铲打。对黏结在罐内表面上的反应物料要及时清洗，不宜用金属工具，以防损坏搪玻璃衬里。

2）反应釜维护技术。反应釜在运行中，应严格执行操作规程，禁止超温、超压。按工艺指标控制夹套（或蛇管）及反应器的温度，避免温差应力与内压应力叠加，使设备产生应变。要严格控制配料比，防止剧烈的反应。要注意反应釜有无异常振动和声响，如发现异常，应停止运行并检查维修，及时消除故障。

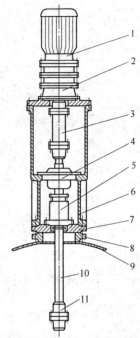

图2-6　搅拌轴的传动装置系统组成
1—电动机；2—减速机；3—带短节联轴器；
4—轴承箱；5—填料箱（或机械密封）；
6—单支点机架；7—安装底盖；
8—凸缘法兰；9—釜盖；
10—传动轴；11—釜内联轴器

3）反应釜常见故障及处理方法。反应釜常见故障及处理方法见表2-7。

表2-7　反应釜常见故障及处理方法

| 序号 | 故障现象 | 故障原因 | 处理方法 |
|---|---|---|---|
| 1 | 壳体损坏（腐蚀、裂纹、透孔） | 1. 受介质腐蚀（点蚀，晶间腐蚀）；<br>2. 热应力影响产生裂纹或碱脆；<br>3. 磨损变薄或均匀腐蚀 | 1. 采用耐蚀材料衬里的壳体需重新修衬或局部补焊；<br>2. 焊接后要消除应力，产生裂纹要进行修补；<br>3. 薄于设计最低的允许厚度，需更换本体 |
| 2 | 超温超压 | 1. 仪表失灵，控制不严格；<br>2. 误操作；原料配比不当；产生剧烈反应；<br>3. 因传热或搅拌性能不佳，发生副反应；<br>4. 进气阀失灵，进气压力过大、压力高 | 1. 检查、修复自控系统，严格执行操作规程；<br>2. 根据操作程序，采取紧急放压，按规定定量、定时投料，严防误操作；<br>3. 增加传热面积或清除结垢，改善传热效果；修复搅拌器，提高搅拌效率；<br>4. 关总气阀，断气修理阀门 |
| 3 | 密封泄漏 | 填料密封：<br>1. 搅拌轴在填料处磨损或腐蚀，造成间隙过大；<br>2. 油环位置不当或油路堵塞不能形成油封；<br>3. 压盖没压紧，填料质量差，或使用过久；<br>4. 填料箱腐蚀 | 1. 更换或修补搅拌轴，并在机床上加工，保证光洁度；<br>2. 调整油环位置，清洗油路；<br>3. 压紧填料，或更换填料；<br>4. 修补或更换 |

| 序号 | 故障现象 | 故 障 原 因 | 处 理 方 法 |
|---|---|---|---|
| 3 | 密封泄漏 | 机械密封：<br>1. 动静环端面变形，碰伤；<br>2. 端面比压过大，摩擦副产生热变形；<br>3. 密封圈选材不对，压紧力不够，或 V 形密封圈装反，失去密封性；<br>4. 轴线与动环端面垂直误差过大；<br>5. 操作压力、温度不稳，硬颗粒进入摩擦副；<br>6. 轴窜量超过指标；<br>7. 镶装或粘接动、静环的镶缝泄漏 | 1. 更换摩擦副或重新研磨；<br>2. 调整比压至合适，加强冷却系统，及时带走热量；<br>3. 密封圈选材、安装要合理，要有足够的压紧力；<br>4. 停车，重新校正，保证不垂直度小于 0.5mm；<br>5. 严格控制工艺指标，使颗粒及结晶物不能进入摩擦副；<br>6. 调整、检修，使轴的窜量达到标准；<br>7. 改进安装工艺，或过盈量要适当，或黏结剂要好用牢固 |
| 4 | 釜内有异常的杂音 | 1. 搅拌器摩擦釜内附件（蛇管、温度计管等）或刮壁；<br>2. 搅拌器松脱；<br>3. 衬里鼓包，与搅拌器撞击；<br>4. 搅拌器弯曲或轴承损坏 | 1. 停车检修校正，使搅拌器与附件保持一定间距；<br>2. 停车检查，紧固螺栓；<br>3. 修鼓包，或更换衬里；<br>4. 检修或更换轴及轴承 |
| 5 | 搪瓷搅拌器脱落 | 1. 被介质腐蚀断裂；<br>2. 电动机旋转方向相反 | 1. 更换搪瓷轴或用玻璃钢修补；<br>2. 停车改变转向 |
| 6 | 搪瓷釜法兰漏气 | 1. 法兰瓷面损坏；<br>2. 选择垫圈材质不合理，安装接头不正确，空位，错移；<br>3. 卡子松动或数量不足 | 1. 修补、涂防腐蚀漆或树脂；<br>2. 根据工艺要求，选择垫圈材料，垫圈接口要搭拢，位置要均匀；<br>3. 按设计要求，有足够数量的卡子，并要紧固 |
| 7 | 瓷面产生鳞爆及微孔 | 1. 夹套或搅拌轴管内进入酸性杂质，产生氢脆现象；<br>2. 瓷层不致密，有微孔隐患 | 1. 用碳酸钠中和后，用水冲净或修补，腐蚀严重的需更换；<br>2. 微孔数量少的可修补，严重的更新 |
| 8 | 电动机电流超过额定值 | 1. 轴承损坏；<br>2. 釜内温度低，物料黏稠；<br>3. 主轴转数较快；<br>4. 搅拌器直径过大 | 1. 更换轴承；<br>2. 按操作规程调整温度，物料黏度不能过大；<br>3. 控制主轴转数在一定的范围内；<br>4. 适当调整 |

### 2.2.1.2　塔设备安全技术

化工生产中，气-液或液-液两相直接接触进行传质传热的过程是很多的，如精馏、吸收、萃取等，这些过程都是在一定的设备内完成的。由于该过程中介质相互间主要发生的是质量的传递，所以也将实现这些过程的设备叫传质设备，从外形上看这些设备都是竖直安装的圆筒形容器，高径比较大，形状如"塔"，故习惯上称其为塔设备。

塔设备为气-液或液-液两相进行充分接触创造了良好的条件，使两相有足够的接触时间、分离空间和传质传热的面积，从而达到相际间质量和热量传递的目的，实现工艺要求。所以塔设备的性能对整个装置的产品质量、生产能力、消耗定额和环境保护等方面都有着重大的影响。

（1）塔设备结构及工作原理。根据不同的标准，塔设备有不同的类型。按工艺用途可分为精馏塔、吸收塔、萃取塔、干燥塔、洗涤塔等；按操作压力可分为常压塔、加压塔和减压塔；按内部构件的结构可分为板式塔和填料塔。本节重点介绍板式塔和填料塔。

1）板式塔。板式塔的结构如图 2-7 所示，在塔内设置一定数量的塔盘，气体以鼓泡或喷射形式穿过塔盘上液层，气、液相相互接触并进行传质过程。气相与液相的组分沿塔高呈阶梯式变化。板式塔中根据塔盘结构特点，又可分为泡罩塔、浮阀塔、筛板塔、舌形塔、浮动舌形塔和浮动喷射塔等多种，目前主要使用的塔型是浮阀塔和筛板塔。

2）填料塔。填料塔的结构如图 2-8 所示，塔内设置一定高度的填料层，液体从塔顶沿填料表面呈薄膜状向下流动，气体则呈连续相由下向上流动，气、液相逆流接触并进行传质过程。气相和液相的组分沿塔高呈连续变化。常用填料有拉西环填料、鲍尔环填料、矩鞍形填料、波纹填料、丝网填料等。

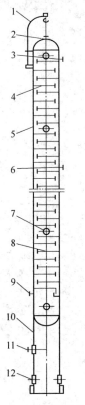

图 2-7　板式塔结构

1—吊柱；2—气体出口；3—回流液入口；
4—精馏段塔盘；5—壳体；6—料液进口；
7—人孔；8—提馏段塔盘；9—气体入口；
10—裙座；11—釜液出口；12—检查孔

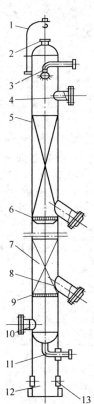

图 2-8　填料塔结构

1—吊柱；2—气体出口；3—喷淋装置；4—人孔；5—壳体；
6—液体再分配器；7—填料；8—卸填料人孔；
9—支承装置；10—气体入口；11—液体出口；
12—裙座；13—检查孔

（2）塔设备安全技术。板式塔和填料塔常见故障及处理方法分别见表2-8 和表2-9。

表 2-8　板式塔常见故障及处理方法

| 序号 | 故障现象 | 故 障 原 因 | 处 理 方 法 |
|---|---|---|---|
| 1 | 工作表面结垢 | 1. 被处理物料中含有机械杂质（如泥、砂等）；<br>2. 被处理物料中有结晶析出和沉淀；<br>3. 硬水所产生的水垢；<br>4. 设备结构材料被腐蚀而产生的腐蚀产物 | 1. 加强管理，考虑增加过滤设备；<br>2. 清除结晶、水垢和腐蚀产物；<br>3. 采取防腐蚀措施；<br>4. 清理 |
| 2 | 连接处失去密封能力 | 1. 法兰连接螺栓没有拧紧；<br>2. 螺栓拧得过紧而产生塑性变形；<br>3. 由于设备在工作中发生振动，而引起螺栓松动；<br>4. 密封垫圈产生疲劳破坏（失去弹性）；<br>5. 垫圈受介质腐蚀而损坏；<br>6. 法兰面上的衬里不平；<br>7. 焊接法兰翘曲 | 1. 拧紧松动螺栓；<br>2. 更换变形螺栓；<br>3. 消除振动，拧紧松动螺栓；<br>4. 更换变质的垫圈；<br>5. 换用耐蚀垫圈；<br>6. 加工不平的法兰；<br>7. 更换新法兰 |
| 3 | 塔体厚度减薄 | 设备在操作中受到介质的腐蚀、冲蚀和摩擦 | 减压使用；修理腐蚀严重部分，或设备报废 |
| 4 | 塔体局部变形 | 1. 塔体局部腐蚀或过热使材料强度降低，而引起设备变形；<br>2. 开孔无补强或焊缝处的应力集中，使材料的内应力超过屈服点而发生塑性变形；<br>3. 受外压设备，当工作压力超过临界工作压力时，设备失稳而变形 | 1. 防止局部腐蚀产生；<br>2. 矫正变形或切割下严重变形处，焊上补板；<br>3. 稳定正常操作 |
| 5 | 塔体出现裂缝 | 1. 局部变形加剧；<br>2. 焊接的内应力；<br>3. 封头过度圆弧弯曲半径太小或未经返火便弯曲；<br>4. 水力冲击作用；<br>5. 结构材料缺陷；<br>6. 振动与温差的影响；<br>7. 应力腐蚀 | 裂缝修理 |
| 6 | 塔板越过稳定操作区 | 1. 气相负荷减小或增大，液相负荷减小；<br>2. 塔板不水平 | 1. 控制气相、液相流量。调整降液管、出入口堰高度；<br>2. 调整塔板水平度 |
| 7 | 塔板上鼓泡元件脱落和被腐蚀掉 | 1. 安装不牢；<br>2. 操作条件破坏；<br>3. 泡罩材料不耐蚀 | 1. 重新调整；<br>2. 改善操作，加强管理；<br>3. 选择耐蚀材料，更新泡罩 |

表 2-9　填料塔常见故障及处理方法

| 序号 | 故障现象 | 故 障 原 因 | 故 障 后 果 | 处 理 方 法 |
|---|---|---|---|---|
| 1 | 液体分布器分布不均匀 | 1. 设计不好；<br>2. 分布器堵塞、腐蚀漏液；<br>3. 安装水平度差；<br>4. 超过操作弹性；<br>5. 分布器液体入口不良 | 塔效率差，压降与设计差异不大。通常可根据塔各段的分离效率确定哪个分布器分布不良。由 2、4 及 5 引起的效率低，通常增加回液并不能使效率提高；由 1、3 及 4 引起的效率低，增加回流可使效率提高 | 1. 改善设计，重新设计制作分布器；<br>2. 清除堵塞，修补或更换分布器；<br>3. 重新安装，调水平；<br>4. 分布器增加开孔或减少开孔；<br>5. 改善液体入口 |

| 序号 | 故障现象 | 故障原因 | 故障后果 | 处理方法 |
|---|---|---|---|---|
| 2 | 气体分布不均 | 塔、釜气相入口无气体分布器 | 塔的效率低，压降与设计差异不大，减少气相负荷或增加回流可明显改善分离效率，气相入口无分布器还会引起雾状夹带，在高负荷操作时压降大。有时达不到设计负荷 | 增设气体分布器 |
| 3 | 液体收集器漏液 | 1. 降液管太小或入口阻力大，造成降液困难，液体由升气管漏液；<br>2. 密封不好，漏液或百叶窗式收集器溅液 | 塔的分离效率差。由于1往往造成雾状夹带，使压力降增加，通量下降，增加回流往往造成压力增高，效率下降。低负荷操作往往有高的分离效率。由于2压力降通常与设计差异不大，增加回流，分离效率一般提高，低负荷操作，分离效率也不高 | 1. 增大降液管或降液管入口；<br>2. 改善密封，防止漏液，改变百叶窗角度或尺寸，防止漏液 |
| 4 | 多个液体分布器安装位置颠倒 | 多个液体分布器安装位置颠倒 | 分离效率低，低负荷分离效率较高，高负荷分离效率低 | 重新按设计安装液体分布器 |
| 5 | 同一塔中选择多种填料，填料位置安装错误 | | 达不到设计负荷，低负荷操作，某段填料分离效率低；高负荷时，低负荷效率高的那段填料效率下降，压降高 | 重新安装 |
| 6 | 填料安装不好 | 1. 散装填料填充太松、规整填料每块之间及与塔壁之间间隙大；<br>2. 填料变形大，散装填料安装挤压太紧，陶瓷填料破碎多 | 由于1通常效率低、阻力小，增加回流可使分离效率提高；由于2通常表现为阻力大、操作上限低，降低操作负荷，分离效率可提高 | 按技术要求安装 |

### 2.2.1.3 储存设备安全技术

用于储存生产原料、半成品及成品等物料的设备称为储存设备。这类设备属于结构相对比较简单的容器类设备，所以又称为储存容器或储罐。按其结构特征分有立式储罐、卧式储罐、球形储罐及液化气钢瓶等。在化工企业中使用最多的是立式储罐和卧式储罐。

**A 储罐类型**

根据罐体形状的不同，储罐可分为立式储罐、卧式储罐、球形储罐等，如图 2-9 所示。

大型立式储罐主要用于储存数量较大的液体介质，如原油、轻质成品油等；大型卧式储罐用于储存压力不太高的液化气和液体，小型的卧式和立式储罐主要作为中间产品罐和各种计量、冷凝罐用；球形储罐用于储存石油气及各种液化气。

**B 立式储罐**

立式储罐以大型油罐最为典型，其由基础、罐底、罐壁、罐顶及附件组成。按罐顶结构的不同可分为拱顶罐、浮顶罐和内浮顶罐等。

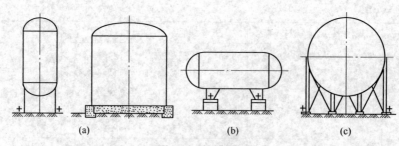

图 2-9　储罐类型

（a）立式罐；（b）卧式罐；（c）球形罐

（1）拱顶油罐。拱顶油罐的总体构造如图 2-10 所示。罐底是由若干块钢板焊接而成，直接铺在基础上，其直径略大于罐壁底圈直径。罐壁是主要受力部件，壁板的各纵焊缝采用对接焊，环焊缝采用套筒搭接式或直线对接式，也有采用混合式连接。拱顶罐的罐顶近似于球面，按截面形状有准球形拱顶和球形拱顶两种。拱顶油罐由于气相空间大，油品蒸发损耗大，故不宜储存轻质油品和原油，宜储存低挥发性及重质油品。

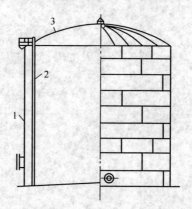

图 2-10　球形拱顶油罐

1—罐壁；2—量油孔；3—固定顶

（2）浮顶油罐。浮顶油罐的总体构造如图 2-11 所示。这种油罐上部是敞开的，所谓的罐顶只是漂浮在罐内油面上随油面的升降而升降的浮盘。

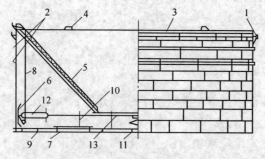

图 2-11　浮顶油罐

1—抗风圈；2—加强圈；3—包边角钢；4—泡沫消防挡板；5—转动扶梯；7—加热器；
8—量油管；9—底板；10—浮顶立柱；11—排水折管；12—浮船；13—单盘板

当浮顶油罐的罐顶随油面下降至罐底时，油罐就变为上部敞开的立式圆筒形容器，若此时遇大风罐内易形成真空，如真空度过大罐壁有可能被压瘪，为此需在靠近顶部的外侧设置抗风圈。由于罐顶在罐内上下浮动，故罐壁板只能采用对接焊接并内壁要取平。浮顶油罐罐顶与油面之间基本上没有气相空间，油品没有蒸发的条件，因而没有因环境温度变化而产生的油品损耗，也基本上消除了因收、发油而产生的损耗，避免了污染环境，也减少了发生火灾的危险性。所以尽管这种油罐钢材耗量和安装费用比拱顶油罐大得多，但对收、发油频繁的油库、炼油厂原油区等仍应优先选用，用于储存原油、汽油及其他挥发性油品。

（3）内浮顶油罐。内浮顶油罐是在拱顶罐内增加了一个浮顶。这种油罐有两层顶，外层为与罐壁焊接连接的拱顶，内层为能沿罐壁上下浮动的浮顶，其结构如图2-12所示。内浮顶油罐既有拱顶油罐的优点也有浮顶油罐的优点，它解决了拱顶油罐由于气相空间大、油品蒸发损耗大，且污染环境又不安全的缺点，又避免了浮顶油罐承压能力差、易受雨水及风沙等的影响使浮顶过载而沉没和罐内可能形成真空的现象。

C 卧式储罐

卧式储罐与立式储罐相比，容量较小、承压能力变化范围宽。最大容量400m³、实际使用一般不超过120m³，最常用的是50m³。适宜在各种工艺条件下使用，在炼油化工厂多用于储存液化石油气、丙烯、液氨等；各种工艺性储罐也多用小型卧式储罐；在中小型油库可用卧式罐储存汽油、柴油及数量较小的润滑油；另外，汽车罐车和铁路罐车也大多用卧式储罐。

卧式储罐由罐体、支座及附件等组成。罐体包括筒体和封头，筒体由钢板拼接卷板、组对焊接而成，各筒节间环缝可对接也可搭接；封头常用椭圆形、碟形及平封头。卧式储罐的罐体如图2-13所示。

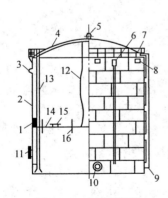

图2-12 内浮顶油罐

1—密封装置；2—罐壁；3—高液位报警器；4—固定罐顶；
5—罐顶通气孔；6—泡沫消防装置；7—罐顶人孔；
8—罐壁通气孔；9—液位计；10—罐壁人孔；
11—高位带芯人孔；12—静电导出线；13—量油管；
14—浮盘；15—浮盘人孔；16—浮盘立柱

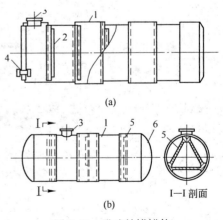

图2-13 卧式储罐罐体

（a）平封头卧式罐；（b）碟形封头卧式罐
1—筒体；2—加强环；3—人孔；4—进出油管；
5—三角支撑；6—封头

D　储罐安全技术

（1）储油罐、储罐区防火防爆应按 GB 50183、GB 50074 规定执行。低倍数空气泡沫灭火系统应满足 GB 50151 规定。

（2）储罐区应保持整洁，防火堤内应无干草，无油污，无可燃物。

（3）储罐区排水系统应设水封井，排水管在防火堤外应设置阀门，油罐放水时，应有专人监护，及时清除水封井内的残油。

（4）储罐区内不应装设非防爆电气设备和高压架空线路。

（5）储罐区应当按规定设置防火堤，防火堤应保持完好。

（6）储油罐顶部应无油污，无积水。储油罐进出油管线、阀门应采取保温措施。

（7）储油罐顶的透光孔、检尺孔盖、垫片应保持完好，孔盖应盖严密。量油口应装有不打火花的金属垫片。

（8）储油罐上的呼吸阀、液压安全阀底座应装设阻火器。阻火器每季至少检查一次。

（9）储油罐进出油管线应装设韧性软管补偿器。

（10）钢制储油罐罐体应设置防雷防静电接地装置，其接地电阻不应大于 10Ω。接地点沿罐底边每 30m 至少设置一处，单罐接地不应少于两处。

（11）每年春季应全面检查防雷防静电接地装置，测试接地电阻值是否符合要求。

（12）浮顶罐的浮船与罐壁之间应用两根截面积不小于 25mm² 的软铜线连接。

（13）储油罐装油量应在安全罐位内运行。

（14）当凝油油位高于加热盘管时，应先用蒸汽立管加热，待凝油溶化后，再用蒸汽盘管加热。

（15）不应穿化纤服装和带铁钉的鞋上罐。在罐顶不应开、关非防爆电筒。

（16）储罐区内油管线动火、清罐作业应执行行业规定。

（17）储油罐着火，应立即报告并停止着火油罐的一切作业，组织灭火并适时启动应急预案。

E　气瓶

气瓶属于移动式的压力容器，由于经常装载易燃、易爆、有毒及腐蚀性等危险介质，气瓶在移动、搬运、储存等过程中，易因发生碰撞而增加瓶体爆炸的危险。

（1）气瓶定义。广义的气瓶是指不同压力、不同容积、不同结构形式和不同材料用以储运永久气体、液化气体和溶解气体的一次性或可重复充气的移动式压力容器。本章气瓶是指正常环境温度下（-40~60℃）使用的、公称工作压力大于或等于 0.2MPa（表压）且压力与容积的乘积大于或等于 1.0MPa·L 的盛装气体、液化气体和标准沸点等于或低于 60℃ 的液体的气瓶（不含仅在灭火时承受压力，储存时不承受压力的灭火用气瓶）。

（2）气瓶类型。气瓶按充装介质的性质分类，可分为以下几种：

1）永久气体气瓶。永久气体的压缩气体因其临界温度小于 -10℃，常温下呈气态，所以称为永久气体，如氢、氧、氮、空气、煤气及氩、氦、氖、氪等。这类气瓶一般都以较高的压力充装气体，目的是增加气瓶的单位容积充气量，提高气瓶利用率和运输效率。常见的充装压力为 15MPa，也有的充装压力达 20~30MPa。

2）液化气体气瓶。液化气体气瓶充装时都以低温液态灌装。有些液化气体的临界温度较低，装入瓶内后受环境温度的影响而全部气化。有些液化气体的临界温度较高，装瓶后在瓶内始终保持气液平衡状态，因此，可分为高压液化气体和低压液化气体。高压液化气体的临界温度大于或等于 -10℃，且小于或等于 70℃。常见的有乙烯、乙烷、二氧化碳、氧化亚氮、六氟化硫、氯化氢、三氟甲烷 F-13、三氟甲烷 F-23、六氟乙烷 F-116、氟己烯等。常见的充装压力有 15MPa 和 12.5MPa 等。低压液化气体的临界温度大于70℃。如溴化氢、硫化氢、氨、丙烷、丙烯、异丁烯、1，3-丁二烯、1-丁烯、环氧乙烷、液化石油气等。《气瓶安全监察规程》规定，液化气体气瓶的最高工作温度为 60℃。低压液化气体在 60℃时的饱和蒸气压都在 10MPa 以下，所以这类气体的充装压力都不高于 10MPa。

3）溶解气体气瓶。它是专门用于盛装乙炔的气瓶。由于乙炔气体极不稳定，故必须把它溶解在溶剂中，常见的为丙酮。气瓶内装满多孔性材料，以吸收溶剂。乙炔瓶充装乙炔气，一般要求分两次进行，第一次充气后静置 8h 以上，再第二次充气。

（3）气瓶安全附件。气瓶安全附件包括安全泄压装置、瓶阀、瓶帽、液位计、防震圈、紧急切断和充装限位装置等。

1）安全泄压装置。气瓶的安全泄压装置，是为了防止气瓶在遇到火灾等高温时，瓶内气体受热膨胀而发生破裂爆炸。气瓶常见的泄压附件有爆破片和易熔合金塞。爆破片装在瓶阀上，其爆破压力略高于瓶内气体的最高温升压力。爆破片多用于高压气瓶上，但有的气瓶不装爆破片。易熔合金塞一般装在低压气瓶的瓶肩上，当周围环境温度超过气瓶的最高使用温度时，易熔塞的易熔合金熔化，瓶内气体排出，避免气瓶爆炸。

2）防震圈。气瓶装有的两个防震圈是气瓶瓶体的保护装置。气瓶在充装、使用、搬运过程中，常常会因滚动、振动、碰撞而损伤瓶壁，以致发生脆性破坏。脆性破坏是气瓶发生爆炸事故常见的一种直接原因。

3）瓶帽。瓶帽是瓶阀的防护装置，它可避免气瓶在搬运过程中因碰撞而损坏瓶阀，保护出气口螺纹不被损坏，防止灰尘、水分或油脂等杂物落入阀内。要求有良好的抗撞击性；不得用灰口铸铁制造；无特殊要求的，应配带固定式瓶帽，同一工厂制造的同一规格的固定式瓶帽，质量允差不超过 5%。

4）瓶阀。瓶阀是控制气体出入的装置，一般是用黄铜或钢制造。充装可燃气体的钢瓶瓶阀，其出气口螺纹为左旋，盛装助燃气体的气瓶，其出气口螺纹为右旋。瓶阀的这种结构可有效地防止可燃气体与非可燃气体的错装。

（4）气瓶充装安全技术。

1）气瓶充装单位的基本要求。气瓶充装单位必须持有省级质监部门核发的《气瓶充装许可证》，其有效期为四年；应建立与所充装气体种类相适应的、能够确保充装安全和充装质量的管理体系和各项管理制度。

2）气瓶充装前的检查。气瓶的原始标志是否符合标准和规程的要求，钢印字迹是否清晰可辨；气瓶外表面的颜色和标记（包括字样、字色、色环等）是否与所装气体的规定标记相符；气瓶内有无剩余压力，如有余气应进行定性鉴别，以判定剩余气体是否与所装气体相符；气瓶外表面有无裂纹、严重腐蚀、明显变形及其他外部损伤缺陷；气瓶的安全附件如瓶帽、防震圈、护罩、易熔合金塞等，是否齐全、可靠和符合安全要求；气瓶瓶阀的出口螺纹形式是否与所装气体的规定螺纹相符，盛装可燃性气体气瓶的瓶阀螺纹是左旋的；盛装非可燃性气体气瓶的瓶阀螺纹是右旋的。

3）禁止充气的气瓶。在气瓶充装前的检查中，发现气瓶具有下列情况之一时，应禁止对其进行充装：颜色标记不符合《气瓶颜色标记》的规定，或严重污损、脱落，难以辨认的；气瓶是由不具有"气瓶制造许可证"的单位生产的；原始标记不符合规定，或钢印标志模糊不清，无法辨认的；瓶内无剩余压力的；超过规定的检验期限的；附件不全、损坏或不符合规定的；氧气瓶或强氧化剂气体气瓶的瓶体或瓶阀上沾有油脂的。

4）气瓶的充装量。为了使气瓶在使用过程中不因环境温度的升高而造成超压，必须对气瓶的充装量加以严格控制。永久气体气瓶的充装量是以充装温度和压力确定的，确定的原则是：气瓶内气体的压力在基准温度20℃以下应不超过其公称工作压力，在最高使用温度60℃以下应不超过气瓶的许用压力。高压液化气体气瓶充装量的确定原则是：保证瓶内气体在气瓶最高使用温度60℃下所达到的压力不超过气瓶的许用压力，因充装时是液态，故只能以它的充装系数来计量。低压液化气体气瓶充装量的确定原则是：气瓶内所装入的介质，即使在最高使用温度下也不会发生瓶内满液，也就是控制的充装系数（气瓶单位容积内充装液化气体的质量）不大于所装介质在气瓶最高使用温度下的液体密度，即不大于液体介质在60℃时的密度。乙炔气瓶的充装压力，在任何情况下不得大于2.5MPa。

(5) 气瓶使用安全技术。气瓶使用时，一般应立放，并应有防止倾倒的措施。使用氧气或氧化性气体气瓶时，操作者的双手、手套、工具、减压器、瓶阀等，凡有油脂的，必须脱脂干净后，方能操作。开启或关闭瓶阀时速度要缓慢，且只能用手或专用扳手，不准使用锤子、管钳、长柄螺纹扳手。每种气体要有专用的减压器，尤其氧气和可燃气体的减压器不得互用；瓶阀或减压器泄漏时不得继续使用。瓶内气体不得用尽，必须留有剩余压力。不得将气瓶靠近热源，安放气瓶的地点周围10m范围内，不应进行有明火或可能产生火花的作业。气瓶在夏季使用时，应防止暴晒。

瓶阀冻结时，应把气瓶移至较温暖的地方，用温水解冻，严禁用温度超过40℃的热源对气瓶加热。保持气瓶上油漆的完好，漆色脱落或模糊不清时，应按规定重新漆色。严禁敲击、碰撞气瓶，严禁在气瓶上进行电焊引弧，不准用气瓶做支架。

(6) 气瓶事故及预防措施。

1）气瓶混装事故及其预防。混装是永久气体气瓶发生爆炸事故的主要原因，其中最危险而又最常见的事故是氧气等助燃气体与氢、甲烷等可燃气体的混装。防止因气瓶混装而发生爆炸事故，应做好以下两方面的工作：充气前对气瓶进行严格的检查，检查气瓶外表面的颜色标记是否与所装气体的规定标记相符，原始标记是否符合规定，钢印标志是否清晰，气瓶内有无剩余压力，气瓶瓶阀的出口螺纹形式是否与所装气体的规定相符，安全附件是否齐全；采用防止混装的充气连接结构，充装单位应认真执行国家标准《气瓶阀出气口连接形式和尺寸》，包括充气前对瓶阀出口螺纹形式（左右旋、内外螺纹）的检查以及采用规定的充气接头形式和尺寸。

2）气瓶超装事故及其预防。充装过量是气瓶破裂爆炸的常见原因，特别是低压液化气体气瓶，其破裂爆炸绝大多数是由于充装过量引起的。防止气瓶充装过量，可采取以下相应的措施：充装永久气体的气瓶，应明确规定在多大的充装温度下充装多大的压力；充装液化气体的气瓶必须按规定的充装系数进行充装；充装量应包括气瓶内原有的余液量，不得将余液忽略不计，不得用储罐减量法来确定充装量；充装后的气瓶，应有专人负责，逐只进行检查，发现充装过量的气瓶，必须及时将超装量妥善排出。所有仪表量具（如压力表、磅秤等）都应按规定的范围选用，并且要定期检验和校正。

3）气瓶使用不当引起的事故及其预防。气瓶搬运、使用不当或维护不良，可以直接或间接造成燃烧、爆炸或中毒伤亡事故。为了预防气瓶由于使用不当而发生事故，在使用气瓶时必须严格做到以下几点：①防止气瓶受剧烈振动或碰撞冲击。运输气瓶时，要将气瓶妥善固定，防止其滚动或滚落，装卸气瓶时要轻装轻卸，严禁采用抛装、滑放或滚动的装卸方法；气瓶的瓶帽及防震圈应配带齐全。②防止气瓶受热升温。气瓶运输或使用时，不得长时间在烈日下暴晒。使用中，不要将气瓶靠近火炉或其他高温热源，更不得用高温蒸汽直接喷吹气瓶。瓶阀冻结时，应把气瓶移到较暖的地方，用温水解冻，禁止用明火烘烤。③正确操作，合理使用。开阀时要缓慢，防止附件升压过速，产生高温，对盛装可燃气体的气瓶尤应注意，以免因静电的作用引起气体燃烧，开阀时不能用扳手敲击瓶阀，以防产生火花；氧气瓶的瓶阀及其他附件都禁止沾染油脂，若手或手套、工具上沾有油脂时不要操作氧气瓶；每种气瓶要有专用的减压器。气瓶使用到最后时应留有余气，以防混入其他气体或杂质造成事故。④加强维护。经常保持气瓶上油漆的完好。瓶内混有水分会加速气体对气瓶内壁的腐蚀，如一氧化碳气瓶、氯气气瓶等，在充装前应对气瓶进行干燥。

### 2.2.1.4 换热器安全技术

换热器是用于两种不同温度介质进行传热即热量交换的设备，又称热交换器，可使一种介质降温而另一种介质升温，以满足各自的需要。

换热器主要应用于以下四个方面：创造并维持化学反应需要的温度条件；创造并维持单元操作需要的温度条件；热能综合利用和回收；隔热与限热。

A 换热器类型

根据用途不同，换热器可分为加热器、预热器、过热器、蒸发器、再沸器、冷却器、冷凝器等。根据换热方式不同，换热器可分为直接接触式换热器、蓄热式换热器、管板式换热器等。根据传热面形状和结构不同，换热器可分为管式换热器、板式换热器、特殊形式换热器。

B 管式换热器结构及原理

管式换热器通过管子壁面进行传热，按传热管结构的不同，可分为列管式、套管式、蛇管式和翅片管式等几种。列管式换热器按不同方式又分为固定管板式换热器、浮头式换热器、U 形管式换热器。蛇管式换热器根据管外流体冷却方式的不同又分为沉浸式和喷淋式。

（1）固定管板式换热器。固定管板式换热器的两端管板和壳体制成一体，当两流体的温度差较大时，在外壳的适当位置上焊上一个补偿圈（或膨胀节）。当壳体和管束热膨胀不同时，补偿圈发生缓慢的弹性变形来补偿因温差应力引起的热膨胀，见图 2-14。

（2）浮头式换热器。换热器两端的管板，一端不与壳体相连，该端称浮头。管子受热时，管束连同浮头可以沿轴向自由伸缩，完全消除了温差应力，见图 2-15。

（3）U 形管式换热器。U 形管式换热器每根管子均弯成 U 形，流体进、出口分别安装在同一端的两侧，封头内用隔板分成两室，每根管子可自由伸缩，来解决热补偿问题，见图 2-16。

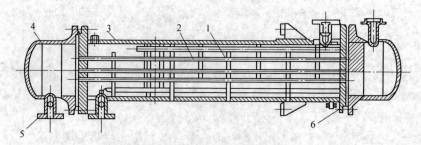

图 2-14　固定管板式换热器

1—折流挡板；2—管束；3—壳体；4—封头；5—接管；6—管板

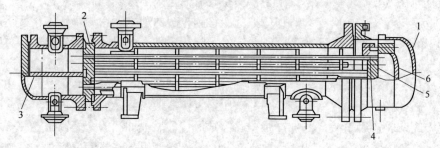

图 2-15　浮头式换热器

1—壳盖；2—固定管板；3—隔板；4—浮头勾圈法兰；5—浮动管板；6—浮头盖

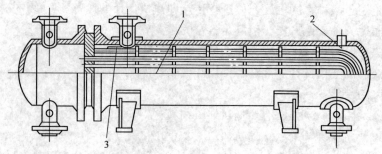

图 2-16　U 形管式换热器

1—中间隔板；2—U 形管；3—内导流箱

　　（4）套管式换热器。套管式换热器是用两种尺寸不同的标准管连接成同心圆的套管，外面的叫壳程，内部的叫管程。两种不同介质可在壳程和管程内逆向流动或同向流动，热量通过内管管壁由一种流体传递给另一种流体，以达到换热的效果，见图 2-17。

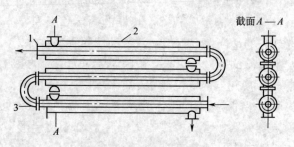

图 2-17　套管式换热器

1—内管；2—外管；3—U 形列管

C　板式换热器结构及原理

板式换热器是由一系列具有一定波纹形状的金属片叠装而成的一种新型高效换热器。各种板片之间形成薄矩形通道，通过半片进行热量交换。它与常规的管式换热器相比，在相同的流动阻力和泵功率消耗情况下，其传热系数要高出很多，在适用的范围内有取代管式换热器的趋势。常见的板式换热器有平板式换热器、螺旋板式换热器、板翅式换热器等。

（1）平板式换热器。平板式换热器主要由一组长方形的薄金属板平行排列构成，用框架夹紧组装在支架上。两相邻流体板的边缘用垫片压紧，达到密封的作用，四角有圆孔形成流体通道，冷热流体在板片的两侧流过，通过板片换热。板上可被压制成多种形状的波纹，可增加刚性，提高湍动程度，增加传热面积，易于液体的均匀分布，见图2-18。

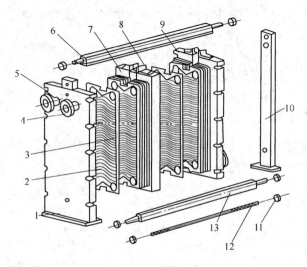

图2-18　平板式换热器

1—固定压紧板；2—板片；3—垫片；4—法兰；5—接管；6—上导杆；7—中间隔板；
8—滚动机构；9—活动压紧板；10—支柱；11—螺母；12—夹紧螺柱；13—下导杆

（2）螺旋板式换热器。螺旋板式换热器由两张保持一定间距的平行金属板卷制而成，冷、热流体分别在金属板两侧的螺旋形通道内流动。这种换热器的传热系数高（约比管壳式换热器高1~4倍），平均温差大（因冷、热流体可作完全的逆流流动），流动阻力小，不易结垢；但维修困难，使用压力不超过2MPa，见图2-19。

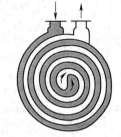

图2-19　螺旋板式换热器

（3）板翅式换热器。板翅式换热器是板束中有若干通道，在每层通道的两平板间放置翅片，并在两侧用封条密封。冷、热流体通道间隔叠置、排列并钎焊成整体，即制成板束。根据流体流动方式不同，两流体流动方式有逆流、错流和错逆流等。如图2-20所示，A、B流体分别由入口封头经一分配段的导流片导入各自的板束通道，再经另一分配段的导流片导至出口封头而引出，两流体呈逆流间壁换热。常用的翅片有平直、多孔、锯齿和波纹等形式。

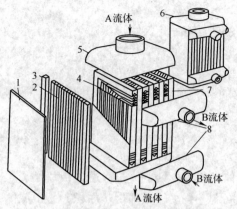

图 2-20　板翅式换热器结构分解示意图

1—平板；2—翅片；3—封条；4—分配段导流片；5，8—封头；6—外形；7—板束

### D　换热器安全技术

换热器常见故障及处理方法见表 2-10。

表 2-10　换热器常见故障及处理方法

| 序号 | 故障现象 | 故障原因 | 处理方法 |
|---|---|---|---|
| 1 | 法兰泄漏 | 法兰泄漏常发生于螺栓紧固部位和旋入处，螺栓随着温度上升而伸长，紧固部位发生松动 | 1. 尽量减少连接法兰；<br>2. 紧固作业要方便；<br>3. 采用自紧式结构螺栓 |
| 2 | 污垢导致热效率降低 | 流体中含有固体物、悬浮物；冷却水中的藻类、细菌、泥沙都会导致严重结垢 | 1. 充分掌握易污部位、致污物质、污垢程度，定期进行检查；<br>2. 当流体很容易形成结垢时，必须采用容易检查、拆卸、清理的设备结构 |
| 3 | 管子的腐蚀、磨耗 | 1. 污垢腐蚀；<br>2. 流体为腐蚀性介质；<br>3. 管内壁有异物积累，发生局部腐蚀；<br>4. 管内流速过大，发生磨损；或流速过小，异物易附着管壁产生电位差而导致腐蚀<br>5. 管端发生磨损 | 1. 定期进行清洗；<br>2. 提高管材质量，如果缺乏适宜的材料，要增加管壁厚度或者在流体中加入腐蚀抑制剂；<br>3. 在流体入口前设置滤网、过滤器等将异物除去；<br>4. 使管内流速适当；<br>5. 在管入口端插 200mm 长的合成树脂等保护管 |
| 4 | 管子振动 | 1. 管与泵、压缩机共振；<br>2. 回转机械产生的直接脉动冲击；<br>3. 侧面进入的高速蒸汽等对管子的冲击；<br>4. 管振动是由于流速、管壁厚度，折流板间距，列管排列等综合因素引起的 | 1. 在流体入口前设置缓冲槽防止脉冲；<br>2. 折流板上管孔径采用紧密配合；<br>3. 减少折流板间距，使管的振幅变小；<br>4. 加大管壁厚度和折流板厚度 |
| 5 | 由于管组装部位松动形成的泄漏 | 1. 管振动；<br>2. 开停车和紧急停车造成的热冲击；<br>3. 定期检修时操作不当产生的机械冲击 | 重新胀管，检修中对某根管子进行胀管装配时，要对周围管子进行再胀管，以免松动。对于胀管部位不允许泄漏的设备宜采用焊接装配 |

### 2.2.1.5 锅炉安全技术

在化工生产中，锅炉作为提供热能的承压设备被广泛使用。但是由于锅炉具备一定的压力，故容易发生事故，而且可能造成重大伤亡。锅炉一旦发生爆炸，不仅本身遭到损坏，还会破坏其他设备、周围的建（构）筑物，并伤害人员。

#### A 锅炉概述

锅炉是一种利用燃料燃烧后释放的热能或工业生产中的余热传递给容器内的水，使水达到所需要的温度（热水）或形成一定压力蒸汽的热力设备。它是由"锅"（即锅炉本体水压部分）、"炉"（即燃烧设备部分）、附件仪表及附属设备构成的一个完整体。锅炉运行在"锅"与"炉"两部分同时进行，水进入锅炉以后，在汽水系统中锅炉受热面将吸收的热量传递给水，使水加热成一定温度和压力的热水或生成蒸汽，被引出应用。在燃烧设备部分，燃料燃烧不断放出热量，产生的高温烟气通过热的传播，将热量传递给锅炉受热面，而本身温度逐渐降低，最后由烟囱排出。

#### B 锅炉安全附件

锅炉安全附件主要是指锅炉上使用的安全阀、压力表、水位表、液位警报器、排污阀等。这些附件是锅炉运行中不可缺少的组成部分，特别是安全阀、压力表、水位表是司炉工正常操作的"耳目"，是保证锅炉安全运行的基本附件，常被人们称为锅炉三大安全附件。

（1）安全阀。安全阀是锅炉设备中重要的安全附件之一。

1）安全阀的作用。当锅炉压力超过预定的数值时，安全阀自动开启，排汽泄压，将压力控制在允许范围之内，同时发出警报；当压力降到允许值后，安全阀又能自行关闭，使锅炉在允许的压力范围内继续运行。

2）安全阀的种类。工业锅炉上通常装设的安全阀有三种：弹簧式安全阀、杠杆式安全阀和静重式安全阀。

3）安全阀的维护。经常检查安全阀的铅封是否完好，检查杠杆式安全阀的重锤是否有松动、被移动或另挂重物的现象。发现安全阀有渗漏迹象时，应及时进行更换或检修。禁止用增加载荷的方法（例如加大弹簧的压缩量或移动重锤、加重挂物等）消除阀的泄漏。经常保持安全阀的清洁，防止阀体弹簧等被污垢所粘满或被锈蚀，防止安全阀排汽管被异物堵塞。为防止安全阀的阀瓣和阀座被水垢、污物粘住或堵塞，应定期对安全阀做手动排放试验。

（2）压力表。压力表是显示锅炉汽水系统压力大小的仪表。它可以严密监视锅炉受压元件的承压情况，把压力控制在允许的范围之内，是锅炉实现安全运行的基本条件和基本要求。

1）压力表的选用。压力表的精度主要取决于锅炉的工作压力。对于额定蒸汽压力小于2.5MPa的锅炉，压力表精确度不应低于2.5级；对于额定蒸汽压力大于或等于2.5MPa的锅炉，压力表精确度不应低于1.5级。压力表的量程应与锅炉的工作压力相适应，一般应为工作压力的1.5～3倍，最好选用2倍。压力表的表盘直径应保证司炉人员能清楚地看到压力指示值，表盘直径不应小于100mm。

2）压力表的维护。压力表应保持洁净，表盘上的玻璃应明亮清晰，使表盘内指针指示的压力值清楚易见。经常检查压力表指针的转动和波动是否正常；检查压力表的连接管是否有漏水、漏汽现象。压力表一般每半年至少校验一次，校验应符合国家计量部门的有关规定。压力表校验后应封印，并注明下次校验日期。压力表的连接管要定期吹洗，以免堵塞。如发现压力表存在下列情况之一时，应停止使用：有限止钉的压力表在无压力时，针转动后不能回到限止钉处；没有限止钉的压力表在无压力时，指针离零位的数值超过压力表规定的允许误差；表面玻璃破碎或表盘刻度模糊不清；封印损坏或超过校验有效期；表内泄漏或指针跳动。

（3）水位表。

1）水位表作用。水位表是用来显示锅筒（锅壳）内水位高低的仪表。锅炉操作人员可以通过水位表观察并调节相应水位，防止发生锅炉缺水或满水事故。

2）水位表的形式。水位表的结构形式有很多种，蒸汽锅炉上通常装设较多的是玻璃管式和玻璃板式两种。上锅筒位置较高的锅炉还需加装远程水位显示装置。

3）水位表的维护。经常冲洗水位表，保持水位表清洁明亮，使操作人员能清晰地观察到其显示的水位。水位表的汽、水旋塞和放水旋塞应保证严密不漏。

**C　锅炉的安全使用**

（1）日常维护保养及定期检验。锅炉在运行中，应不定期地查看锅炉的安全附件是否灵敏可靠、辅机运行是否正常、本体的可见部分有无明显缺陷。每两年对运行的锅炉进行一次停炉内外部检验，重点检验锅炉受压元件有无裂纹、腐蚀、变形、磨损；各种阀门、胀孔、铆缝处是否有渗漏；安全附件是否正常、可靠；自动控制和信号系统及仪表是否灵敏可靠等。每六年对锅炉进行一次水压试验，检验锅炉受压元件的严密性和耐压强度。新装、迁装或停用一年以上需恢复运行的锅炉，以及受压元件经过重大修理的锅炉，也应进行水压试验。水压试验前，应先进行内外部检验。

（2）锅炉房。锅炉一般应装在单独建造的锅炉房内，与其他建筑物的距离符合安全要求；锅炉房每层至少应有两个出口，分别设在两侧。锅炉房通向室外的门应向外开，在锅炉运行期间不准锁住，锅炉房内工作室或生活室的门应向内开。

（3）使用登记及管理。使用锅炉的单位必须办理锅炉使用登记手续，并设专职或兼职管理人员负责锅炉房管理工作。司炉工人、水质化验人员必须经培训考核，持证上岗。建立健全各项规章制度（如岗位责任制、交接班制度、安全操作管理制度、巡回检查制度、设备维护保养制度、水质管理制度、清洁卫生制度等）。建立和完善锅炉技术档案，做好各项记录。

**D　锅炉的安全运行**

在锅炉运行期间，必须对其进行一系列的调节，如对燃料量、空气量、给水量等作相应的改变，才能使锅炉的蒸发量与外界负荷相适应。否则，锅炉的运行参数如压力、温度、水位等就不能保持在规定的范围内。

（1）水位的调节。锅炉在正常运行中，应保持水位在水位表标示的正常水位线处轻微波动。负荷低时，水位稍高；负荷高时，水位稍低。在任何情况下，锅炉的水位不应降低到最低水位线以下和上升到最高水位线以上。水位过高会降低蒸汽品质，严重时甚至会造成蒸汽管道内发生水冲击。水位过低会使受热面过热，金属强度降低，导致被迫紧急停炉，甚至引起锅炉爆炸。

水位的调节一般是通过改变给水调节阀的开度来实现的。为对水位进行可靠的监控，锅炉运行中要定时冲洗水位表，一般每班冲洗2~3次。

（2）蒸汽压力的调节。蒸汽压力的波动对安全运行影响很大，超压则更危险。蒸汽压力的变动通常是负荷变动引起的。当外界负荷突减，小于锅炉蒸发量，而燃料燃烧还未来得及减弱时，蒸汽压力就上升；当外界负荷突增，大于锅炉蒸发量，而燃烧尚未加强时，蒸汽压力就下降。可见，对蒸汽压力的调节实质就是对蒸发量的调节，而蒸发量的调节则是通过燃烧调节和给水调节来实现的。

（3）蒸汽温度的调节。若锅炉的蒸汽温度偏低，蒸汽作功能力降低，汽耗量增加，不经济，甚至会损坏锅炉和用汽设备。蒸汽温度过高，会使过热器管壁温度过热，从而降低其使用寿命。严重超温甚至会使管子过热而爆裂。因此，在锅炉运行中，蒸汽温度应控制在一定的范围内。由于蒸汽温度变化是由蒸汽侧和烟气侧两方面的因素引起的，因而对蒸汽温度的调节也就应从这两方面来进行。

（4）燃烧的监控及调节。燃烧是锅炉工作过程的关键。对燃烧进行调节就是使燃料燃烧工况适应负荷的要求，使燃烧正常，以维持汽压稳定。调节的措施为：保持适量的过剩空气系数，降低排烟热损失和减小未完全燃烧损失；调节送风量和引风量，保持炉膛一定的负压，以保证锅炉安全运行和减少排烟及未完全燃烧损失。

正常的燃烧工况，是指锅炉达到额定参数，不产生结焦和设备的烧损，着火稳定，炉内温度场和热负荷分布均匀。外界负荷变动时，应对燃烧工况进行调整，使之适应负荷的要求。调整时，应注意风与燃料增减的先后次序，风与燃料的协调及引风与送风的协调。

（5）蒸汽锅炉的停炉。蒸汽锅炉运行中，遇有下列情况之一时，应立即停炉：

1）锅炉水位低于水位表的下部最低可见边缘；

2）不断加入给水及采取其他措施，但水位仍然下降；

3）锅内水位超过最高可见水位（满水），经放水仍不能见到水位；

4）给水泵全部失效或给水系统故障，不能向锅内给水；

5）水位表或安全阀全部失效；

6）设置在汽相空间的压力表全部失效；

7）锅炉元件损坏且危及运行和人员安全；

8）燃烧设备损坏，炉墙倒塌或锅炉构架被烧红等；

9）危及锅炉安全运行的其他异常情况。

E  锅炉常见事故及处理

锅炉常见事故及处理方法如表2-11所示。

表2-11  锅炉常见事故及处理方法

| 事故类型 | 事故现象 | 事故原因 | 处理方法 |
|---|---|---|---|
| 超压事故 | 1. 汽压急剧上升，超过许可工作压力，压力表指针超"红线"，安全阀动作后压力仍在升高； | 1. 用汽单位突然停止用汽，使汽压急剧升高；<br>2. 司炉人员没有监视压力表，当负荷降低时没有相应减弱燃烧； | 1. 迅速减弱燃烧，手动开启安全阀或放气阀；<br>2. 加大给水，同时在下汽包加强排污（此时应注意保持锅炉正常水位），以降低锅水温度，从而降低锅炉汽包压力； |

续表2-11

| 事故类型 | 事故现象 | 事故原因 | 处理方法 |
|---|---|---|---|
| 超压事故 | 2. 发出超压报警信号，超压联锁保护装置动作，使锅炉停止送风、给煤和引风；<br>3. 蒸汽温度升高而蒸汽流量减少 | 3. 安全阀失灵；阀芯与阀座粘连，不能开启；安全阀入口处连接有盲板；安全阀排汽能力不足；<br>4. 压力表管堵塞、冻结；压力表超过校验期而失效；压力表损坏、指针指示压力不正确，没有反映锅炉真正压力；<br>5. 超压报警器失灵，超压联锁保护装置失效 | 3. 如安全阀失灵或全部压力表损坏，应紧急停炉，待安全阀和压力表都修好后再升压运行；<br>4. 锅炉发生超压而危及安全运行时，应采取降压措施，但严禁降压速度过快；<br>5. 锅炉严重超压消除后，要停炉对锅炉进行内外部检验，要消除因超压造成的变形、渗漏等，并检修不合格的安全附件 |
| 满水事故 | 1. 水位报警发出水位高信号，汽包就地水位计及低地水位计高于正常水位；<br>2. 蒸汽含盐量增大；<br>3. 给水流量不正常地大于蒸汽流量；<br>4. 过热蒸汽温度急剧下降，主蒸汽管道法兰处有汽水冒出，蒸汽管道内发生水冲击 | 1. 运行人员疏忽大意，对水位监视不严，误判断致使操作错误；<br>2. 水位计、蒸汽流量表或给水流量表指示不正确或失灵，使运行人员误判断；<br>3. 给水自动调节装置失灵或给水调节阀门有故障，发现后处理不及时；<br>4. 外界或锅炉燃烧发生故障而未及时调整水位；<br>5. 锅炉负荷增加太快；<br>6. 给水压力突然升高 | 1. 当汽包水位计超过50mm时，应将给水自动调节改为手动操作，关小给水阀门，减少给水流量；<br>2. 若水位超过100mm时，应开启事故放水阀门，进行放水；<br>3. 注意保持汽温，根据汽温下降情况，应及时关小减温水阀门；汽温若急剧下降到480℃时，开启过热器及主汽阀门疏水，并通知厂调度；<br>4. 若水位无明显下降，应检查给水系统阀门是否有故障，事故放水阀门是否打开，必要时应检查就地水位计和各低地水位计指示的正确性，加强对汽包水位的监视 |
| 缺水 | 1. 水位低于最低安全水位线，或看不见水位，水位表玻璃管（板）上呈白色；<br>2. 双色水位计呈全部气相指示颜色；<br>3. 高低水位警报器发生低水位警报信号；<br>4. 低水位联锁装置使送风机、引风机、炉排减速器电机停止运行；<br>5. 过热器汽温急剧上升，高于正常出口汽温；<br>6. 锅炉排烟温度升高 | 1. 司炉人员疏忽大意，对水位监视不够，判断与操作错误或违反岗位责任制，擅离职守；<br>2. 司炉人员或维修人员冲洗水位表或维修水位表时，误将汽、水旋塞关闭，造成假水位；<br>3. 司炉人员冲洗水位表不及时，使水位表的水连管堵塞，造成假水位；<br>4. 给水设备发生故障，给水自动调节器失灵或水源中断，停止供水；<br>5. 给水管路设计不合理；<br>6. 并列运行的锅炉的司炉人员相互联系不够，邻炉工况变动时，本炉未能及时调整给水； | 当锅炉水位表见不到水位时，首先用冲洗水位表的方法判断缺水还是满水。如果判断为缺水，对于水位表的水连管低于最高火界的锅炉，应立即紧急停炉，降低炉膛温度，关闭主汽阀和给水阀。对于水容量较大，并且水连管高于锅炉最高火界的锅炉，可用"叫水"法判断缺水严重程度，以便采取相应措施。<br>通过"叫水"判断缺水不严重时，可以继续向锅炉给水，恢复正常水位后，可启动燃烧设备逐渐升温、升压投入运行。<br>通过"叫水"判为严重缺水时，必须紧急停炉，严禁盲目向锅炉给水。决不允许有侥幸心理，为企图掩盖造成锅炉缺水的责任而盲目给水。这种错误的做法往往会酿成大祸，扩大事故，甚至造成锅炉爆炸而炉毁人亡 |

| 事故类型 | 事故现象 | 事故原因 | 处理方法 |
|---|---|---|---|
| 缺水 | 7. 给水流量小于蒸汽流量（如若因炉管或省煤器管破裂造成缺水时，则出现相反现象）；<br>8. 缺水严重时，可嗅到焦味；<br>9. 缺水严重时，从炉门可见到烧红的水冷壁管；<br>10. 缺水严重时，炉管可能破裂，这时可听到有爆裂声，蒸汽和烟气将从炉门、看火孔处喷出 | 7. 给水管道被污垢堵塞或破裂；给水系统的阀门关闭或损坏；<br>8. 排污阀泄漏或忘记关闭；<br>9. 炉管或过热器管、省煤器管破裂<br>10. 高低水位报警器失灵，不发出铃声和光信号 | "叫水"的方法是：<br>1. 开启水位表的放水旋塞；<br>2. 关闭汽旋塞；<br>3. 关闭水旋塞；<br>4. 再关闭放水旋塞；<br>5. 开启水旋塞，看是否有水从水连管冲出。如有水冲出，则是轻微缺水；如无水位出现，证明是严重缺水。<br>"叫水"过程可反复几次但不得拖延太久，以免扩大事故 |
| 汽水共腾 | 1. 水位表内水位上下急剧波动，水位线模糊不清；<br>2. 锅水碱度、含盐量严重超标；<br>3. 蒸汽大量带水，蒸汽品质下降，过热器出口汽温下降；<br>4. 蒸汽管道内发生水锤、法兰连接处发生漏汽漏水 | 1. 锅水质量不符合水质标准、碱度、含盐量严重超标；给水中含有大量油污和悬浮物，造成锅水质量严重恶化；<br>2. 排污操作不当，连续排污不开或开度太小，定期排污不进行或排污间隔时间过长，总之排污量过小；<br>3. 并炉时锅炉汽压高于蒸汽母管汽压，开启主汽阀时速度太快，使锅炉压力急剧下降，造成汽水共腾；<br>4. 严重超负荷运行，或升负荷太急 | 1. 减弱燃烧，关小主汽阀，减少锅炉蒸发量，降低负荷并保持稳定；<br>2. 完全开启上锅筒的表面排污阀的连续排污阀，并适当进行锅筒下部的定期排污。同时加大给水量，以降低锅水碱度和含盐量，此时应注意锅炉水位的控制；<br>3. 采用锅内加药处理的锅炉，应停止加药；<br>4. 开启过热器、蒸汽管道和分汽缸上的疏水阀；<br>5. 维持锅炉水位略低于正常水位；<br>6. 通知水处理人员采取措施保证供给合格的软化水。增加锅水取样化验次数，直至锅水合格后才可转入正常运行；<br>7. 在锅炉水质未改善前，严禁增大锅炉负荷。事故消除后，应及时冲洗水位表 |
| 爆管事故 | 1. 爆管时可听到汽水喷射的响声，严重时有明显的爆破声；<br>2. 炉腔由负压燃烧变为正压燃烧，并且有炉烟和蒸汽从炉墙的门孔及漏风处大量喷出；<br>给水流量不正常，大于蒸汽流量； | 1. 水质不符合标准。没有采取水处理措施或对给水和锅水的质量监督不严，使管子结垢或腐蚀，造成管壁过热，强度降低；<br>2. 水循环不良。锅炉设计不合理，水循环不良，造成局部管子水流停滞、倒流或流速过低等；在检修时，管子内部被脱落的水垢或异物堵塞；由于运行操作不当，使管外结焦，受热不均匀，破坏了正常水循环；<br>3. 机械损伤。管子在安装中受较严重机械损伤，运行中被耐火砖或大块焦渣跌落砸破；<br>4. 烟灰磨损。处于烟气转弯、短路处或被正面冲刷的管子，管壁被烟灰长期磨损减薄； | 1. 炉管破裂泄漏不严重且能保持水位，事故不至于扩大时，可以短时间降低负荷维持运行，待备用炉启动后再停炉；<br>2. 炉管破裂不能保持水位时，应紧急停炉，但引风机不应停止，还应继续给锅炉上水，降低管壁温度，使事故不至于再扩大； |

续表 2-11

| 事故类型 | 事故现象 | 事故原因 | 处理方法 |
|---|---|---|---|
| 爆管事故 | 4. 虽然加大给水，但水位常常难以维持，且汽压降低；<br>5. 排烟温度降低，烟气颜色变白；<br>6. 炉膛温度降低，甚至灭火；<br>7. 引风机负荷加大，电流增高；<br>8. 锅炉底部有水流出，灰渣斗内有湿灰 | 5. 吹灰不当。吹灰管安装位置不当，使吹灰孔长期正对管子冲刷；<br>6. 材料质量不合格。管材未按规定选用和验收，如有夹渣、分层等缺陷，或者焊接质量低劣，引起破裂；<br>7. 升火速度过快，或停炉放水过早，冷却过快，管子热胀冷缩不均，造成焊口破裂；<br>8. 严重缺水时，管子缺水部分过热，强度降低；<br>9. 给水温度低，给水导管位置又不合适时，给水不能与炉水充分混合，而集中进入炉管，使炉管因温度不匀发生变形，造成胀口处漏水，甚至产生环形裂纹 | 3. 如因锅炉缺水，管壁过热而爆管时，应紧急停炉，严禁向锅炉给水，这时应尽快撤出炉内余火，降低炉膛温度，减少锅炉过热的程度；<br>4. 如有几台锅炉并列供汽，应将事故锅炉的主蒸汽管与蒸汽母管隔断 |
| 过热器爆管 | 1. 过热器附近有蒸汽喷出的响声或爆裂声；<br>2. 蒸汽流量不正常地下降，且流量不正常地小于给水流量；<br>3. 炉膛负压减小或变为正压，严重时从炉门、看火孔向外喷汽和冒烟；<br>4. 过热器后的烟气温度不正常地降低或过热器前后烟气温差增大；<br>5. 损坏严重时，锅炉蒸汽压力下降；<br>6. 排烟温度显著下降，烟囱排出烟气颜色变成灰白色或白色；<br>7. 引风机负荷加大，电流增大 | 1. 过热器管内壁结垢。锅水盐、碱浓度过高；高水位运行时汽水分离不好，蒸汽带水；出现汽水共腾；汽水分离装置设计不合理或有破损，分离效果不好，使蒸汽带水，在过热器管内结垢。这些原因造成过热器管壁温度升高，导致过热爆裂；<br>2. 过热器设计不合理。如过热器截面积过大，管内蒸汽流速过低，使过热器蒸汽温度超过设计允许温度，导致过热器管壁温度超温，产生蠕胀而爆裂；<br>3. 过热器结构不合理。如管距不均匀，管间有短路烟气；蒸汽导出、导入集箱的位置不对，造成管内蒸汽流速不均匀，个别过热器管内流速过低，对管壁冷却不够，引起管壁超温爆裂；<br>4. 燃烧不正常。如使燃炉火焰过长，使过热器处烟气温度过高，过热器长期超温运行，管壁过热胀粗爆裂；<br>5. 在锅炉点火升压过程中，炉内升温过快，过热器处烟温过高，而过热器管内蒸汽量不足，流速过低，造成管壁超温爆裂；<br>6. 过热器材质不合格。如高温过热器误用不耐高温的低碳钢管，使管壁温度超过钢材允许温度，而产生过热蠕胀爆裂；<br>7. 过热器被飞灰磨损，管壁减薄；<br>8. 管壁腐蚀减薄。如停炉或水压试验后，未放尽管内存水，特别是垂直布置的过热器管弯头处容易积水，造成管壁腐蚀减薄；<br>9. 产生蠕变。过热器运行时间已超过10万小时，管壁长期处于高温下运行，产生蠕变爆管 | 1. 过热器管轻微破裂，可适当降低负荷，在短时间内维持运行，此时应严密监视泄漏情况，与此同时，迅速启动备用锅炉。若监视过程中故障情况恶化，则应尽快停炉；<br>2. 过热器管破裂严重时，必须紧急停炉 |

续表2-11

| 事故类型 | 事 故 现 象 | 事 故 原 因 | 处 理 方 法 |
|---|---|---|---|
| 省煤器爆管 | 1. 锅炉水位下降，给水流量不正常地大于蒸汽流量；<br>2. 省煤器附近有泄漏响声，炉墙的缝隙及下部烟道门向外冒汽漏水；<br>3. 排烟温度下降，烟气颜色变白；<br>4. 省煤器下部的灰斗内有湿灰，严重时有水往下流；<br>5. 烟气阻力增加，引风机声音不正常 | 1. 给水质量不符合标准，水中含氧量较高，在温度升高时分解出来腐蚀管壁；<br>2. 给水温度和流量变化频繁或运行操作不当，使省煤器管忽冷忽热产生裂纹；<br>3. 给水温度偏低，排烟温度低于露点，省煤器管外壁产生酸性腐蚀；<br>4. 省煤器被飞灰磨损，管壁减薄；<br>5. 管子材质不良或在制造、安装、检修过程中存在缺陷；<br>6. 设计不当或运行不当，使非沸腾式省煤器内产生蒸汽，引起水锤；<br>7. 锅炉启动时，未开启旁通烟道；无旁通烟道的省煤器，再循环管未开启或再循环管发生故障，使管壁过热烧坏 | 1. 对于不可分式省煤器，如能维持锅炉正常水位时，可加大给水量，并且关闭所有的放水阀门和再循环管阀门，以维持短时间运行，待备用锅炉投入运行后再停炉检修。如果事故扩大，不能维持水位时，应紧急停炉。<br>2. 对于可分式省煤器，应开启旁通烟道挡板，关闭烟道挡板，暂停使用省煤器。同时开启省煤器旁通流水管阀门，继续向锅炉进水。烟、水可靠隔绝后，将省煤器内存水立刻放掉，开启空气阀或抬起安全阀。如烟道挡板严密，在能确保人身安全的条件下可以进行检修以恢复运行，否则应停炉后再检修 |

## 2.2.2 动设备安全技术

动设备是指在正常工作时其本身零部件之间具有相对运动的设备，这类设备是依靠自身某些零件的运转进行工作的，如各种输送设备（如泵、压缩机、风机等）、混合设备、粉碎设备、筛分设备等。

### 2.2.2.1 输送设备安全技术

在化工生产过程中经常要将各种原料、中间体、产品、副产品、废弃物等由前一工序输往后一工序或储运地点，这需要借助输送设备来实现。根据物料的不同形态（液体、气体、固体），输送设备也各有不同，其存在的危险也各不相同。

A 液态物料输送的安全技术

液态物料一般采用泵和管道输送，高处物料也可借助位能由高处流到低处。在化工生产中，常见的泵是离心泵，它利用快速旋转的叶轮向液体做功，使液体获得离心力并转化为静压能和动能，从而克服流动的摩擦阻力及外压力，达到液体输送的目的。

（1）离心泵结构及工作原理。一般离心泵主要由叶片、泵壳、叶轮、底阀、吸入导管、压出导管等组成，如图2-21所示。

离心泵工作原理：在离心泵工作前，先向其灌满被输送液体。当离心泵启动后，泵轴带动叶轮高速旋转，受叶轮上叶片的约束，泵内流体与叶轮一起旋转，在离心力的作用

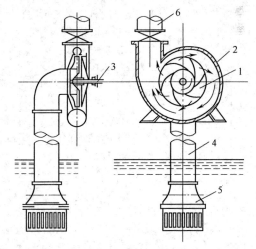

图2-21 离心泵结构
1—叶片；2—泵壳；3—叶轮；4—吸入导管；
5—底阀；6—压出导管

下，液体从叶轮中心向叶轮外缘运动，叶轮中心（吸入口）处因液体空出而呈负压状态，这样，在吸入管的两端就形成了一定的压差，即吸入液面压力与泵吸入口压力之差，只要这一压差足够大，液体就会被吸入泵体内，这就是离心泵的吸液原理。另一方面，被叶轮甩出的液体，在从中心向外缘运动的过程中，动能与静压能均增加了，流体进入泵壳后，由于泵壳内蜗形通道的面积是逐渐增大的，液体的动能将减少，静压能将增加，到达泵出口时压力达到最大，于是液体被压出离心泵，这就是离心泵的排液原理。

（2）离心泵的主要故障及处理方法。离心泵常见故障及处理方法见表 2-12。

**表 2-12　离心泵常见故障及处理方法**

| 序号 | 故障现象 | 故障原因 | 处理方法 |
|---|---|---|---|
| 1 | 泵输不出液体 | 1. 注入液体不够；<br>2. 泵或吸入管内存气或漏气；<br>3. 吸入高度超过泵的允许范围；<br>4. 管路阻力太大；<br>5. 泵或管路内有杂物堵塞 | 1. 重新注满液体；<br>2. 排除空气及消除漏气处，重新灌泵；<br>3. 降低吸入高度；<br>4. 清扫或修改管路；<br>5. 检查清理 |
| 2 | 流量不足或扬程太低 | 1. 吸入阀或管路堵塞；<br>2. 叶轮堵塞或严重磨损腐蚀；<br>3. 叶轮密封环磨损严重，间隙过大；<br>4. 泵体或吸入管漏气 | 1. 检查，清扫吸入阀及管路；<br>2. 清扫叶轮或更换；<br>3. 更换密封环；<br>4. 检查、消除漏气处 |
| 3 | 电流过大 | 1. 填料压得太紧；<br>2. 转动部分与固定部分发生摩擦 | 1. 拧松填料压盖；<br>2. 检查原因，消除机械摩擦 |
| 4 | 轴承过热 | 1. 轴承缺油或油不净；<br>2. 轴承已损伤或损坏；<br>3. 电机轴与泵轴不在同一中心线上 | 1. 加油或换油并清洗轴承；<br>2. 更换轴承；<br>3. 校正两轴的同轴度 |
| 5 | 泵振动大，有杂音 | 1. 电机轴与泵轴不在同一中心线上；<br>2. 泵轴弯曲；<br>3. 叶轮腐蚀、磨损，转子不平衡；<br>4. 叶轮与泵体摩擦；<br>5. 基础螺栓松动；<br>6. 泵发生汽蚀 | 1. 校正电机轴与泵轴的同轴度；<br>2. 矫直泵轴；<br>3. 更换叶轮，进行静平衡；<br>4. 检查调整，消除摩擦；<br>5. 紧固基础螺栓；<br>6. 调节出口阀，使之在规定的性能范围内运转 |
| 6 | 密封处漏损过大 | 1. 填料磨损；<br>2. 轴或轴套磨损；<br>3. 泵轴弯曲；<br>4. 动、静密封环端面腐蚀、磨损或划伤；<br>5. 静环装配歪斜；<br>6. 弹簧压力不足 | 1. 更换填料；<br>2. 修复或更换磨损件；<br>3. 矫直或更换泵轴；<br>4. 修复或更换坏的动环或静环；<br>5. 重装静环；<br>6. 调整弹簧压缩量或更换弹簧 |

**B　气态物料输送的安全技术**

在化工生产中用于输送气体物料的设备主要是压缩机，根据气体运动方式不同，可分为离心式压缩机、往复式压缩机、旋转式压缩机等。现以离心式压缩机为例说明气体物料输送的安全技术。

（1）离心式压缩机工作原理。离心式压缩机工作原理与离心式泵相似。当电动机带动主轴及叶轮高速旋转时，气体由进气口吸入机壳，进入叶轮并随叶轮一起高速旋转，在离心力的作用下，又被从叶轮中甩出，进入机壳内蜗室和扩压管，由于扩压管内通道截面积渐渐增大，因此，气体的一部分动能变为静压能，使其压力升高，最后由出气口排出。与此同时，叶轮入口处由于气体被甩出而产生局部负压，因此外界的气体便在外界压力下从进气口被源源不断地吸入机内。叶轮连续旋转，气体就不断地吸入和排出。

（2）离心式压缩机常见故障及处理方法。离心式压缩机常见故障及处理方法见表 2-13。

表 2-13 离心式压缩机常见故障及处理方法

| 序号 | 故障现象 | 故障原因 | 处理方法 |
|---|---|---|---|
| 1 | 轴承温度高 | 1. 油脂过多；<br>2. 轴承烧痕；<br>3. 对中不好；<br>4. 机组振动 | 1. 更换油脂；<br>2. 更换轴承；<br>3. 重新找正；<br>4. 频谱测振分析 |
| 2 | 机组振动 | 1. 转子不平衡；<br>2. 转子结垢；<br>3. 主轴弯曲；<br>4. 密封间隙过小，磨损；<br>5. 找正不好；<br>6. 轴承箱间隙大；<br>7. 转子与壳体扫膛；<br>8. 基础下沉、变形；<br>9. 联轴器磨损、倾斜；<br>10. 管道或外部因素 | 1. 作动、静平衡；<br>2. 清洗；<br>3. 矫正；<br>4. 更换、修理；<br>5. 重新对中找正；<br>6. 调整；<br>7. 解体调整；<br>8. 加固；<br>9. 更换、修理；<br>10. 检查支座 |
| 3 | 转动声音不正常 | 1. 定子、转子摩擦；<br>2. 吸入杂质；<br>3. 齿轮联轴器齿圈坏；<br>4. 进气口叶片拉杆坏；<br>5. 喘振；<br>6. 轴承损坏 | 1. 解体检查；<br>2. 清理；<br>3. 更换；<br>4. 重新固定；<br>5. 调节风量；<br>6. 更换 |
| 4 | 性能降低 | 1. 转数下降；<br>2. 叶轮粘有杂质；<br>3. 进气口叶片控制失灵；<br>4. 进气口消声器过滤网堵塞；<br>5. 壳体内积灰尘多；<br>6. 轴封漏；<br>7. 进出气口法兰密封不好 | 1. 检查电源；<br>2. 清洗；<br>3. 检查修理；<br>4. 解体清理；<br>5. 清理；<br>6. 更换修理；<br>7. 换垫 |

C 固态物料输送的安全技术

固体块状物料与粉料输送多采用皮带输送机、螺旋输送器、刮板输送机、链斗输送机、斗式提升机以及气力输送（风送）等形式。

这些设备在使用过程中，如果管理不当或设备出现故障，都会产生安全事故。固态物料输送的具体安全技术参见 6.2.1。

2.2.2.2  混合设备安全技术

凡使两种以上物料相互分散并达到温度、浓度以及组成一致的操作，均称为混合。混合分液-液混合、固-液混合和固-固混合。固-固混合又分为粉末混合、散粒混合；此外还有糊状物混合。混合常采用机械搅拌、气流搅拌或其他方法完成。实现混合的设备称为搅拌机。

A  搅拌机的类型与构造

搅拌机有各种类型，按照装配方式可分为：移动式搅拌机、立式搅拌机、底座式搅拌机、侧装式搅拌机。

搅拌机构造主要分为五部分：（1）驱动部分；（2）本体部分；（3）轴封部分；（4）搅拌部分；（5）搅拌翼部分。

B  搅拌机的故障和预防措施

（1）安装部位强度不够。安装部位强度不够通常由搅拌机本身重量造成。由于搅拌机有一根长吊轴，依据搅拌阻力的不平衡，径向负荷作用于轴端，弯曲或扭转振动的负荷通过搅拌机本体作用于搅拌槽的安装部位，使得即使产生轻微挠度或轴长变化均可导致轴的振动。为防止产生破坏，安装部位除必须具有足够强度外，还必须具有足够刚度。

（2）安装部位尺寸精确度不良。当液体介质装满时，安装部位水平度和槽底轴承常常出现变形并产生偏心现象。对于立式搅拌机，安装部分水平精度小于1/1000；由于液体介质流进流出，槽底轴承尺寸精度如不能保持在限定范围内就可能产生故障。所以其应安装在变形小的位置并注意刚性。

（3）搅拌轴弯曲。搅拌轴弯曲是搅拌机在使用中出现最多的故障，当弯曲增大还会损伤搅拌槽，往往造成搅拌槽衬里损伤。搅拌轴弯曲原因大体有如下几种情况：1）对于不能空转的搅拌机进行了空转；2）使用没有稳流器的搅拌机时搅拌液面通过搅拌翼；3）搅拌轴系统的固有振动频率与搅拌轴所安装的槽体固有频率相同而产生共振（当然挠度也过大）；4）在安装搅拌轴时顶端变形过大。

（4）搅拌机的空转。搅拌机空转指应该在液体中运转的搅拌机误在空气中运转。依据搅拌轴直径、长度和轴端固定的搅拌翼重量，确定搅拌机固有振动频率；这一固有振动频率若与搅拌轴转速一致，搅拌轴要产生剧烈振动，最终引起弯曲，这时的转速称为危险速度或危险转速。因此，搅拌机转速一般确定在固有振动频率的75%以下。通常在液体中运转轴不发生弯曲，也不产生振动。这就是说，在液体中运转对于搅拌翼而言，搅拌液阻力起了衰减作用，吸收并抑制了轴的振动。

基于以上原因搅拌机绝对不能空转，在搅拌机安装和电动机配线完毕之后，为校核轴的运转方向要进行空转时，回转一两转即可，判明方向后应该马上切断电源；否则，数秒钟之后，就会使搅拌轴弯曲。

（5）液面通过搅拌翼。搅拌机在搅拌槽中运转时而超出液面，时而浸入液面，处于这种情况，加之搅拌轴又长，与处于危险转速状况相同，搅拌轴会产生剧烈振动，造成弯曲。在液面通过时搅拌翼产生的水力不平衡，是由于在搅拌轴端部因外力作用产生不规则弯曲引起的。在这种情况下，若搅拌轴转速在固有振动频率60%以下，能安全地让液面通过。另外，若采用的搅拌翼具有较好重量平衡和水力平衡，如用叶片数目多的可调式浆叶、可调螺旋桨叶、轮毂大的船舶螺旋桨叶，也均能让液面安全通过。

装配适当稳流器（环）也非常有用，但应能上下活动，由于有时会发生轴弯曲，因此应采用正规安装方法。在不能让液面通过的情况，最低液面应至少在搅拌翼之上，水深必须是直径的 1.5 倍；若槽的液面变动则还必须控制（电动机联锁）液面。搅拌机运转时不允许有增加液体操作，在液面达到安全范围之后，搅拌机才能开始运转。

搅拌轴系统固有振动频率与搅拌槽固有振动频率相同会产生共振。针对搅拌轴系统固有振动频率，尽管对转速做了恰当选定，但当槽的搅拌机安装部分或槽本身刚度小时，搅拌机也会发生共振，继而产生剧烈振动，因此槽的搅拌机安装部位应具有足够刚度，开放式槽安装搅拌机应与槽的尺寸相对应。另外，在侧装式搅拌机安装时，槽的开孔处应加强，若安装部位槽壁强度不够应补强。

立式搅拌机的搅拌轴和传动轴采用法兰式固定轴接头，这是一般连接方法。固定轴的连接有采用定位套筒连接，也有采用法兰处标以对接标志的连接，再用螺栓固定。此时，如果接口处配合不好、过分拧紧、轴连接处法兰面不能完全贴紧，在轴端就会产生过大振动。如果没有注意这种振动就开始运转，由于离心力作用搅拌处于危险速度，便会产生同样振幅最终使轴弯曲。因此，在搅拌轴安装后，轴端振动一定要有指示表校核，以使其控制在允许振动范围内。

（6）搅拌机的超载。原则上，搅拌机正常功率为电动机额定值 75%，搅拌机功率受转速变化影响。此外，搅拌机安装条件（如中心安装、偏心安装）、槽内设置（有无挡板，传热盘管，通风管等）、搅拌液体状况（密度、黏度、是否有固体颗粒）等也影响搅拌机功率，因此当搅拌方式改变时可能会突然出现超载情况。

另外，由于搅拌机结构的机械原因，如轴封部位填料盖中填料充实过紧，尤其是侧装式搅拌机容易产生这种情况，从而引起过载。其原因多在于，为了防止液体渗漏往往过分拧紧填料盖，导致填料与轴表面摩擦力增大造成过载。

总之，搅拌机是搅拌装置的重要组成部分，搅拌机、搅拌槽和搅拌液体三者是一个整体，只有统筹考虑，才能实现良好的搅拌操作。由于搅拌机发生故障原因很多，如果不给予查明，仅仅修理发生故障部位，那么同样的故障可能会重复出现。例如，对于搅拌轴发生弯曲的故障，如果没有查明原因就更换轴，那么可能会再一次发生轴的振动进而导致弯曲。

### 2.2.2.3 粉碎设备安全技术

在生产中为满足工艺要求，常常需要将固体物料粉碎或研磨成粉末以增加其接触面积，从而缩短化学反应时间。将大块物料变成小块物料的操作称为破碎；而将小块变成粉末的操作则称为研磨。破碎与研磨通称为粉碎。

（1）破碎机。颚式破碎机工作方式为曲动挤压型，其工作原理是：电动机驱动皮带和皮带轮，通过偏心轴使动颚上下运动，当动颚上升时肘板与动颚间夹角变大，从而推动动颚板向固定颚板接近，与此同时物料被压碎或劈碎，达到破碎的目的；当动颚下行时，肘板与动颚夹角变小，动颚板在拉杆、弹簧的作用下，离开固定颚板，此时已破碎物料从破碎腔下口排出。随着电动机连续转动，破碎机动颚作周期运动压碎和排泄物料，实现批量生产，见图 2-22。

（2）球磨机。溢流型球磨机由回转筒体、主轴承、端盖、进料口、排料口、中空轴颈、传动机构等几部分组成。在筒体内由隔仓板结构将整个筒体内空间隔成若干仓室，其分别装有不同质量的研磨介质（钢球）和不同形状的衬板结构；主轴承上安装有中空轴颈同设备端盖相连，中空轴颈被制作成喇叭形状并在其根部安装有环形挡圈，避免成品溢流时造成轴承污染。出料口位置内铸有与铜溢流型球磨机筒体回转方向相反的螺旋线，可有效防止成品溢流卸料时研磨介质和矿浆被排出机外，见图2-23。

图 2-22　颚式破碎机工作原理示意图

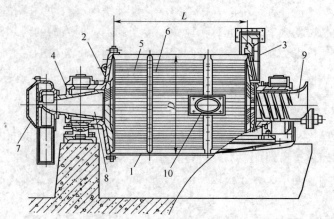

图 2-23　球磨机结构示意图

1—筒体；2—端盖；3—大齿圈；4—轴承；

5，6—衬板；7—给料器；8—给料管；

9—排料管；10—人孔

溢流型球磨机的工作原理：通过旋转筒体内研磨介质的不断提升和泻落对物料产生冲击研磨作用，逐渐将物料研磨至需要的成品粒度。在成品排料时由于设备卧式筒体具有一定的倾斜角度，因此出料口位置处的矿浆液面高度低于进料口且在矿浆运动时向低位流动，矿浆在经过中空轴颈后溢流排出，获得需要的成品。

（3）粉碎机安全技术。

1）颚式破碎机、圆锥式破碎机应装设防护板，以防固体物料飞出。

2）破碎机的传动部分应用安全螺栓连接，以保护设备和人身安全。

3）球磨机必须具有一个带抽风管的严密外壳，如果研磨具有爆炸性物质，则内部需用橡皮或其他柔软材料衬里，同时采用青铜磨球。

4）粉碎机必须有紧急制动装置，必要时可迅速停车。

5）运转中的粉碎机严禁检查、清理、调节和检修。

6）破碎机加料口一般与地面水平或低于地面不到1m，并应设安全栅格；为保证安全操作，破碎装置周围过道宽度必须大于1m；安装破碎机的操作台与地面高度应在1.5～2m；操作台必须坚固，沿台周边应设1m高的安全护栏。

7）装设磁性分离器，防止金属物件落入破碎机内；加料斗用耐磨材料制成，在粉碎研磨时料斗不能卸空，盖严盖子，应防止粉末沉积在输送管道内；输送管道与水平夹角不小于45°。

8）研磨能产生可燃粉尘物料时，要设置可靠接地装置和爆破片，保证设备润滑，防止摩擦过热，研磨易燃、易爆物品的设备内应通入惰性气体加以保护。

9）可燃物料研磨后应先冷却，然后装桶，防止发热引起燃烧。如果发现粉碎系统的粉末阴燃或燃烧时，必须立即停止送料，并切断空气来源，必要时通入氮气、二氧化碳、水蒸气等惰性气体。

10）各类粉碎、研磨设备需要密闭，操作时应通风良好，以减少空气中粉尘含量，必要时室内装设喷淋设备。

### 2.2.2.4　筛分设备安全技术

在化工生产中常采用筛分机将固体原料、产品等进行颗粒分级，即筛分。常见的筛分机有振动筛和往复振动筛。

**A　振动筛工作原理**

振动筛又名"重筛"，由矿山机械发展而来，适合于粒径粗、密度大的原料去掉异物等简单筛分。筛子运动形态为相对网面做垂直振动，振动轨迹可以是直线、圆形或椭圆形。振动筛主要由筛箱、筛框、筛网、电动机台座、减振弹簧、支架组成，见图2-24。

当纵向安装在筛体上的两台振动电动机相对转动时，两台振动电动机两端的偏心块便产生额定激振力，其产生在横向的激振力相互抵消，而纵向的激振力通过传振体传递到整个筛面上，从而使筛面上的物料受其激振力而在筛面上向出料口方向跳跃运动，小于筛孔的物料通过筛孔落到下层，连续跳跃后经出料口流出，如果筛分过程合理，将物料经振动筛分级后，使可取得几种不同程度的物料，完成物料的分级工作。

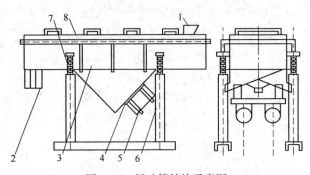

图2-24　振动筛结构示意图

1—进料口；2—出料口；3—筛架体；4—电动机架；5—电动机；6—支架；7—隔振弹簧；8—筛上盖

**B　筛分机故障种类**

（1）往复运动筛筛网破损。为防止处理量过大而增加筛网负荷，一般在投入口下安装缓冲板，以防止筛网出现断裂现象。如果网线细，强度不足或进料中含有某种气体影响也会使网线拉长变形，可采取改变网线材质或加大线径等措施。如果网面上粉体较重，网的铺张方式对其也有很大影响；网松可导致网在粉体和横框之间来回振荡，从而影响筛分效果，此时可通过改善张网方法加以解决。

（2）球形物料堵眼。使用长方形网眼把网线间的支点变成两个，可减少堵眼，但在粒度分布上很难使大粒度接近所要求的分离点。另外也可使用弹性十字形固定法解决堵眼。

（3）因附着造成堵眼。这种堵眼大多是在室外或不太干燥地方操作时因水分影响所致，可通过控制湿度加以解决。

（4）异物混入。不论筛分目的如何，如混进异物则失掉了筛分的意义。

此外，其他故障还有：1）因粉体特性可能发生的故障；2）因选用机种不合适而产生的故障；3）生产系统其他工序如干燥、粉碎、进料、出料等筛分工序前后的影响而发生的故障。

C　筛分机故障防止措施

（1）明确筛分目的。

1）去除渣壳，从大量物料中除去大颗粒。

2）去掉碎粒，从大量物料中去掉小颗粒。

3）整粒，把经过两个以上不同网目筛分后的筛上粒子再进行筛选，筛网面积要根据筛分机能力（t/h）、进料数量和筛分目的决定。

（2）筛网选定。筛分是通过筛网完成的，所以选定筛网对筛分起着决定性作用。网的编织和网眼形状各有不同，所以应了解物料性质和筛分精度后慎重选择合适筛网。普通筛分常用正方形网眼，开孔率可通过公称网目和线径（或开孔）选择。

（3）筛分物料。应了解所处理物料特性，包括粒子形状、密度、硬度、磁性等。从加工方法和环境条件来看包括分散性、水含量、带电性、破碎性、附着性等。对这些性质一般都没做正规测定，通常可根据经验和知识预先考虑。

（4）堵眼。堵眼与物料性质和状态有关，一般有以下几种情况：表面活性强的粉体；具有多接点的粒子（球形）；产生静电；纤维质形状的粒子；带锐角的粒子。此外还有其他各种各样的堵眼，但从机械角度来看其防止措施很有限。

目前采用的大致有如下几种方法：敲打；刷光网面；用振动器振动网面；消除静电除去堵塞（如增湿法）；超声波振动（适于微粉）；增加机械本身的振动力；网线加热。

以上各种方法都不是万能的，多数需要和机械特性结合起来使用。防止筛分机故障的前提条件是充分了解机械使用性质及恰当选择机种，如果负荷大于机械能力，必将产生不良后果。

### 2.2.3　压力管道与阀门安全技术

压力管道是化工生产中必不可少的重要部件，用以连接化工设备与机械，输送和控制流体介质，共同完成化工工艺过程。化工压力管道，内部介质多为有毒、易燃、具有腐蚀性的物料，由于腐蚀、磨损使管壁变薄，极易造成泄漏而引起火灾、爆炸事故。

#### 2.2.3.1　压力管道安全技术

A　压力管道概述

a　定义

压力管道是指利用一定的压力，用于输送气体或者液体的管状设备。其范围规定为输送最高工作压力大于或等于0.1MPa（表压）的气体、液化气体、蒸汽介质或者可燃、易爆、有毒、有腐蚀性、最高工作温度高于或者等于标准沸点的液体介质，且公称直径大于25mm的管道。

b　分类

按管道的设计压力可分为：低压管道（$0.1\text{MPa} \leqslant p < 1.6\text{MPa}$）、中压管道（$1.6\text{MPa} \leqslant$

$p < 10$MPa）、高压管道（$p \geqslant 10$MPa）。

按管道的材质可分为：碳钢管、合金钢管、铸铁管、有色金属管等。

c 管路的管件、阀门及连接

化工管路包括管子、管件和阀门。管件的作用是连接管子，使管路改变方向、延长、分路、汇流、缩小或扩大等。阀门的作用是控制和调节流量。管道的连接包括管子与管子、管子与阀门及管件和管子与设备的连接。

B 压力管道的安全使用

压力管道的使用单位，应对其安全管理工作全面负责，防止因其泄漏、破裂而引起中毒、火灾或爆炸事故。

（1）贯彻执行《压力管道安全管理与监察规定》及压力管道的技术规范、标准，建立、健全本单位的压力管道安全管理制度。

（2）压力管道及其安全设施必须符合国家有关规定。

（3）应有专职或兼职专业技术人员负责压力管道安全管理工作，压力管道工作的操作人员和压力管道的检验人员必须经过安全技术培训。

（4）按规定对压力管道进行定期检验，并对其附属的仪器仪表、安全保护装置、测量调控装置等定期校验和检修。

（5）建立压力管道技术档案，并到单位所在地（市）级质量技术监督行政部门登记。

（6）对输送可燃、易爆或有毒介质的压力管道，应建立巡回线检查制度，制定应急措施和救援方案，根据需要建立抢救队伍，并定期演练。

（7）对事故隐患应及时采取措施进行整改，重大事故隐患应以书面形式报告主管部门和质量技术监督行政部门。

（8）按有关规定及时、如实向主管部门和当地质量技术监督行政部门等有关部门报告压力管道事故，并协助做好事故调查和善后处理工作，认真总结经验教训，采取相应措施，防止事故重复发生。

C 压力管道安全技术

压力管道泄漏而引起的火灾、爆炸事故在化工行业时有发生，其原因主要是由于介质腐蚀、磨损使管壁变薄。因此，防止压力管道事故，应着重从防腐入手。

a 管道的腐蚀及预防

工业管道的腐蚀以全面腐蚀最多，其次是局部腐蚀和特殊腐蚀。遭受腐蚀最为严重的装置通常为换热设备和燃烧炉的配管。

（1）工业管道的腐蚀一般易出现在以下部位：

1）管道的弯曲、拐弯部位，流线型管段中有液体流入而流向又有变化的部位。

2）在排液管中经常没有液体流动的管段易出现局部腐蚀。

3）产生汽化现象时，与液体接触的部位比与蒸气接触的部位更易遭受腐蚀。

4）液体或蒸汽管道在有温差的状态下使用，易出现严重的局部腐蚀。

5）埋设管道外部的下表面容易产生腐蚀。

（2）防止管道腐蚀应从以下三个方面入手：

1）设计足够强度的管道，管道设计应根据管内介质的特性、流速、压力、管道材质、使用年限等，计算出介质对管材的腐蚀速率，在此基础上选取适当的腐蚀裕度。

2）合理选择管材，即依据管道内部介质的性质，选择对该种介质具有耐腐蚀性能的管道材料。

3）采用合理防腐措施，如采用涂层防腐、衬里防腐、电化学防腐及使用缓蚀剂等。其中用得最为广泛的是涂层防腐，而涂料涂层防腐又最常见。

　　b　管道的绝热

工业生产中，由于工艺条件的需要，很多管道和设备都要加以保温、保冷或加热保护，其均属于管道和设备的绝热。

保温、保冷。管道、设备在控制或保持热量的情况下应予以保温、保冷；为了减少介质因为日晒或外界温度过高而引起蒸发的管线、设备应予以保温；对于温度高于 $65℃$ 的管道、设备，如果工艺不要求保温，但为避免烫伤，在操作人员可能触及的范围内也应保温。为了减少低温介质因为日晒或外界温度过高而引起冷损失的管线、设备应予以保冷。

加热保护。对于连续或间断输送具有下列特性的流体的管道，应采取加热保护：凝固点高于环境温度的流体管道；流体组分中能形成有害操作的冰或结晶；含有 $H_2S$、$HCl$、$Cl_2$ 等气体，能出现冷凝或形成水合物的管道；在环境温度下黏度很大的介质。加热保护的方式有蒸汽伴管、夹套管及电热带三种。

绝热材料。无论是管道保温、保冷，还是加热保护，都离不开绝热材料。材料的热导率越小、单位体积的质量越大、吸水性越低，其绝热性能就越好。此外，材质稳定、不可燃、耐腐蚀、有一定的强度也是绝热材料所必备的条件。工业管道常用的绝热材料有毛毡、石棉、玻璃棉、石棉水泥、岩棉及各种绝热泡沫塑料等。

　　c　配管常见故障及处理方法

配管常见故障及处理方法见表2-14。

**表2-14　配管常见故障及处理方法**

| 序号 | 故障现象 | 故 障 原 因 | 处 理 方 法 |
|---|---|---|---|
| 1 | 管泄漏 | 裂纹、孔洞、焊接不良 | 装旋塞；缠带；打补丁；箱式堵塞；更换 |
| 2 | 管堵塞 | 阀不能关闭；杂质堵塞 | 更换阀和管段；热接旁道，设法清除杂质 |
| 3 | 管振动 | 流体脉动；机械振动传导 | 用管支撑固定或撤掉支撑件，但必须保证强度 |
| 4 | 管弯曲 | 管支撑件不良 | 用管支撑件固定或撤掉管支撑件，但必须保证强度 |
| 5 | 法兰泄漏 | 螺栓松动、损坏；气体密封垫片损坏 | 箱式堵漏，紧固螺栓；更换螺栓；更换气体密封垫、法兰 |
| 6 | 阀泄漏 | 压盖填料不良，杂质附着在其上 | 紧固填料函；更换压盖填料；更换阀部件或阀；阀部件磨合 |

### 2.2.3.2　阀门安全技术

阀门是管道的重要附件之一，也是应用数量最多的管线附件。阀门种类繁多，应用范围极其广泛。阀门在工艺和设备上的作用主要有：接通或切断管线内介质的流动；调节管线内介质的流量和压力；改变或控制管路中介质流动方向；调节容器内液面高度；排放介质，防止容器、管线超压，保护设备。

　　A　阀门种类

阀门分类方法很多，可按应用范围、使用介质、连接方式、阀体材质、操作方法、承压大小以及结构形式和用途来划分。按其作用分，有截止阀、调节阀、止逆阀、减压阀、稳压阀和转向阀等；按阀门的形状和构造分，有球心阀、闸阀、旋塞阀、蝶形阀、针形阀等。

（1）球形阀。球形阀又叫截止阀，适于调节流量。它启闭缓慢，无水锤现象。因流体是从下而上通过阀体，故在压力高时，阀门背面不承受压力，启闭容易，操作可靠，但不宜输送含悬浮物质或易结晶物料。它结构较复杂，价格较贵，是各种受压流体管道上最常用的阀门。

（2）闸阀。闸阀又称闸板阀，利用闸板的起落来开启和关闭阀门，并通过闸板的高度来调节流量。根据其结构可分为明杆闸阀和暗杆闸阀两种。明杆闸阀开闭状态易于直观看清，且阀杆螺纹易于润滑。暗杆闸阀的总体高度保持不变，阀门开启状态不易直观判断，且阀杆螺纹无法润滑，易受侵蚀损坏。闸阀的优点是阻力小，容易调节流量，开启缓慢，无水锤现象，可广泛用于各种流体管道上；它的缺点是闭合面易磨损，阀座槽内易沉积固体而关闭不严，不适于输送含有固体颗粒的物料，也不宜用于有腐蚀介质的管道。

（3）旋塞阀。旋塞阀是通过控制旋塞孔和阀体孔两者的重合程度来截止和调节流量的。它结构简单，启闭迅速，阻力小，经久耐用，适用于各种流体，特别是含有悬浮物和固体颗粒的介质；缺点是不能精确调节流量，用于高压管路上容易产生水锤现象。由于摩擦面大，启动费力，受热后旋塞膨胀，难以转动，所以只适用于压力在 1MPa 以下和温度不高的管道上。

（4）蝶形阀。蝶形阀又叫翻板阀。由于蝶形阀的翻板与阀座壁不易结合严密，所以不能彻底切断流体，是一种简单的流量调节阀，常用于输送空气和烟气的管道上。

（5）针形阀。针形阀的结构与球心阀相似，只是将阀盘做成锥形，阀盘与阀座接触面大，密封性能好，易于启闭，特别适用于高压操作和精确调节流量的管路上。

（6）止逆阀。止逆阀又叫单向阀，按阀盘的动作方式又分为升降式和旋启式两种。一般升降式止逆阀只能安装在水平管道上，而旋启式止逆阀可以安装在水平、垂直乃至倾斜的管道上。当工艺管道只允许流体向一个方向流动时，要使用止逆阀。

（7）减压阀。减压阀的作用是能自动地将高压流体按工艺要求减为低压流体，一般减压后的压力要低于阀前压力的 50%，通常用在蒸汽和压缩空气管道上。它常与稳压阀配合使用，稳压阀也是一种可以自动调节阀后压力并保持稳定的自动阀门。

B　阀门的安全使用

阀门选择和使用是否得当，对生产和安全都有很大影响。通常，选择阀门主要考虑以下几点：

（1）介质有无腐蚀性或颗粒；

（2）介质最高工作压力、工作温度和变化范围；

（3）管道直径；

（4）阀门安装位置，如水平、垂直及空间大小等；

（5）工艺上有特殊要求，如节流、减压、放空、止回等。

阀门使用过程中选择的原则如下：

（1）在油品和石油气体管线上多选法兰连接阀门，在 DN≤25mm 的管线上才选丝口连接阀门。

（2）油罐出口的总阀门、脱水阀以及温度高于200℃的热油管线上应选用钢阀，液化气管线上应选 PN≥2.5MPa 的钢阀。

（3）在油品管线上尽量少用 PN≤1.0MPa 的闸阀或 PN≤1.6MPa 的截止阀，因为它们的材料为铸铁，不利安全生产。

（4）需要调节流量的地方多选截止阀，需要阀门快速开闭的场所应选用球阀或旋塞阀，其他场所尽量用闸阀。

（5）输送的是蒸汽或具有腐蚀性的介质应选不锈钢密封圈，输送水的则选用铜制密封材料。

为了使阀门使用长久，开关灵活，保证生产与安全，在使用中应注意以下几点：

（1）新安装的阀门应有产品合格证，外观无砂眼、气孔或裂纹，填料压盖压得平整，阀门开关灵活。

（2）使用的阀门压力、温度等级和管路工作条件相一致，不能将低压阀门装在高压管路上。

（3）阀门安装时要注意方向，不能装反。

（4）阀门开完应回半圈，以防误开为关。阀门关闭用手费力时，应用特制扳手，尽量避免使用管钳，不可用力过猛或用工具关得过死。

（5）阀门填料、大盖、法兰、丝口等连接和密封部位不得有渗漏，发现问题应及时紧固或更换填料、垫片。

（6）更换阀门、填料或垫片，不准带压操作，特别是高温，易腐蚀性介质，以防介质喷出伤人。

（7）关键部位阀门应同设备或装置一起在检修时，每年清洗、检查、试压一次。

（8）用于水、蒸汽、重油线上的阀门，冬天要做好防冻、保温，防止阀门冻凝，阀体冻裂。

（9）阀体和手轮应按工艺设备管理要求，做好刷漆防腐。系统管线上阀门应按工艺要求编号，开关阀门应对号挂牌，防止误操作。

C　阀门常见故障及处理方法

在工艺管线或设备上，安装的阀门由于介质性质、使用环境、操作频繁程度以及产品质量等因素，常发生各种故障，有时不仅影响生产，甚至还会带来灾害。因此，应对其加强保护，及时排除故障。阀门常见故障及处理方法见表2-15。

表 2-15　阀门常见故障及处理方法

| 故障现象 | 故障原因 | 处理方法 |
| --- | --- | --- |
| 密封圈不严 | 1. 阀座与阀体结合不严密；<br>2. 关闭阀门使用辅助工具不当，关得过紧 | 1. 修理密封圈；<br>2. 关阀用力适当，不要用加力杆开关阀门 |
| 密封面上有划痕、凹痕等缺陷 | 1. 阀体内有污垢；<br>2. 焊渣、锈蚀杂质进入阀体；<br>3. 操作不当，阀打开过量 | 1. 拆下清洗；<br>2. 研磨密封面；<br>3. 正确操作 |

| 故障现象 | 故障原因 | 处理方法 |
|---|---|---|
| 法兰端面密封渗漏 | 1. 垫片损伤；<br>2. 法兰密封面有划痕 | 1. 更换垫片；<br>2. 研磨密封面 |
| 填料处渗漏 | 1. 填料加入不符合要求；<br>2. 阀杆有划痕；<br>3. 填料选择不当或不干净 | 1. 分段添加填料；<br>2. 阀杆研磨光滑；<br>3. 更换优质填料 |
| 阀杆升降不灵活 | 1. 阀杆及衬套材料选择不当；<br>2. 润滑不良；<br>3. 螺纹磨损，阀杆歪斜 | 1. 更换合乎要求的材料，如青铜等；<br>2. 加强润滑；<br>3. 更换阀杆与衬套 |

## 2.3 化工生产事故的控制措施

### 2.3.1 事故可预防性

根据事故特性的研究分析，可认识到事故的如下性质：

（1）事故的因果性。工业事故的因果性是指事故是由相互联系的多种因素共同作用的结果，引起事故的原因是多方面的。在伤亡事故调查分析过程中，应弄清事故发生的因果关系，找到事故发生的主要原因，才能对症下药，有效地防范。

（2）事故的随机性。事故的随机性是指事故发生的时间、地点、事故后果的严重性是偶然的。这说明事故的预防具有一定的难度。但是，事故这种随机性在一定范围内也遵循统计规律，从事故的统计资料中可以找到事故发生的规律性。因而，事故统计分析对制定正确的预防措施有重大的意义。

（3）事故的潜伏性。表面上看，事故是一种突发事件，但是事故发生之前却有一段潜伏期。在事故发生前，人、机、环境系统所处的这种状态是不稳定的，也就是说系统存在着事故隐患，具有危险性。如果这时有一触发因素出现，就会导致事故的发生。在工业生产活动中，企业较长时间内未发生事故，有的就会麻痹大意，就会忽视事故的潜伏性，这是工业生产中的思想隐患，是应予以克服的。掌握了事故潜伏性就会对有效预防事故起到关键作用。

（4）事故的可预防性。现代工业生产系统是人造系统，这种客观实际给预防事故提供了基本的前提。所以说，任何事故从理论和客观上讲，都是可预防的。认识这一特性，对坚定信念，防止事故发生有促进作用。因此，人类应该通过各种合理的对策和努力，从根本上消除事故发生的隐患，把工业事故的发生降低到最小程度。

### 2.3.2 事故控制的基本对策

采取综合、系统的对策是有效预防事故的基本原则。

（1）安全法制对策。安全法制对策就是利用法制的手段，对生产的建设、实施、组织，以及目标、过程、结果等进行安全的监督与监察，使之符合安全生产的要求。

（2）工程技术对策。工程技术对策是指通过工程项目和技术措施，实现生产的本质安全化，或通过改善劳动条件提高生产的安全性。例如：对于火灾的防范，可以采用防火工程、消防技术等对策；对于尘毒危害，可以采用通风工程、防毒技术、个体防护等技术对策；对于电气事故，可以采取能量限制、绝缘、释放等技术对策；对于爆炸事故，可以采取改良爆炸器材、改进炸药等技术对策，等等。

显然，工程技术对策是治本的重要对策。但是，工程技术对策需要安全技术及经济基础作为基本前提，因此，在实际工作中，特别是在目前我国安全科学技术和社会经济基础较为薄弱的条件下，这种对策的采用还受到一定的限制。

（3）安全管理对策。管理就是创造一种环境和条件，使置身于其中的人们能进行协调的工作，从而完成预定的使命和目标。安全管理是通过制定和监督实施有关安全法令、规程、规范、标准和规章制度等，规范人们在生产活动中的行为准则，使劳动保护工作有法可依，有章可循，用法制手段保护职工在劳动中的安全和健康。安全管理对策是工业生产过程中实现职业安全卫生的基本的、重要的、日常的对策。工业安全管理对策具体可由管理的模式、组织管理的原则、安全信息流技术等方面来实现。

（4）安全教育对策。安全教育是对企业各级领导、管理人员以及操作工人进行的安全思想政治教育和安全技术知识教育。安全思想政治教育的内容包括国家有关安全生产、劳动保护的方针政策、法规法纪。通过教育提高各级领导和广大职工的安全意识、政策水平和法制观念，牢固树立安全第一的思想，自觉贯彻执行各项劳动保护法规政策，增强保护人、保护生产力的责任感。安全技术知识教育包括一般生产技术知识、一般安全技术知识和专业安全生产技术知识的教育，安全技术知识寓于生产技术知识之中，在对职工进行安全教育时必须把二者结合起来。

### 2.3.3　人的因素导致事故的控制

人的因素导致的事故，即人为事故，在工业生产发生的事故中占有较大比例。有资料表明：有70%~80%的事故是由于人为失误造成的。人为失误是事故发生的首要原因，有效控制人为事故，对保障安全生产具有重要作用。

（1）人为事故的规律。在生产实践活动中，人既是促进生产发展的决定因素，又是生产中安全与事故的决定因素。人的安全行为能保证安全生产，人的异常行为会导致与构成生产事故。因此，要想有效预防、控制事故的发生，必须做好人的预防性安全管理，强化和提高人的安全行为，改变和抑制人的异常行为，使之达到安全生产的客观要求，以此超前预防、控制事故的发生。

（2）强化人的安全行为，预防事故发生。强化人的安全行为，预防事故发生，是指通过开展安全教育，提高人们的安全意识，使其产生安全行为，做到自我预防事故的发生。主要应抓住两个环节：一要开展好安全教育，提高人们预防、控制事故的自为能力；二要抓好人为事故的自我预防。

（3）改变人的异常行为，控制事故发生。改变人的异常行为，是继强化人的表态安全管理之后的动态安全管理。通过强化人的安全行为预防事故的发生，改变人的异常行为控制事故发生，从而达到超前有效预防、控制人为事故的目的。

改变人的异常行为，控制事故发生，主要有以下方式：

1）自我控制。自我控制是指在认识到人的异常意识具有产生异常行为，导致人为事故的规律之后，为了保证自身在生产实践中的安全而自我改变异常行为，控制事故的发生。

2）跟踪控制。跟踪控制是指运用事故预测法，对已知具有产生异常行为因素的人员，做好转化和行为控制工作。

3）安全监护。安全监护是指对从事危险性较大生产活动的人员，指定专人对其生产行为进行安全提醒和安全监督。

4）安全检查。安全检查是指运用人自身技能，对从事生产实践活动人员的行为，进行各种不同形式的安全检查，从而发现并改变人的异常行为，控制人为事故发生。

5）技术控制。技术控制是指运用安全技术手段控制人的异常行为。

### 2.3.4 设备因素导致事故的控制

在生产实践中，设备是决定生产效能的物质技术基础，没有生产设备，现代生产是无法进行的。同时设备的异常状态又是导致与构成事故的重要物质因素。

（1）设备因素与事故的规律。设备事故规律，是指在生产系统中，由于设备的异常状态违背了生产规律，致使生产实践产生了异常运动而导致事故发生时所具有的普遍性表现形式。

1）设备故障规律。设备故障规律是指由于设备自身异常而产生故障及导致发生的事故在整个寿命周期内的动态变化规律。认识与掌握设备故障规律，是从设备的实际技术状态出发，确定设备检查、试验和修理周期的依据。

2）与设备相关的事故规律。设备不仅能因自身异常而导致事故发生，而且与人、与环境的异常结合，也能导致事故发生。因此，要想超前预防、控制设备事故的发生，除要认识掌握设备故障规律外，还要认识掌握设备与人、与环境相关的事故规律，并相应地采取保护设备安全运行的措施，才能达到全面有效预防、控制设备事故的目的。

3）设备与人相关的事故规律。设备与人相关的事故规律是指由于人的异常行为与设备结合而产生的物质异常运动在导致事故中的普遍性表现形式。例如，人们违背操作规程使用设备，超性能使用设备，非法使用设备等所导致的各种与设备相关的事故，均属于设备与人相关事故规律的表现形式。

4）设备与环境相关的事故规律。设备与环境相关的事故规律是指由于环境异常与设备结合而产生的物质异常运动在导致事故中的普遍性表现形式。其中又可细分为：固定设备与变化的异常环境相结合而导致的设备故障，如由于气温变化或环境污染导致的设备故障；移动性设备与异常环境结合而导致的设备事故，如汽车在交通运输中由于路面异常而导致的交通事故等。

（2）设备故障及事故的原因分析。导致设备发生事故的原因，从总体上分为内因耗损和外因作用两大类。内因耗损是检查、维修问题，外因作用是操作使用问题。其具体原因又分为：是设计问题还是使用问题；是日常维修问题还是长期失修问题；是技术问题还是管理问题；是操作问题还是设备失灵问题等。

通过设备事故的原因分析，针对导致事故的问题，可采取相应的防范措施，如建立、健全设备管理制度，改进操作方法，调整检查、试验、检修周期，加强维护保养，以及对老、旧设备进行更新、改造等，从而防止同类事故重复发生。

（3）设备导致事故的预防、控制要点。在现代化生产中，人与设备是不可分割的统一整体，没有人的作用设备是不会自行投入生产使用的，同样没有设备人也是难以从事生产实践活动的。因此，只有把人与设备有机地结合起来，才能促进生产的发展。但是人与设备又不是同等关系，而是主从关系。人是主体，设备是客体，设备不仅是人设计制造的，而且是由人操纵使用的，其服从于人，执行人的意志。同时，人在预防、控制设备事故中，始终起着主导支配的作用。

## 思 考 题

2-1　化学物质主要有哪些危害？

2-2　何谓危险化学品，危险化学品主要类别有哪些？

2-3　简要说明控制化学物质危险的一般原则。

2-4　简要说明反应釜的主要结构及安全技术。

2-5　简要说明板式塔和填料塔的工作原理及安全技术。

2-6　简要说明储罐的安全技术及内浮顶罐的安全性。

2-7　简要说明气瓶充装、使用的安全技术。

2-8　简要说明管式换热器和板式换热器的主要原理及安全技术。

2-9　简要说明锅炉的组成、安全附件及常见事故与处理措施。

2-10　简要说明离心泵、离心式压缩机的工作原理及安全技术。

2-11　简要说明搅拌机的主要故障及预防措施。

2-12　简要说明破碎机、研磨机的工作原理及安全控制技术。

2-13　简要说明振动筛的工作原理及常见故障防止措施。

2-14　简要说明压力管道、阀的主要类别及常见故障处理方法。

# 3 化工生产过程危险物质泄漏与扩散

化工生产企业多具有易燃、易爆、易中毒、高温、高压、有腐蚀性等特点，一般都存在很高的危险性。而这其中危险性较大、危害后果严重的事故的发生通常均与化工生产、储存、运输过程中危险性物料的泄漏相关。由于粉尘泄漏相对气体、液体泄漏来说即时危害较小，故本章主要讨论气体和液体危险物质的泄漏与扩散。

## 3.1 化工生产过程危险物质泄漏

### 3.1.1 化工生产过程危险物质泄漏事故的特点

危险物质的泄漏往往是事故的开始，其可能引起火灾或爆炸，也可能产生毒气伤害。若从生产操作和救援的角度分析，化工生产过程危险物质泄漏主要有如下特点：

（1）泄漏原因多种多样。造成泄漏的原因有多种，可能是由设备损坏、失灵造成的，也可能是安全阀的正常或不正常动作导致的，也可能是错误操作或应急操作引起的，等等。

（2）泄漏的危险物质品种、性质各异。化工企业使用的危险物质种类繁杂，性质各异。不同的物质泄漏特点各不相同，亦需要采用不同的措施进行应对。

（3）管道、管件的泄漏事故较多。泄漏多发生在设备的薄弱部位和管件的焊接或连接位置，多由超压操作、材料腐蚀等原因造成。

（4）泄漏较易诱发恶性事故。由于化工生产过程存在高压、高温等特点，物料泄漏往往影响面较大，较易诱发燃爆、灼烫等继生危害，也易引发恶性事故。

（5）化工泄漏封堵较为困难。化工企业物料泄漏后由于带压、易燃、易爆、具有高腐蚀性等，泄漏点封堵较为困难。

（6）泄漏事故对人的危害。呼吸道和皮肤伤害是较为常见的伤害类型。

### 3.1.2 泄漏后果初步分析

危险物质的泄漏后果呈现多样性，其与物态、工艺操作参数、物料自身性质、气象条件、建构筑物形式均相关。泄漏危害的大小通常与物质危险性、泄漏量和泄漏时间有关。以下以危险物质物态和物质危险性的角度来描述危险物质泄漏的危害后果。

（1）可燃气体泄漏。可燃气体泄漏后可在局部空间使危害物质的浓度迅速增加，进而引发燃爆事故。通常局部空间达到物质的爆炸极限，遇到激发源即会发生爆炸事故，处在爆炸极限之外时则发生火灾事故。但是由于火灾和爆炸可瞬间转换，故复合型事故较为多见。另外，泄漏后起火时间，泄漏造成的危害后果也各不相同。

1）立即起火。可燃气体泄漏时即被点燃，发生扩散燃烧，产生的喷射性火焰形成火球。此种情景多发生在生产现场。

2）滞后起火。可燃气体泄漏时未被点燃，与空气混合后形成含可燃气体的云团，随风飘移或沿限制路径（如地沟等）扩散，遇到激发源即发生火灾或爆炸事故，此种情景破坏面较大。

（2）有毒气体泄漏。化工企业生产或使用的氨、氯等均为有毒气体，这些气体泄漏后形成的云团的扩散影响范围较为广泛，特别是对下风向的人员聚集场所影响更为显著。

（3）液体泄漏。化工企业液体泄漏若无挥发或汽化现象，影响面相对较小。但若液体泄漏后存在汽化现象，则危害一般较大。挥发或汽化后的可燃气体或有毒气体均可能造成继生危害。

1）常温常压下液体泄漏。此时泄漏较易在地势低洼处或防火（护）堤内形成液池，火灾多以池火灾的形式出现。同时液体根据各自挥发度的不同在液体表面缓缓挥发，故也存在发生爆炸事故的可能。

2）带压液化气体泄漏。此时泄漏将产生瞬间蒸发，剩下的液体在地势低洼处或防火（护）堤内形成液池，液池内的液体吸收环境的温度持续蒸发，蒸发的速率取决于物料的性质。

3）低温液体泄漏。此时泄漏液体在地势低洼处或防火（护）堤内形成液池，液池内的液体吸收环境的温度持续蒸发，蒸发的速率取决于物料的性质。通常低温液体蒸发量小于带压液化气体泄漏的蒸发量，高于常温常压下液体泄漏的蒸发量。

### 3.1.3  常见的泄漏源及危险控制

#### 3.1.3.1  泄漏设备及损坏尺寸

在确定典型的泄漏情况时，首先应列出使用的主要设备。后果分析中只有少数几种设备是重要的，典型的有管道、挠性连接器、过滤器、阀、压力容器/反应器、泵、压缩机、储罐（常压条件）、储槽（加压或冷冻）、放空燃烧管/排气管等10种设备。虽然工厂中有各种特殊设备，但通常差别很小，容易划归至这些类型设备中。

对选定的设备，应分析其典型损坏情况，这是泄漏量计算的基础。表3-1～表3-10是各种设备的典型损坏。例如，管道的典型损坏是管道裂孔、法兰泄漏和焊缝失效，管道裂孔的尺寸建议按20%～100%管径计算。当然更可靠的是按照工厂的具体设备确定可能的损坏或泄漏尺寸。

表 3-1  典型设备的损坏分析——管道

| 包括：管道，法兰，焊接，弯管 | |
|---|---|
| 典型损坏 | 可能损坏尺寸 |
| 1. 法兰泄漏； | 1. 20%管径； |
| 2. 管道泄漏； | 2. 20%～100%管径； |
| 3. 焊缝失效 | 3. 20%～100%管径 |

表 3-2 典型设备的损坏分析——挠性连接器

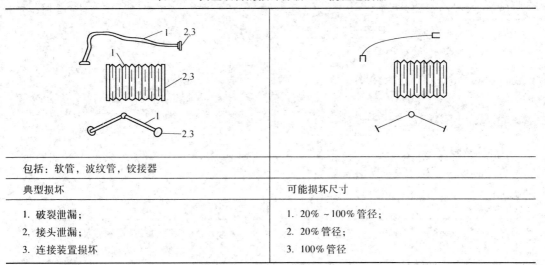

| 包括：软管，波纹管，铰接器 | |
| --- | --- |
| 典型损坏 | 可能损坏尺寸 |
| 1. 破裂泄漏； | 1. 20%~100%管径； |
| 2. 接头泄漏； | 2. 20%管径； |
| 3. 连接装置损坏 | 3. 100%管径 |

表 3-3 典型设备的损坏分析——过滤器

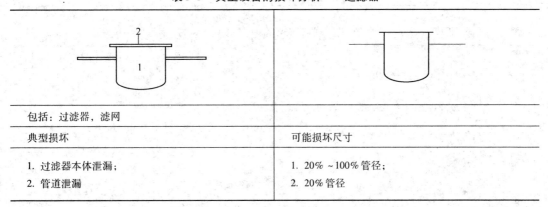

| 包括：过滤器，滤网 | |
| --- | --- |
| 典型损坏 | 可能损坏尺寸 |
| 1. 过滤器本体泄漏； | 1. 20%~100%管径； |
| 2. 管道泄漏 | 2. 20%管径 |

表 3-4 典型设备的损坏分析——阀

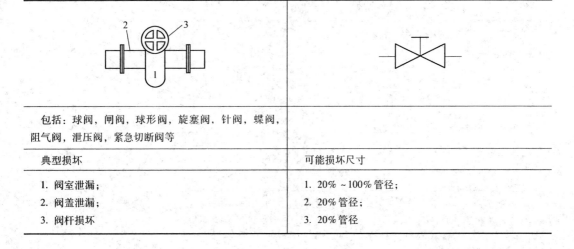

| 包括：球阀，闸阀，球形阀，旋塞阀，针阀，蝶阀，阻气阀，泄压阀，紧急切断阀等 | |
| --- | --- |
| 典型损坏 | 可能损坏尺寸 |
| 1. 阀室泄漏； | 1. 20%~100%管径； |
| 2. 阀盖泄漏； | 2. 20%管径； |
| 3. 阀杆损坏 | 3. 20%管径 |

表 3-5  典型设备的损坏分析——压力容器及反应器

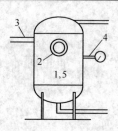
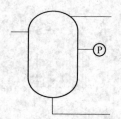

包括：分离器，气体洗涤器，混合器，反应器，热交换器，火加热器，塔，管道清洗发射/接收器，再沸器等

| 典型损坏 | 可能损坏尺寸 |
| --- | --- |
| 1. 容器破裂、容器本体泄漏； | 1. 全部破裂（裂口尺寸取100%）； |
| 2. 人孔盖泄漏； | 2. 20%开口直径； |
| 3. 喷嘴损坏； | 3. 100%管径； |
| 4. 仪表管道破裂； | 4. 20%～100%管径； |
| 5. 内部爆炸 | 5. 全部破裂（裂口尺寸取100%） |

表 3-6  典型设备的损坏分析——泵

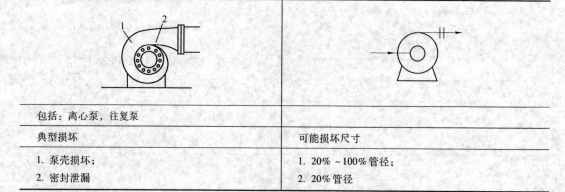

包括：离心泵，往复泵

| 典型损坏 | 可能损坏尺寸 |
| --- | --- |
| 1. 泵壳损坏； | 1. 20%～100%管径； |
| 2. 密封泄漏 | 2. 20%管径 |

表 3-7  典型设备的损坏分析——压缩机

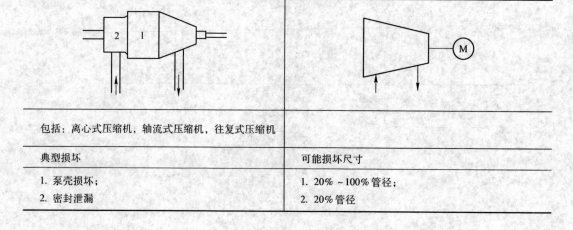

包括：离心式压缩机，轴流式压缩机，往复式压缩机

| 典型损坏 | 可能损坏尺寸 |
| --- | --- |
| 1. 泵壳损坏； | 1. 20%～100%管径； |
| 2. 密封泄漏 | 2. 20%管径 |

表 3-8　典型设备的损坏分析——储罐

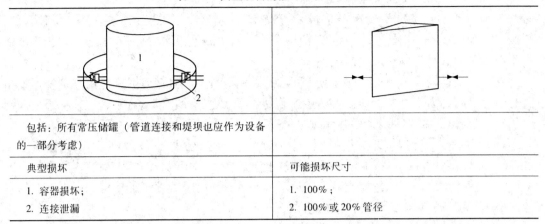

包括：所有常压储罐（管道连接和堤坝也应作为设备的一部分考虑）

| 典型损坏 | 可能损坏尺寸 |
|---|---|
| 1. 容器损坏； | 1. 100%； |
| 2. 连接泄漏 | 2. 100% 或 20% 管径 |

表 3-9　典型设备的损坏分析——加压或冷冻储槽

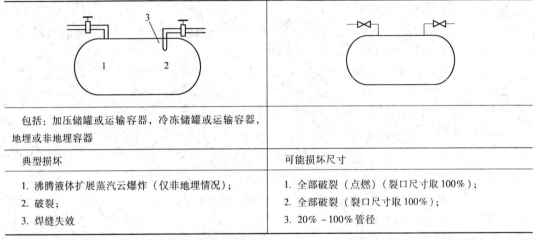

包括：加压储罐或运输容器，冷冻储罐或运输容器，地埋或非地埋容器

| 典型损坏 | 可能损坏尺寸 |
|---|---|
| 1. 沸腾液体扩展蒸汽云爆炸（仅非地埋情况）； | 1. 全部破裂（点燃）（裂口尺寸取 100%）； |
| 2. 破裂； | 2. 全部破裂（裂口尺寸取 100%）； |
| 3. 焊缝失效 | 3. 20%～100% 管径 |

注：分析时应考虑储罐的堤坝。

表 3-10　典型设备的损坏分析——放空燃烧管和排气管

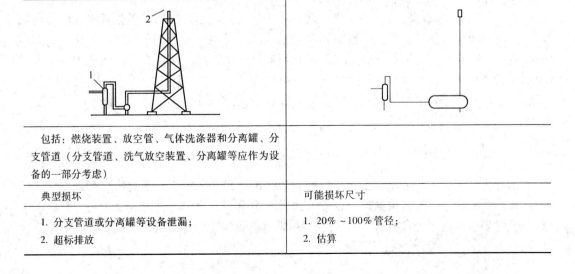

包括：燃烧装置、放空管、气体洗涤器和分离罐、分支管道（分支管道、洗气放空装置、分离罐等应作为设备的一部分考虑）

| 典型损坏 | 可能损坏尺寸 |
|---|---|
| 1. 分支管道或分离罐等设备泄漏； | 1. 20%～100% 管径； |
| 2. 超标排放 | 2. 估算 |

### 3.1.3.2　常见的泄漏源及危险控制

（1）危险物料泄漏多由设备损坏、管道破裂、人为操作错误和反应失去控制等原因造成。故可以在工艺指标控制、设备结构形式等方面采取相应措施。有时为了防止大量物料泄漏，重要的阀门还要采取两级控制。

对于危险性较大的装置，应设置远距离遥控断路阀，一旦装置异常，能立即安全地与其他装置隔离。为了防止误操作，重要控制阀的管线上应涂色以示区别，或挂标志、加锁等。仪表配管也要以各种颜色加以区别，各管道上的阀门要保持一定的距离。

（2）振动往往导致管线焊缝破裂，从而造成泄漏。通常，振动是由于机械性能原因和流体的脉动造成的，也可能是由于气液相变造成的。如蒸汽管路的水锤冲击，指的是因蒸汽凝缩使体积缩小、流速加快，高速运动的流体进而推动凝缩了的冷凝水冲击管壁的现象。故生产装置和管道有效的抗振措施也是预防泄漏的有效手段。

（3）在化学生产过程中，不少物料为易起泡物质，从而可能发生溢料现象。若溢出的是易燃物，遇到明火则可引起燃爆事故；若溢出的是腐蚀性物质，则可诱发化学灼烫事故或化学腐蚀。

造成溢料的原因有很多。它与物料的组成、反应温度、加料速度，以及消泡剂用量、质量等都有关。加料速度过快，产生的气泡大量逸出，同时挟带走大量物料。加热速度太快，也易产生这种现象。物料黏度大也容易产生气泡。在生产过程中可通过提高温度、降低黏度等方法来减少泡沫，也可以喷入少量的消泡剂降低其表面张力。在设备结构方面要加以考虑，如采用能打散泡沫的打泡浆。

（4）两种性质相抵触的物质如果因泄漏而混合，也易发生危险。如硫化碱由于包装质量差遇酸生成大量硫化氢气体，遇火则发生爆炸；保险粉、硫化蓝、硫化黑染料泄漏遇水或潮湿空气产生激烈反应导致燃烧；硝酸等氧化剂泄漏后遇到稻草、木箱之类物质便会燃烧。工艺生产过程中某些有机物，例如硝基苯、硝基甲苯、甲萘胺、苯胺、苯酐、硬脂酸等蒸馏残液的排放，不仅污染环境，而且容易扩散形成爆炸性混合物，甚至引起自爆。因此，生产中对于易燃的有机物排渣时，应采用氮气或水蒸气保护。

（5）在对设备、管道的保温措施中，由于保温材料的不密闭而渗入易燃物，在高温下达到一定的浓度或遇到明火时，也会发生燃烧。目前化工生产中保温材料多采用泡沫水泥砖、膨胀蛭石、玻璃纤维等外涂水泥或包玻璃纤维布。这种结构虽然投资少，但是易损坏，不仅保温效果不佳，而且一些有机物例如硝基化合物、重氮化合物、酚类化合物等容易渗到保温夹层中，久而久之，随着逐渐积累其是很危险的。例如在苯酐生产中，就曾发生过由于物料漏入保温层中而引起的爆炸事故。因此，对那些可能接触易燃物的保温材料，要采取可靠的防渗透措施，如采用金属薄板包敷或塑料涂层，以避免这种现象的发生。

### 3.1.4　泄漏量的计算

泄漏指装有介质的密闭容器、管道或装置，因密封性破坏，出现的非正常的介质向外泄放或渗漏的现象。泄漏量的计算可按流体力学中的相关方程来进行计算。当泄漏口不规则时，可采取等效尺寸代替；当遇到泄漏过程中压力变化等情况时，往往采用经验公式计算。

### 3.1.4.1 液体泄漏量计算

（1）储罐中液体泄漏。单位时间内液体泄漏量，即泄漏速度，可根据伯努利（Bernoulli）方程计算：

$$Q = C_d A \rho \sqrt{\frac{2(p - p_0)}{\rho} + 2gh - \frac{\rho g C_0^2 A^2}{A_0}} \tag{3-1}$$

式中　$Q$——液体泄漏流量，kg/s；

$\quad\quad C_d$——排放系数，通常取 0.6~0.64，按表 3-11 选取；

$\quad\quad A$——泄漏口面积，$m^2$；

$\quad\quad \rho$——泄漏液体密度，$kg/m^3$；

$\quad\quad p$——容器内介质压力，Pa；

$\quad\quad p_0$——环境压力，Pa；

$\quad\quad g$——重力加速度，$9.8 m/s^2$；

$\quad\quad h$——泄漏口上液位高度（见图 3-1），m；

$\quad\quad C_0$——孔流系数；

$\quad\quad A_0$——储罐横截面面积，$m^2$。

表 3-11　液体泄漏系数 $C_d$

| 雷诺数 $Re$ $Re = du\rho/\mu$ | 泄漏口形状 | | |
|---|---|---|---|
| | 圆形（多边形） | 三角形 | 长条形 |
| >100 | 0.65 | 0.60 | 0.55 |
| ≤100 | 0.50 | 0.45 | 0.40 |

当储罐中的液体经管道小截面孔泄漏时，可按下式进行计算：

$$Q = C_d A \rho \sqrt{\frac{2(p - p_0)}{\rho} + 2gh} \tag{3-2}$$

该式表明，液体泄漏的推动力是介质压力和液位高度。常压下液体泄漏速度取决于泄漏口之上液位的高低；非常压下液体泄漏速度主要取决于设备内物质压力与环境压力之差。

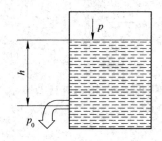

图 3-1　液体泄漏流量计算示意图

如果介质压力很大，则可以忽略液位的影响；如果容器与大气连通，则推动力只有液位高度。随着泄漏进行，液位必然下降，介质压力也可能降低，泄漏流量必然下降。因此，按式（3-2）计算的是泄漏的初流量也是最大流量。如果泄漏时间较短，可以按初流量计算；如果泄漏时间较长，则可以建立流量与泄漏时间的关系式，以计算任意时刻的泄漏流量，同样，也可以计算容器内液体流完所需时间。

液体排放系数 $C_d$ 为实际流量与理想理论流量的比，用于补偿公式推导中忽略了的摩擦损失、因惯性引起的截面收缩等因素。对于通过较长管道的液体泄漏，还应考虑直管阻力以及管件的局部阻力。

$C_d$ 的影响因素：泄漏口形状（见表 3-11）；泄漏口位置；泄漏介质的状态等。

$C_d$ 的取值：薄壁（壁厚小于等于孔半径）小孔泄漏，其值约为 0.62；厚壁（孔半径小于壁厚小于等于 8 倍孔半径）小孔或通过一短管泄漏，其值约为 0.81；通过修圆小孔排放，则其值为 1.0；保守估计，其值取 1.0。

对于瞬时泄漏或者泄漏的流速较小时，储罐内的压力可以作为一个恒定值对待，否则应考虑罐内压力的变化。

（2）液体管道泄漏。此种泄漏同样以伯努利（Bernoulli）方程为计算基础，以液面和管线断裂面为计算截面，忽略管道内外压力的影响，此时有：

$$\frac{1}{2}u^2 + gh + F = 0 \tag{3-3}$$

式中　$u$——液体在管道裂口处的流速，m/s；

　　　　$g$——重力加速度，9.8 m/s²；

　　　　$h$——管道裂口处距最高液面的液位高差，m；

　　　　$F$——总的阻力损失，与管道形式、物料密度、物料黏度、流体在管道内的流动类型相关，简化计算时可忽略。

由公式（3-3）求出 $u$ 值后，可由下式求出流量：

$$Q = \rho u A \tag{3-4}$$

式中　$A$——管道裂口的面积，m²。

（3）液体经管道小孔泄漏。此种泄漏主要指由于外界的冲击，或者腐蚀、磨损等因素，造成管道发生裂纹或裂孔而产生的泄漏。此时液体从管道上的孔洞泄漏与管道内外的压差相关，可由下式计算：

$$u = C_d \sqrt{\frac{2(p - p_0)}{\rho}} \tag{3-5}$$

式中　$p$——管道内压强，Pa；

　　　　$p_0$——管道外压强，一般取环境大气压，Pa。

### 3.1.4.2　过热液体泄漏量计算

当设备中液体是过热液体，即液体沸点低于周围环境温度时，液体从裂口喷出后部分液体闪蒸，汽化热来自液体本身，剩余液体将降温至其常压沸点。这种情况下，泄漏时直接蒸发的液体所占百分比，即闪蒸液体分数 $F_V$ 为：

$$F_V = \frac{c_p(T - T_b)}{H_V} \tag{3-6}$$

式中　$F_V$——闪蒸液体分数；

　　　　$c_p$——液体比定压热容，J/(kg·K)；

　　　　$T$——液体温度，K；

　　　　$T_b$——液体常压沸点，K；

　　　　$H_V$——常压沸点下的汽化热，J/kg。

### 3.1.4.3　气体泄漏

气体从设备的裂口泄漏时，其泄漏速度与空气的流动状态有关。因此，首先要判断泄漏时气体流动属于亚声速流动还是声速流动，前者称为次临界流，后者称为临界流。

气体流动属于亚声速流动时，满足：

$$\frac{p_0}{p} > \left(\frac{2}{\gamma+1}\right)^{\frac{\gamma}{\gamma-1}} \tag{3-7}$$

气体流动属于声速流动时，满足：

$$\frac{p_0}{p} \leqslant \left(\frac{2}{\gamma+1}\right)^{\frac{\gamma}{\gamma-1}} \tag{3-8}$$

式(3-7)和式(3-8)中，$\gamma$ 为比热容比，即比定压热容 $c_p$ 与比定容热容 $c_V$ 之比：

$$\gamma = \frac{c_p}{c_V} \tag{3-9}$$

气体符合理想气体状态方程，则根据伯努利方程可推导气体泄漏公式为：

$$Q = C_d p A \sqrt{\frac{2\gamma}{\gamma-1}\frac{M}{RT}\left[\left(\frac{p_0}{p}\right)^{\frac{2}{\gamma}} - \left(\frac{p_0}{p}\right)^{\frac{\gamma+1}{\gamma}}\right]} \tag{3-10}$$

式中　$C_d$——排放系数，通常取 1.0；

　　　$\gamma$——比热容比，是比定压热容与比定容热容的比值；

　　　$M$——气体的分子质量，kg/mol；

　　　$R$——气体常数，8.314J/(mol·K)；

　　　$T$——容器内气体温度，K。

（1）气体流动的阻塞。气体内部压力增大，气体泄漏流速加快；一般情况，泄漏气体的运动速度只能达到声速。

（2）临界压力。泄漏气体的运动速度达到声速时的压力，其计算式为：

$$p_c = p_0 \left(\frac{\gamma+1}{2}\right)^{\frac{\gamma}{\gamma-1}} \tag{3-11}$$

（3）声速流。压力高于临界压力时的气体泄漏为声速流，其计算式为：

$$Q = C_d p A \sqrt{\frac{\gamma M}{RT}\left(\frac{2}{\gamma+1}\right)^{\frac{\gamma+1}{\gamma-1}}} \tag{3-12}$$

（4）亚声速流。压力低于临界压力时的气体泄漏为亚声速流，可用式（3-10）计算。

许多气体的绝热指数在 1.1~1.4 之间（见表3-12），则相应的临界压力只有约 $(1.7225~1.9252)\times10^5\text{Pa}(1.7~1.9\text{atm})$，因此多数事故的气体泄漏是声速流。

表3-12　几种气体的绝热指数和临界压力

| 物质 | 丁烷 | 丙烷 | 二氧化硫 | 甲烷 | 氨 | 氯 | 一氧化碳 | 氢 |
|---|---|---|---|---|---|---|---|---|
| $\gamma$ | 1.10 | 1.13 | 1.29 | 1.31 | 1.31 | 1.36 | 1.40 | 1.41 |
| $p_c/\text{Pa}$ | $1.7327\times10^5$ | $1.7529\times10^5$ | $1.8542\times10^5$ | $1.8644\times10^5$ | $1.8644\times10^5$ | $1.8948\times10^5$ | $1.9252\times10^5$ | $1.9252\times10^5$ |

进行以上计算的前提是忽略压力变化的影响，但若非瞬时泄漏或泄漏的流速较大时应考虑压力变化的影响。

### 3.1.4.4　两相泄漏量计算

当过热液体发生泄漏时，有时会出现气、液两相流动，则两相流动的排放泄漏流量为：

$$Q = C_d A \sqrt{2\rho_m(p - p_c)} \tag{3-13}$$

式中    $Q$——两相流混合物泄漏流量，kg/s；

     $C_d$——两相流混合物泄漏系数，可取 0.8；

     $A$——泄漏口面积，$m^2$；

     $p$——两相混合物的压力，Pa；

     $p_c$——临界压力，Pa，可近似为 $0.55p$；

     $\rho_m$——两相混合物的平均密度，$kg/m^3$，其可由下式计算：

$$\rho_m = \cfrac{1}{\cfrac{F_V}{\rho_1} + \cfrac{1-F_V}{\rho_2}} \tag{3-14}$$

式中    $\rho_1$——液体蒸发的蒸气密度，$kg/m^3$；

     $\rho_2$——液体密度，$kg/m^3$；

     $F_V$——蒸发液体分数，其可由下式计算：

$$F_V = \frac{c_p(T-T_c)}{H} \tag{3-15}$$

式中    $c_p$——两相混合物的比定压热容，$J/(kg \cdot K)$；

     $T$——两相混合物的温度，K；

     $T_c$——临界温度，K；

     $H$——液体汽化热，J/kg。

由上式计算的 $F_V$ 一般都在 0~1 之间，这种情况下一部分液体将以极小的分散液滴形态保留在蒸气云中。随着与具有环境温度的空气混合，部分液滴将蒸发。如果来自空气的热量不足以蒸发所有液滴，部分液体将降落地面形成液池。

对于液体是否被带走目前尚没有可接受的模型。有关实验表明，如果 $F_V > 0.2$，则液池不太可能形成；如果 $F_V < 0.2$，可以假定带走液体与 $F_V$ 成线性关系：$F_V = 0$，没有液体被带走；$F_V = 0.1$，有 50% 液体被带走，等等。

一般可以认为，当 $F_V > 1$ 时，表明液体将全部蒸发成气体，这时应按气体泄漏公式计算；如果 $F_V$ 很小，则可近似按液体泄漏公式计算。

通常泄漏出的介质会立即表现出不同的行为，这与其储存的状态和泄漏情况有关。沸点以下的液体泄漏，如果挥发性较低，则蒸气对现场人员有伤害，但一般不会影响到厂外。如果挥发性高，则蒸气会在大气中扩散。对于过热液体泄漏，介质喷出后存在一个绝热膨胀过程。液体的泄漏还可以产生池火，气体泄漏则存在喷射扩散。如果介质泄漏初期没有被点燃，最终都将发展成扩散的蒸气云。介质泄漏可以用大气中的蒸气扩散描述，进一步还可以分析火灾、爆炸以及毒害后果。

## 3.2   液 体 扩 散

### 3.2.1   液体扩散和液池计算

液体泄漏后会立即扩散到地面，一直流到低洼处或人工边界（如防火堤、岸墙等），形成液池。液体泄漏出来不断蒸发，当液体蒸发速度等于泄漏速度时，液池中的液体量将维持不变。如果泄漏的液体挥发量较少，则不易形成气团。如果泄漏的是挥发生性液体或低温液体，泄漏后液体蒸发量大，会在液池上方形成蒸气云。

（1）液池形状。液体泄漏后在地面上形成液池。由于液体的自由流动特性，液池会在地面上蔓延。图 3-2 显示了周围不存在任何障碍物时，液池在地面上的蔓延过程。在这种情况下，液池起初是以圆形在地面上蔓延。但是，即使泄漏点周围不存在任何障碍物，液池也不会永远蔓延下去，而是存在一个最大值，即液池有一个最小厚度。对于低黏性液体，不同的地面类型，液池的最小厚度是不一样的。液池的面积和厚度与液体的泄漏速度、泄漏位置处的地面形状密切相关。

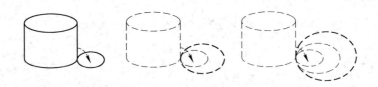

图 3-2　泄漏源周围不存在防火堤时液池在地面上的蔓延

（2）液池面积与最小液层厚度的关系如下：

$$S = \frac{V}{H_{\min}} = \frac{m}{H_{\min}\rho} \tag{3-16}$$

实际情况下，泄漏点周围都或多或少地存在着障碍物，如防火堤。如果周围存在障碍物，则液池在地面上的蔓延要复杂一些。开始阶段，液池如同周围不存在防火堤一样以圆形向周围蔓延。遇到防火堤后，液池停止径向蔓延，同时液池形状发生改变。之后，随着泄漏的不断进行，液池转而围绕储罐蔓延，直至包围整个储罐，随后液面开始上升，其蔓延的动态过程如图 3-3 所示。

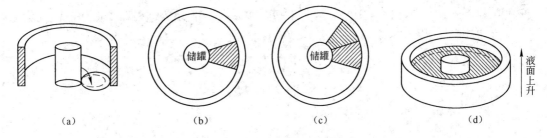

（a）　　　　　　（b）　　　　　　（c）　　　　　　（d）

图 3-3　泄漏源周围存在防火堤时液池在地面上的蔓延
（a）泄漏液体还没有蔓延到防火堤；（b）泄漏液体已经蔓延到防火堤，液池形状改变；
（c）泄漏液体围绕蔓延；（d）泄漏液体包围了储罐液面开始上升

如果泄漏的液体已达到人工边界，则液池面积即为人工边界围成的面积。如果泄漏的液体未达到人工边界，则假设液体以泄漏点为中心呈扁圆柱形在光滑表面上扩散，这时液池半径 $r$ 可用下式计算，进而可计算出液池面积。

瞬时泄漏（泄漏时间不超过 30s）时：

$$r = \left( \frac{8gmt^2}{\pi\rho} \right)^{\frac{1}{4}} \qquad (3-17)$$

连续泄漏（泄漏持续 10min 以上）时：

$$r = \left( \frac{32gmt^3}{\pi\rho} \right)^{\frac{1}{4}} \qquad (3-18)$$

式中　$r$——液池半径，m；

　　　$m$——泄漏的液体质量，kg；

　　　$g$——重力加速度，9.8m/s$^2$；

　　　$t$——泄漏时间，s；

　　　$\rho$——液体的密度，kg/m$^3$。

其他形状液池应化为等面积圆，其当量直径 $D$ 为：

$$D = \left( \frac{4S}{\pi} \right)^{\frac{1}{2}} \qquad (3-19)$$

式中　$S$——其他形状液池面积。

### 3.2.2　液体的蒸发量计算

液池内液体蒸发按其机理可分为闪蒸、热量蒸发和质量蒸发三种。

（1）闪蒸。过热液体泄漏后，由于液体的自身热量而直接蒸发称为闪蒸。发生闪蒸时的液体蒸发速度 $Q_1$ 可由下式计算：

$$Q_1 = \frac{mF_V}{t} \qquad (3-20)$$

式中　$F_V$——直接蒸发的液体与液体总量的比例，即闪蒸液体分数；

　　　$m$——泄漏的液体总量，kg；

　　　$t$——闪蒸时间，s。

（2）热量蒸发。

当 $F_V < 1$ 或 $Q_1 t < m$ 时，则液体闪蒸不完全，会有一部分液体在地面形成液池并吸收地面热量而汽化，称为热量蒸发。热量蒸发速度 $Q_h$ 按下式计算：

$$Q_h = \frac{\kappa A_1 (T_0 - T_b)}{H \sqrt{\pi \alpha t}} \qquad (3-21)$$

式中　$A_1$——液池面积，m$^2$；

　　　$T_0$——环境温度，K；

　　　$T_b$——液体沸点，K；

　　　$H$——液体蒸发热，J/kg；

　　　$\alpha$——热扩散系数，m$^2$/s，见表 3-13；

　　　$\kappa$——导热系数，J/(m·K)，见表 3-13；

　　　$t$——蒸发时间，s。

（3）质量蒸发。当地面传热停止时，热量蒸发终止，转而由液池表面之上的气流运动使液体蒸发，称为质量蒸发。其蒸发速度 $Q_g$ 为：

表 3-13　某些地面的导热系数

| 地面情况 | $\kappa/\mathrm{J}\cdot(\mathrm{m}\cdot\mathrm{K})^{-1}$ | $\alpha/\mathrm{m}^2\cdot\mathrm{s}^{-1}$ | 地面情况 | $\kappa/\mathrm{J}\cdot(\mathrm{m}\cdot\mathrm{K})^{-1}$ | $\alpha/\mathrm{m}^2\cdot\mathrm{s}^{-1}$ |
|---|---|---|---|---|---|
| 水泥 | 1.1 | $1.29\times10^{-7}$ | 湿地 | 0.6 | $3.3\times10^{-7}$ |
| 土地（含水8%） | 0.9 | $4.3\times10^{-7}$ | 沙砾地 | 2.5 | $1.1\times10^{-6}$ |
| 土地（干涸） | 0.3 | $2.3\times10^{-7}$ | | | |

$$Q_{\mathrm{g}} = \alpha_{\mathrm{m}} Sh \frac{A}{L}\rho_1 \tag{3-22}$$

式中　$\alpha_{\mathrm{m}}$——分子扩散系数，$\mathrm{m}^2/\mathrm{s}$；

$Sh$——舍伍德（Sherwood）数；

$A$——液池面积，$\mathrm{m}^2$；

$L$——液池长度，m；

$\rho_1$——液体的密度，$\mathrm{kg/m}^3$。

### 3.2.3　泄漏物质在水中的扩散

液体泄漏事故若发生在货船、岸边或穿越河流的管线上，液体危险物质在水流的作用下将呈浓度梯度向外扩散，危险物质所到之处，特别是河流的下游方向将会受到不同程度的污染。

若泄漏源是一维瞬时面源，危险物质可于较短时间内在与水流垂直的断面上完全混合，则扩散方程可表示为：

$$c(x,t) = \frac{m}{\sqrt{2\pi}\sigma_x}\exp\left[\frac{-(x-vt)^2}{2\sigma_x^2}\right] \tag{3-23}$$

式中　$x$——河流下游方向上的距离，m；

$t$——扩散时间，s；

$m$——断面单位面积上的泄漏源强，$\mathrm{g/m}^2$；

$v$——水流速度，$\mathrm{m/s}$；

$\sigma_x$——扩散长度尺寸，m，其关系式为：

$$\sigma_x = \sqrt{\frac{2k_x x}{v}} \tag{3-24}$$

$k_x$——纵向扩散系数，其关系式为：

$$k_x = 0.11\frac{u^2 w^2}{uh}$$

$w$——河流宽度，m；

$h$——河流水深，m；

$u$——剪切流速，$\mathrm{m/s}$，其关系式为：

$$u = \sqrt{gi\frac{wh}{2h+w}}$$

$i$——坡降。

若河流是宽浅型的，则泄漏源为二维瞬时线源，其扩散方程可表示为：

$$c(x,y,t) = \frac{m}{2\pi\sigma_x\sigma_y}\exp-\left[\frac{(x-vt)^2}{2\sigma_x^2}+\frac{y^2}{2\sigma_y^2}\right] \tag{3-25}$$

式中　$x$——河流下游方向上的距离，m；

　　　　$y$——垂直水流方向上的扩散距离，m；

　　　　$t$——扩散时间，s；

　　　$m$——泄漏源强，$g/m^2$；

　　　$v$——水流速度，m/s；

$\sigma_x$，$\sigma_y$——扩散长度尺寸，m，其关系式为：

$$\sigma_x = \sigma_y = \sqrt{\frac{2\varepsilon_x x}{v}} = \sqrt{\frac{2\varepsilon_y x}{v}} \tag{3-26}$$

　$\varepsilon_x$，$\varepsilon_y$——紊流扩散系数，可取为 $0.6hv$。

因此，泄漏源为二维瞬时线源时，可计算出被危险物质污染的河流下游的距离 $x$ 满足：

$$x < \frac{2vw^2}{3hv}$$

## 3.3　气体的扩散

### 3.3.1　气体喷射扩散浓度分布的计算

气体喷射指泄漏时气体从泄漏口喷出而形成的喷射。大多数情况下，气体直接喷出后，其压力高于周围环境大气压力，温度低于环境温度。在进行气体喷射计算时，应以等效喷射的孔口直径计算，等效喷射的孔口直径按下式计算：

$$D = D_0 \sqrt{\frac{\rho_0}{\rho}} \tag{3-27}$$

式中　$D$——等效喷射孔径，m；

　　　$D_0$——泄漏口孔径，m；

　　　$\rho_0$——泄漏气体的密度，$kg/m^3$；

　　　$\rho$——周围环境条件下气体的密度，$kg/m^3$。

如果气体泄漏能瞬时达到周围环境的温度和压力，即 $\rho_0 = \rho$，则 $D = D_0$。

在喷射轴线上距孔口 $x$ 处的气体浓度 $c(x)$ 按下式计算：

$$c(x) = \frac{(b_1 + b_2)/b_1}{0.32 \dfrac{x}{D} \dfrac{\rho}{\sqrt{\rho_0}} + 1 - \rho} \tag{3-28}$$

式中　$b_1$，$b_2$——分布函数，其表达式如下：

$$b_1 = 50.5 + 48.2\rho - 9.95\rho^2$$
$$b_2 = 23 + 41\rho$$

如果把式(3-28)改写成 $x$ 是 $c(x)$ 的函数形式，则给定某浓度值 $c(x)$，就可算出具有该浓度的点至孔口的距离 $x$。

在喷射轴线上距泄漏口 $x$ 且垂直于喷射轴线的平面任一点处的气体浓度为：

$$\frac{c(x,y)}{c(x)} = \exp\left[-b_2\left(\frac{y}{x}\right)^2\right] \tag{3-29}$$

式中　$c(x,y)$——距泄漏口 $x$ 处且垂直于喷射轴线的平面内 $y$ 点的气体浓度，$kg/m^3$；

　　　$c(x)$——喷射轴线上距泄漏口 $x$ 处的气体浓度，$kg/m^3$；

　　　$b_2$——分布函数；

　　　$y$——目标点到喷射轴线的距离，m。

### 3.3.2 气体或液体闪蒸形成的蒸气绝热扩散半径与浓度的计算

闪蒸液体或加压气体瞬时泄漏后，有一段快速扩散时间，假定此过程相当快以致在混合气团和周围环境之间来不及热交换，则称此扩散为绝热扩散。

根据 TNO 提出的绝热扩散模型，泄漏气体或液体闪蒸形成的蒸气气团呈半球形向外扩散。根据浓度分布情况，把半球分成内外两层，内层浓度均匀分布，且具有 50% 的泄漏量；外层浓度成高斯分布，具有另外 50% 的泄漏量。

绝热扩散过程分为两个阶段。第一阶段，气体向外扩散至大气压力，在扩散过程中气团获得动能，称为"扩散能"；第二阶段，扩散能将气团向外推，使紊流混合空气进入气团，从而使气团范围扩大。当内层扩散速度降到一定值时，可以认为扩散过程结束。

（1）气团内层扩散半径与浓度。气团内层半径 $R_1$ 和浓度 $c$ 是时间的函数，表达式如下：

$$R_1 = 2.72\sqrt{k_d t} \tag{3-30}$$

$$c = \frac{0.00597 V_0}{(k_d t)^{\frac{3}{2}}} \tag{3-31}$$

式中　$t$——扩散时间，s；

　　　$V_0$——在标准状态下气体体积，$m^3$；

　　　$k_d$——紊流扩散系数，按下式计算：

$$k_d = 0.0137 \sqrt[3]{V_0} \sqrt{E} \left( \frac{\sqrt[3]{V_0}}{t\sqrt{E}} \right)^{\frac{1}{4}} \tag{3-32}$$

　　　$E$——气体或闪蒸液体蒸发的蒸气团扩散能，J。

气体泄漏扩散能按下式计算：

$$E = c_V (T_1 - T_2) - 0.98 p_0 (V_2 - V_1) \tag{3-33}$$

闪蒸液体蒸发的蒸气团扩散能按下式计算：

$$E = [H_1 - H_2 - T_b(S_1 - S_2)]W - 0.98(p_1 - p_0)V_1 \tag{3-34}$$

式中　$c_V$——比定容热容，J/（kg·K）；

　　　$T_1$——气团初始温度，K；

　　　$T_2$——气团压力降至大气压力时的温度，K；

　　　$p_0$——环境压力，Pa；

　　　$V_1$——气团初始体积，$m^3$；

　　　$V_2$——气团压力降至大气压力时的体积，$m^3$；

　　　$H_1$——泄漏液体初始焓，J/kg；

　　　$H_2$——泄漏液体最终焓，J/kg；

　　　$T_b$——液体的沸点，K；

$S_1$——液体蒸发前的熵，$J/(kg \cdot K)$；

$S_2$——液体蒸发后的熵，$J/(kg \cdot K)$；

$W$——液体蒸发量，$kg$；

$p_1$——初始压力，$Pa$。

如上所述，当中心扩散速度（$dR/dt$）降到一定值时，第二阶段才结束。临界速度的选择是随机的且不稳定的。设扩散结束时扩散速度为 $1m/s$，则在扩散结束时内层半径 $R_1$ 和浓度 $c$ 可按下式计算：

$$R_1 = 0.08837E^{0.3}V_0^{\frac{1}{3}} \tag{3-35}$$

$$c = 172.95E^{-0.9} \tag{3-36}$$

（2）气团外层扩散半径与浓度。第二阶段末气团外层的大小可根据实验观察得出，即扩散终结时外层气团半径 $R_2$ 可由下式近似求得：

$$R_2 = 1.465R_1 \tag{3-37}$$

式中 $R_1$，$R_2$——气团内层、外层半径，$m$。

外层气团浓度自内层向外层呈高斯分布。

### 3.3.3 气团在大气中的扩散

液体、气体泄漏后在泄漏源附近扩散，例如，在泄漏源上方形成气云，气云将在大气中进一步扩散，影响广大区域。因此，气云在大气中的扩散成为重大事故后果分析的重要内容。

气云在大气中的扩散情况与气云自身性质有关。当气云密度小于空气密度时，气云将向上扩散而不会影响下面的居民；当气云密度大于空气密度时，气云将沿着地面扩散，给附近人员带来严重的危害。如果泄漏物质易燃、易爆，则局部空间的体积分数很容易达到燃烧、爆炸范围，且维持时间较长，增大了发生燃烧、爆炸的可能性。

根据物质泄漏后所形成的气云物理性质的不同，可以将描述气云扩散的模型分为重气扩散模型和非重气扩散模型两种。

#### 3.3.3.1 重气扩散

危险物质泄漏后会由于以下三个方面的原因而形成比空气重的气体：

（1）泄漏物质的分子量比空气大，如氯气等物质。

（2）由于储存条件或者泄漏的温度比较低，泄漏后的物质迅速闪蒸，而来不及闪蒸的液体泄漏后形成液池，其中一部分液态介质以液滴的方式雾化在蒸气介质中并达到气液平衡。因此泄漏的物质在泄放初期，形成夹带液滴的混合蒸气云团，使蒸气密度高于空气密度，如液化石油气等。

（3）由于泄漏物质与空气中的水蒸气发生化学反应导致生成物质的密度比空气大。

判断泄漏后的气体是否为重气，可以用 $R_i$ 来判断，它表示质点的湍流作用导致的重力加速度变化值与高度为 $h$ 的云团由于周围空气对其剪切作用而产生的加速度的比值，其表达式为：

$$R_i = \frac{(\rho - \rho_a)gh}{\rho_a^2 v} \tag{3-38}$$

式中　$\rho$，$\rho_a$——云团和空气的密度，$kg/m^3$；

　　　　$g$——重力加速度，$m/s^2$；

　　　　$v$——空气对云团的剪切力产生的摩擦速度，$m/s$。

通常定义一个临界$R_{i0}$，当$R_i$超过$R_{i0}$时，即认为该扩散物质为重气。$R_{i0}$的选取具有很大的不确定性，其值一般取10。

A　重气扩散模型

（1）经验模型。经验模型即 BM 模型，它是根据一系列重气扩散的实验数据绘制成的图表，Hanna 等对其进行了无因次处理并拟合成解析公式，发现能与 Britter 和 Mc Quaid 绘制的试验曲线吻合得较好。该模型具有简单、易用的特点。

（2）一维模型。该类模型主要包括用于重气瞬时泄漏的箱模型和用于连续泄漏的板块模型。重气形成后会由于重力的作用而在近地面扩散，一维模型认为其扩散过程包括如下几个阶段。

1）重力沉降阶段。重气泄漏后由于其密度比周围空气的密度大，云团的顶部会由于重力的作用而下陷，从而导致云团径向尺寸增大，高度减少。

2）重气扩散向非重气扩散转换阶段。在此阶段云团会发生空气卷吸，空气卷吸的过程就是云团稀释冲淡的过程。空气卷吸分为顶部空气卷吸和侧面空气卷吸，总的空气卷吸质量等于两者之和。试验以及模型的预测结果表明：与顶端空气卷吸质量比较，侧面空气卷吸的质量可以忽略，在此阶段除了由于卷吸空气的进入而导致云团的体积、质量发生变化外，云团还会与周围环境发生热量交换从而导致云团温度的变化。

3）被动扩散阶段。此阶段由于云团的密度接近或者小于空气，受浮力的影响，云团向高处扩散。判断的准则为前述的$R_i$准则。此后其扩散模拟可采用高斯模型进行计算。

（3）三维流体力学模型。该类模型是基于计算流体力学（CFD）的数值方法，以纳维方程为理论依据，结合一些初始条件和边界条件，加上数值计算理论和方法，从而实现预报真实过程中各种场的分布。该方法在原理上具有可以模拟任何复杂情况下的重气扩散过程的能力，克服了一维模型中辨识和模拟重气的下沉、空气的卷吸等各种物理效应时所遇到的许多问题。目前 CFD 的数值方法主要是对重气扩散的湍流模拟，由于重气扩散过程发生在大气边界层内，尤其是靠近地面的底层，即近地层，而大气边界层研究的主要是湍流输送的问题，其中比较成熟的湍流模拟模型有$k-\varepsilon$模型，且国内外不同的学者对该模型均做过不同的修正。

（4）浅层模型。由于一维模型基于很多理想化的假设而导致结果不能够很好地反映重气扩散的动态过程，而三维模型计算又过于复杂，因此产生了浅层模型。该类模型克服了一维模型的缺点，同时保留了三维模型能够准确模拟扩散过程中各种场变化的优点。典型的浅层模型为 SLAB 模型和 TWODEE 模型，它们能够模拟连续泄漏以及瞬时泄漏的重气扩散过程。

B　重气扩散影响因素

影响重气扩散的因素很多，根据其泄漏的实际情况以及国内外的研究现状，可归纳如下：

（1）初始释放状态。初始释放状态包括泄漏物质的存储相态、存储的压力及温度、存储容器的填充程度、泄漏源在存储容器上的位置、泄漏的面积、泄漏形式（瞬时泄漏或连续泄漏）、泄漏物质的密度等，这些因素均会影响重气在大气中的扩散。例如，泄漏物质是加压液化储存还是常态储存直接决定了泄漏物质在扩散过程中与外界环境的热量交换；泄漏形式是瞬时泄漏还是连续泄漏导致所使用的重气扩散的模型不同；泄漏物质的密度直接影响泄漏物质是否为重气的判断，同时影响由重气转变为非重气的时间。

（2）环境风速与风向。风速对重气扩散的影响是复杂的，不同高度的风速是不断变化的，风速的增大会加剧重气和空气之间的传热和传质，使得重气的扩散加剧，风速对扩散气云的迎风面和背风面的影响也不一样。风速越大，风对重气云团的平流输送作用越大，同时使紊流扩散作用增大，导致重气云团的体积分数下降，下风向处气体体积分数降低，重气与周围空气的热量交换加剧。实验结果表明：风速较大时，下风向各处气体体积分数较小，风速较小时，下风向各处气体体积分数较大。对于倾斜表面的重气扩散，风向平行于斜面与风向平行于水平地面时的扩散情况也是不一样的。

（3）地表粗糙度。重气在扩散过程中，若遇到障碍物，风场结构会发生变化，使重气扩散情况变得复杂，特别是当泄漏源在障碍物的背风面时，由于低压会发生回流，导致重气在泄漏源附近的体积分数较高，不利于其扩散。研究表明，不同类型的障碍物导致地表粗糙度不同，对重气扩散的影响也不同。

（4）空气湿度。空气湿度对扩散的影响主要表现在两个方面：1）空气湿度影响空气的密度进而影响扩散气云转变为重气的时间；2）空气湿度影响气云与外界环境之间的热量交换。

（5）大气温度与稳定度。重气扩散过程中会卷吸大量的空气，因此存在其与空气之间的热量交换，空气的温度直接影响重气云团的温度以及其转变为非重气的时间。大气稳定度与气温的垂直分布有关，不同温度层的重气云团的状态不同，一般来说，对于近地源，不稳定条件是有利的，可以加速重气的扩散；而对于高架源，不稳定条件是不利的，因为重气容易扩散到地面附近并积聚。

（6）地面坡度。当重气在有坡度的斜面上扩散时，其情况比平坦地形上的重气扩散要复杂得多。实验结果表明：坡度对重气扩散具有重要的影响，不同的坡度对扩散的影响不同。对于瞬时扩散，坡度越大，云团到达同一地点的时间越短，云团在斜面上的停留时间越短。同时气云在斜面上顺风和逆风扩散的状态也是不同的，关于斜面上重气扩散的风向问题，目前国内外对此还没有研究，而多数情况只是假设重气在斜面上顺风扩散。

（7）太阳辐射。重气在扩散过程中不仅与卷吸的空气和地面发生热量的交换，同时太阳的热辐射也对其产生影响。太阳热辐射影响泄漏物质的蒸发量进而影响重气扩散时的体积分数，太阳辐射越强，蒸发量越多，重气体积分数越高，扩散所需要的时间便越长。

### 3.3.3.2　非重气扩散

根据气云密度与空气密度的大小，将气云分为重气云、中性气云和轻气云三类。如果气云密度显著大于空气密度，气云将受到方向向下的重力作用，这样的气云称为重气云。如果气云密度显著小于空气密度，气云将受到方向向上的浮力作用，这样的气云称为轻气云。如果气云密度与空气密度相当，气云将不受明显的浮力作用，这样的气云称为中性气云。轻气云和中性气云统称为非重气云。非重气云的空中扩散过程可用众所周知的高斯模型描述。

泄漏气体或气体与空气混合后的密度接近空气密度时，重力下沉与浮力上升作用可以忽略，扩散主要是由空气的湍流决定。在假设均匀湍流场的条件下，有害物质在扩散截面的浓度分布呈高斯分布，所以称为高斯扩散。

高斯（Gauss）模型包括高斯烟羽模型和高斯烟团模型。烟羽模型适用于连续点源的泄漏扩散，而烟团模型适用于瞬时点源的泄漏扩散。

高斯扩散模型建立较早，模型简单，实验数据充分，应用非常广泛。在重气泄漏场合，可以先使用重气模型，当湍流扩散起主要作用时，再改用高斯扩散模型。

A　扩散方程和基本条件

（1）扩散基本方程。在均匀流场中，根据菲克定律和质量守恒，可以建立有害气体的三维扩散基本方程：

$$\frac{\partial c}{\partial t} = E_{t,x}\frac{\partial^2 c}{\partial x^2} + E_{t,y}\frac{\partial^2 c}{\partial y^2} + E_{t,z}\frac{\partial^2 c}{\partial z^2} - u_x\frac{\partial c}{\partial x} - u_y\frac{\partial c}{\partial y} - u_z\frac{\partial c}{\partial z} - Kc \tag{3-39}$$

式中　　　　$c$——有害物质质量浓度，$kg/m^3$；

　　　　　　$t$——扩散时间，s；

$E_{t,x}$、$E_{t,y}$、$E_{t,z}$——$x$、$y$、$z$方向上的湍流扩散系数，常数；

$u_x$、$u_y$、$u_z$——$x$、$y$、$z$方向上的平均风速，m/s；

　　　　　　$K$——衰减系数，常数。

（2）瞬时泄漏扩散方程：

$$\frac{\partial c}{\partial t} + u_x\frac{\partial c}{\partial x} = E_{t,x}\frac{\partial^2 c}{\partial x^2} + E_{t,y}\frac{\partial^2 c}{\partial y^2} + E_{t,z}\frac{\partial^2 c}{\partial z^2} \tag{3-40}$$

在大气场中，只考虑$x$方向风速，风向与$x$轴一致，即$u_x = 0$、$u_y = 0$；忽略地面吸收等造成的有害物质衰减，即$K = 0$。

有风时：

$$\frac{\partial c}{\partial t} = E_{t,x}\frac{\partial^2 c}{\partial x^2} + E_{t,y}\frac{\partial^2 c}{\partial y^2} + E_{t,z}\frac{\partial^2 c}{\partial z^2} \tag{3-41}$$

无风时：

$$u_x\frac{\partial c}{\partial x} = E_{t,y}\frac{\partial^2 c}{\partial y^2} + E_{t,z}\frac{\partial^2 c}{\partial z^2} \tag{3-42}$$

式（3-41）说明：有风条件下，稳态时某位置的质量浓度不随时间变化；在风向上的湍流扩散可以忽略。

B　无边界点源模型

（1）瞬时点源扩散。无风条件下的瞬时点源扩散模型为：

$$\frac{\partial c}{\partial t} = E_{t,x}\frac{\partial^2 c}{\partial x^2} + E_{t,y}\frac{\partial^2 c}{\partial y^2} + E_{t,z}\frac{\partial^2 c}{\partial z^2} \tag{3-43}$$

先考虑沿$x$方向的一维扩散：

$$\frac{\partial c}{\partial t} = E_{t,x}\frac{\partial^2 c}{\partial x^2} \tag{3-44}$$

初始条件：$t = 0$时，$x = 0$处，$c \to \infty$；$x \neq 0$处，$c \to 0$。

边界条件：$t \to \infty$时，$c \to 0$，$-\infty < x < +\infty$。

解得

$$c(x,t) = \frac{1}{2(\pi E_{t,x}t)^{\frac{1}{2}}}\exp\left(-\frac{x^2}{4E_{t,x}t}\right) \tag{3-45}$$

源强为 $Q$ 时的浓度分布为：

$$c(x,t) = \frac{Q}{2(\pi E_{t,x}t)^{\frac{1}{2}}}\exp\left(-\frac{x^2}{4E_{t,x}t}\right) \tag{3-46}$$

三维时：

$$c(x,y,z,t) = \frac{Q}{8(\pi^3 E_{t,x}E_{t,y}E_{t,z}t^3)^{\frac{1}{2}}}\exp\left[-\frac{1}{4t}\left(\frac{x^2}{E_{t,x}} + \frac{y^2}{E_{t,y}} + \frac{z^2}{E_{t,z}}\right)\right] \tag{3-47}$$

令　$\sigma_x^2 = 2E_{t,x}t$，则

$$c(x,y,z,t) = \frac{Q}{(2\pi)^{\frac{3}{2}}\sigma_x\sigma_y\sigma_z}\exp\left[-\left(\frac{x^2}{2\sigma_x^2} + \frac{y^2}{2\sigma_y^2} + \frac{z^2}{2\sigma_z^2}\right)\right] \tag{3-48}$$

式中　$\sigma_x$，$\sigma_y$，$\sigma_z$——下风向、横风向和竖直风向的扩散系数，m。

有风时，气云中心按风速运动，做坐标变换即得：

$$c(x,y,z,t) = \frac{Q}{(2\pi)^{\frac{3}{2}}\sigma_x\sigma_y\sigma_z}\exp\left[-\left(\frac{(x-\overline{u}_xt)^2}{2\sigma_x^2} + \frac{y^3}{2\sigma_y^2} + \frac{z^2}{2\sigma_z^2}\right)\right] \tag{3-49}$$

式中　$\overline{u}_x$——环境平均风速，m/s。

（2）连续点源。有风条件下连续点源扩散的浓度分布为：

$$c(x,y,z) = \frac{Q}{4\pi x(E_{t,y}E_{t,z})^{\frac{1}{2}}}\exp\left[-\frac{\overline{u}_x}{4x}\left(\frac{y^2}{E_{t,y}} + \frac{z^2}{E_{t,z}}\right)\right] \tag{3-50}$$

令

$$\sigma_x^2 = 2E_{t,x}t = \frac{2E_{t,x}x}{\overline{u}_x}$$

$$\sigma_y^2 = 2E_{t,y}t = \frac{2E_{t,y}x}{\overline{u}_x}$$

$$\sigma_z^2 = 2E_{t,z}t = \frac{2E_{t,z}x}{\overline{u}_x}$$

则

$$c(x,y,z) = \frac{Q}{2\pi\overline{u}_x\sigma_y\sigma_z}\exp\left[-\left(\frac{y^2}{2\sigma_y^2} + \frac{z^2}{2\sigma_z^2}\right)\right] \tag{3-51}$$

C　有界点源扩散

假设地面像镜子一样可以完全反射有害物质，如图 3-4 所示，则有害物质的实际浓度为由真实源计算的浓度和由与真实源对称的虚源计算的浓度之和。

（1）高架连续点源。设泄漏源有效高度为 $H$，取其在地面投影为坐标原点，$x$ 轴指向风向。如图 3-5 所示。考虑地面反射作用，可得高架连

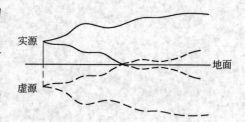

图 3-4　有界点源反射图

续点源泄漏的浓度分布为：

$$c(x,y,z,H) = \frac{Q}{2\pi\bar{u}\sigma_y\sigma_z}\exp\left(-\frac{y^2}{2\sigma_y^2}\right)\left\{\exp\left[-\frac{(z-H)^2}{2\sigma_z^2}\right] + \exp\left[-\frac{(z+H)^2}{2\sigma_z^2}\right]\right\} \quad (3\text{-}52)$$

高架连续点源地面浓度，即当 $z=0$ 时：

$$c(x,y,0,H) = \frac{Q}{\pi\bar{u}\sigma_y\sigma_z}\exp\left(-\frac{y^2}{2\sigma_y^2}\right)\exp\left(-\frac{H^2}{2\sigma_z^2}\right) \quad (3\text{-}53)$$

高架连续点源地面轴向浓度，即当 $y=0$，$z=0$ 时：

$$c(x,0,0,H) = \frac{Q}{\pi\bar{u}\sigma_y\sigma_z}\exp\left(-\frac{H^2}{2\sigma_z^2}\right)$$

$$(3\text{-}54)$$

高架连续点源的地面最大浓度：

$$c_{\max} = \frac{2Q}{\pi e \bar{u}H^2}\frac{\sigma_z}{\sigma_y} \quad (3\text{-}55)$$

即当 $y=0$，$z=0$ 时，假设 $\dfrac{\sigma_y}{\sigma_z}=a=$ 常数时，对 $\sigma_z$ 求导并令其等于 0，可得：

$$\sigma_z\big|_{x=x_{\max}} = \frac{H}{\sqrt{2}} \quad (3\text{-}56)$$

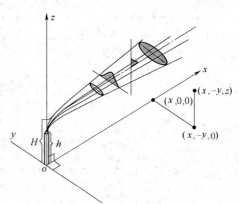

图 3-5  高架连续点源坐标示意图

（2）地面连续点源扩散。地面连续点源的扩散模式，即当 $H=0$ 时：

$$c(x,y,z,0) = \frac{Q}{\pi\bar{u}\sigma_y\sigma_z}\exp\left(-\frac{y^2}{2\sigma_y^2}\right)\exp\left(-\frac{z^2}{2\sigma_z^2}\right) \quad (3\text{-}57)$$

地面连续点源轴线的浓度，即当 $y=0$，$z=0$，$H=0$ 时：

$$c(x,0,0,0) = \frac{Q}{\pi\bar{u}\sigma_y\sigma_z} \quad (3\text{-}58)$$

（3）高架瞬时点源。设释放源有效高度为 $H$，取释放源在地面投影为坐标原点，进行坐标变换并考虑地面的反射作用，则可将无边界瞬时点源扩散模型转换为高架瞬时点源模型。

无风时：

$$c(x,\ y,\ z,\ t) = \frac{Q}{(2\pi)^{\frac{3}{2}}\sigma_x\sigma_y\sigma_z}\exp\left(-\frac{x^2}{2\sigma_x^2}-\frac{y^2}{2\sigma_y^2}\right)\left(-\exp\frac{(z-H)^2}{2\sigma_z^2}-\exp\frac{(z-H)^2}{2\sigma_z^2}\right)$$

$$(3\text{-}59)$$

有风时：

$$c(x,\ y,\ z,\ t) = \frac{2Q}{(2\pi)^{\frac{3}{2}}\sigma_x\sigma_y\sigma_z}\exp\left[-\left(\frac{(x-\bar{u}_x t)^2}{2\sigma_x^2}+\frac{y^2}{2\sigma_y^2}+\frac{z^2}{2\sigma_z^2}\right)\right] \quad (3\text{-}60)$$

（4）地面瞬时点源。地面瞬时点源扩散模式，即当 $H=0$ 时：

$$c(x,\ y,\ z,\ t) = \frac{2Q}{(2\pi)^{\frac{3}{2}}\sigma_x\sigma_y\sigma_z}\exp\left[-\left(\frac{x^2}{2\sigma_x^2}+\frac{y^2}{2\sigma_y^2}+\frac{z^2}{2\sigma_z^2}\right)\right] \quad (3\text{-}61)$$

D　大气稳定度与扩散参数

（1）大气稳定度分级。

1）帕斯奎尔（Pasquill）分级法。帕斯奎尔根据从天空中观测的风速、云量、云状和日照等天气资料，将大气的扩散能力分为六个稳定度级别，见表3-14。吉福德（Gifford）在此基础上建立了扩散系数与下风向距离的函数关系，并绘成 P-G 曲线图。根据大气稳定度级别查图即可知道扩散参数。

表 3-14　大气稳定度级别划分表

| 地面风速 /m·s$^{-1}$ | 白天太阳辐射 | | | 阴天的白天 或夜间 | 有云的夜间 | |
|---|---|---|---|---|---|---|
| | 强 | 中 | 弱 | | 薄云遮天或 低云≥5/10 | 云量≤4/10 |
| <2 | A | A～B | B | D | | |
| 2～3 | A～B | B | C | D | E | F |
| 3～5 | B | B～C | C | D | D | E |
| 5～6 | C | C～D | D | D | D | D |
| >6 | C | D | D | D | D | D |

注：1. A 为极不稳定，B 为不稳定，C 为弱不稳定，D 为中性，E 为弱稳定，F 为稳定；

2. A～B 按 A、B 数据内插；

3. 规定日落前 1h 至日出后 1h 为夜间；

4. 不论什么天气状况，夜晚前后各 1h 算中性；

5. 仲夏晴天中午为强日照，寒冬中午为弱日照（中纬度）；

6. 云量：目视估计云蔽天空的百分数。观测时，将天空划分 10 份，为之遮蔽的百分数即为云量，无云则为零。

这种稳定度的划分方法不很严格，对同一天气状况，不同的人可能选用不同的稳定度级别。因此，不少人提出了改进方法，如我国的 GB/T 13201—91。

2）P-T 法。P-T 法是特纳尔（Turner）提出的一套根据太阳高度角和云高、云量确定太阳辐射等级，再由辐射等级和 10m 高处风速确定稳定度级别的方法。

（2）扩散参数的表示。扩散参数和下风向距离的关系以函数形式表示，使用比较方便，其幂函数形式是一种常用的表示方法：

$$\sigma_y = ax^b，\ \sigma_z = cx^d \tag{3-62}$$

式中的扩散参数系数见表3-15。

表 3-15　世界银行推荐的扩散参数系数表

| 稳定度 | 系　　数 | | | |
|---|---|---|---|---|
| | $a$ | $b$ | $c$ | $d$ |
| A | 0.527 | 0.865 | 0.28 | 0.90 |
| B | 0.371 | 0.866 | 0.23 | 0.85 |
| C | 0.209 | 0.897 | 0.22 | 0.80 |
| D | 0.123 | 0.905 | 0.20 | 0.76 |
| E | 0.098 | 0.902 | 0.15 | 0.73 |
| F | 0.065 | 0.902 | 0.12 | 0.67 |

E 虚拟点源扩散

（1）点源。释放源的几何尺寸为0，相应的浓度为无穷大。一般的小尺寸泄漏可采用式（3-63）计算：

$$\sigma_y = ax^b, \qquad \sigma_z = cx^d \tag{3-63}$$

（2）虚拟点源（见图3-6）。

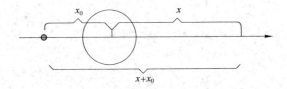

图3-6 虚拟点源示意图

（3）各情形的虚拟点源。

1）重气云团或重气云羽。在转变点，重气云团是高度为 $H$、半径为 $R$ 的圆柱体，重气云羽的截面是高度为 $H$、半宽为 $L$ 的矩形。

假设在转变点，风向上某点有一虚拟点源，将该点源按高斯模型处理，在转变点处中心线的浓度等于转变点处云团或云羽的浓度，水平扩散系数为 $\sigma_{y0}$，垂直扩散系数为 $\sigma_{z0}$。令：

$$\sigma_{y0} = \frac{R}{2.14} \quad 或 \quad \frac{L}{2.14} \tag{3-64}$$

$$\sigma_{z0} = \frac{H}{2.14} \tag{3-65}$$

根据扩散系数与下风向距离的关系可以反算出转变点到虚拟点源的距离 $xy$ 和 $xz$。$xy$ 和 $xz$ 可以不相等。

液池蒸发时，蒸发的气体呈密度均匀的圆柱体，处理方法与重气扩散相同。

2）闪蒸与绝热扩散气云。气云瞬时绝热膨胀，采用绝热扩散模型处理，可得到扩散结束后半球形气云的半径和密度。

将气云半径作为该点的高斯扩散的水平和垂直扩散系数，根据扩散系数与距离的关系计算虚拟点源的位置，然后再按高斯点源模型处理。

3）喷射扩散。喷射扩散的转变点处，可将浓度为中轴线浓度10%的圆的直径，作为高斯扩散在此点的扩散系数，用它来计算虚拟点源的位置。

由于喷射扩散的稀释速度比高斯扩散快，所以虚拟点源在泄漏口的上风向。

### 3.3.3.3 计算示例

用高斯连续地面点源模型计算丙烷泄漏扩散情况。假设丙烷泄漏质量流量为 1kg/s。

将扩散系数代入高斯连续地面点源模型，得到下风向任意点浓度的计算式，给定浓度即可求相应坐标。图3-7是采用 Mathematic 绘制的等浓度图，图中三条曲线从内到外依次为爆炸下限（41g/m³）、中度危害浓度（18g/m³）和最高允许浓度（1g/m³）。

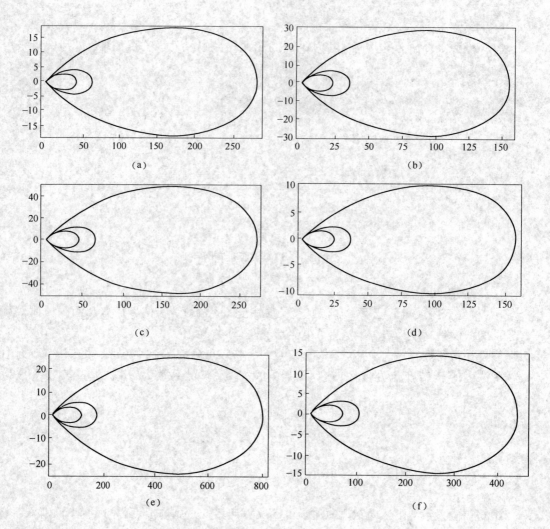

图 3-7　丙烷蒸气扩散等浓度图（单位：m）

（a）大气稳定度 A 级，风速 1m/s；（b）大气稳定度 A 级，风速 3m/s；（c）大气稳定度 D 级，风速 1m/s；
（d）大气稳定度 D 级，风速 3m/s；（e）大气稳定度 F 级，风速 1m/s；（f）大气稳定度 F 级，风速 3m/s

# 思 考 题

3-1　讨论气体泄漏喷射线速度与气体压力的关系。

3-2　推导喷射扩散截面上浓度与轴线浓度 10% 的圆半径的计算关系式。

3-3　设备、管道的主要泄漏形式有哪些？

3-4　高斯烟羽模型的适用范围有哪些？

3-5　写出计算 20m³ 液氨泄漏可以使用的泄漏模型。

# 4 化工燃烧与爆炸

化工生产过程中使用的原料、中间产品及产品多为易燃、易爆物质，稍有不慎，就可能发生火灾、爆炸事故，造成严重后果。因此，研究化工企业的燃烧和爆炸的特点、机理，防火防爆措施等，对保证企业的安全生产，保障劳动者和人民群众的生命安全，保护国家财产免遭损失具有重要意义。

## 4.1 燃　　烧

### 4.1.1　燃烧的特征

#### 4.1.1.1　燃烧的概念

燃烧，俗称"着火"。燃烧是可燃物质与助燃物质（氧或其他助燃物质）发生的一种发光发热的剧烈的氧化反应。在这类化学反应中，失掉电子的物质被氧化，获得电子的物质被还原。所以，氧化反应并不限于同氧的反应。例如，氢在氯中燃烧生成氯化氢。氢原子失掉一个电子被氧化，氯原子获得一个电子被还原。类似地，如金属钠在氯气中燃烧，炽热的铁在氯气中燃烧。

#### 4.1.1.2　燃烧的特征

燃烧现象属于氧化还原反应，但氧化还原反应并不都属于燃烧反应。燃烧必须具备三个特征：放热、发光、生成新物质。燃烧反应中旧键断裂时吸收能量要比新键生成时放出的能量少，所以燃烧都是放热反应。燃烧时发光的主要原因，一是白炽的固体粒子，如火焰中的碳粒；二是某些不稳定的（或受激发的）中间物质。燃烧形成新物质是因为发生了氧化还原反应。

只有具备放热、发光、生成新物质三个特征才能称之为燃烧，否则，就不能称为燃烧。如在铜与稀硝酸的反应中，反应结果生成硝酸铜，其中铜失掉两个电子被氧化，但是该反应中没有同时产生光和热，所以不能称为燃烧。另外，灯泡中的灯丝连通电源后虽然同时发光、发热，但是由于它没有新物质生成，所以也不是燃烧。

### 4.1.2　燃烧的条件

#### 4.1.2.1　燃烧三要素

物质燃烧过程的发生和发展，必须具备三个要素：可燃物、助燃物和点火源。也称"火三角"，见图4-1。只有这三个条件同时具备，才可能发生燃烧现象，无论缺少哪一个条件，燃烧都不能发生。

（1）可燃物。所谓可燃物，通俗地说是指可以燃烧的物质，确切地说是指能与空气中的氧或其他氧化剂发生燃烧化学反应的物质。

可燃物种类繁多，不胜枚举。可燃物按其物理状态分为气体可燃物、液体可燃物和固体可燃物三种类型。

（2）助燃物。助燃物是指能帮助可燃物燃烧的物质，即能与可燃物质发生燃烧反应的物质。氧气是最常见的一种助燃物。多数可燃物质能在空气中燃烧，也就是说，燃烧的助燃物（如氧气）这个条件广泛存在着，而且采用防火措施时，其还不便被消除。此外，生产中也存在其他助燃物质，如氯、氟、溴、碘以及硝酸盐、氯酸盐、高锰酸盐、过氧化氢、过氯酸盐、金属过氧化物、硝酸铵等。

图 4-1   燃烧三要素

（3）点火源。点火源是指能够使可燃物与助燃物发生燃烧反应的能量来源。这种能量既可以是热能、光能、电能、化学能，也可以是机械能。根据点火源产生能量的来源不同，点火源可分为火焰、火星、高热物体、电火花、静电火花、撞击、摩擦化学反应热、光线聚焦等。

#### 4.1.2.2   燃烧的充分条件

可燃物、助燃物和点火源是构成燃烧的三个基本条件，缺少其中任何一个，燃烧都不能发生。然而，燃烧反应在温度、压力、反应物组成和点火能等方面都存在着极限值。在某些情况下，虽然具备了燃烧的基本条件，但如果可燃物的数量不够，氧气不足或点火源的热量不大，温度不够，燃烧也不能发生，即只有达到一定量变，才能发生质变。所以，要发生燃烧，除了满足上述三个基本条件外，还必须具备以下充分条件：

（1）一定量的可燃物。要发生燃烧，必须使可燃物与助燃物（氧化剂）达到一定的浓度比例，如果可燃物与助燃物比例不当，燃烧就不一定发生。例如，氢气在空气中的含量处于 4% ~ 75% 之间时就能着火甚至爆炸，但若氢气在空气中的含量低于 4% 或高于 75% 时，既不能发生着火，也不能发生爆炸。由此说明，虽然有可燃物质，但若其挥发的气体或蒸气浓度不够，即使有空气（氧化剂）和点火源的接触，也不能发生燃烧。

（2）一定量的助燃物。要使可燃物燃烧，助燃物的数量必须足够，否则燃烧就会减弱，甚至熄灭。例如，点燃的蜡烛用玻璃罩起来，不使周围空气进入，经过较短时间后，蜡烛就会熄灭。通过对玻璃内气体的分析，发现这些气体中还含有 16% 的氧气，这说明蜡烛在氧含量低于 16% 的空气中不能燃烧。因此，可燃物燃烧都需要有一个最低氧化剂浓度（即氧含量），低于此氧含量燃烧就不会发生。由于可燃物性质不同，其燃烧时所需要的氧含量是不相同的；在等量情况下，某些物质完全燃烧所需要的氧含量也有差异，表 4-1 列出了部分可燃物燃烧所需要的最低氧含量。

表 4-1   部分可燃物燃烧所需要的最低氧含量

| 可燃物名称 | 最低氧含量/% | 可燃物名称 | 最低氧含量/% |
| --- | --- | --- | --- |
| 汽油 | 14.4 | 乙炔 | 3.7 |
| 乙醇 | 15.0 | 氢气 | 5.9 |
| 煤油 | 15.0 | 大量棉花 | 8.0 |
| 丙酮 | 13.0 | 黄磷 | 10.0 |
| 乙醚 | 12.0 | 橡胶屑 | 12.0 |
| 二硫化碳 | 10.5 | 蜡烛 | 16.0 |

（3）一定能量点火源。无论何种能量的点火源，都必须达到一定的强度才能引起可燃物质着火。也就是说，点火源必须有一定的温度和足够的热量，否则，燃烧便不会发生。物质燃烧所需点火源的强度，取决于不同可燃物的着火温度，即引起燃烧的最小点火能量，低于这个能量便不能引起可燃物燃烧。例如，从烟囱冒出来的炭火星，温度约有600℃，已超过了一般可燃物的燃点，如果这些火星落在易燃的柴草或刨花上，就能引起燃烧，这说明这种火星所具有的温度和热量能引起这些物质的燃烧；但如果这些火星落在大块木料上，就会很快熄灭，不能引起燃烧，这又说明这种火星虽有相当高的温度，但缺乏足够的热量，因此不能引起大块木料的燃烧。再如，生活中人们要生炉子，总要先用废纸、刨花、木炭等容易着火的物质来引火，这也是利用这些物质燃烧时放出的热量把炉子里的煤炭（焦炭）加热到一定温度使其燃烧，之后由于煤炭（焦炭）本身燃烧放出大量的热，炉子里保持着相当高的温度，煤炭（焦炭）便能持续自行加热燃烧。由此说明，只有具备一定温度和热量的点火源，才能引起可燃物质的燃烧，不同的可燃物质，燃烧时所需要的温度和热量各不相同。表4-2为几种常见可燃物需要的最小点火能。

表4-2 几种常见可燃物需要的最小点火能

| 物质名称 | 最小点火能/mJ | 物质名称 | 最小点火能/mJ | |
|---|---|---|---|---|
| | | | 粉尘云 | 粉尘 |
| 汽油 | 0.2 | 铝粉 | 10 | 1.6 |
| 氢 | 0.019 | 合成醇酸树脂 | 20 | 80 |
| 乙炔 | 0.019 | 硼 | 60 | |
| 甲烷（8.5%） | 0.28 | 苯酚树脂 | 10 | 40 |
| 丙烷 | 0.26 | 沥青 | 20 | 6 |
| 乙醚 | 0.19 | 聚乙烯 | 30 | |
| 甲醇 | 0.215 | 聚苯乙烯 | 15 | |
| 苯 | 0.55 | 砂糖 | 30 | |
| 丙酮 | 1.2 | 硫黄 | 15 | 1.6 |
| 甲苯 | 2.5 | 钠 | 45 | 0.004 |
| 乙酸乙烯 | 0.7 | 肥皂 | 60 | 3.84 |

（4）可燃物、助燃物和点火源三者的相互作用。实验证明，燃烧不仅必须具备可燃物、助燃物和点火源，并且还要满足相互之间的数量比例，同时还必须使三者相互结合，相互作用，否则，燃烧便不能发生。例如：在教室里有桌、椅、门、窗等可燃物质，有充满空间的助燃物（空气），有火源（电源），即构成燃烧的条件俱在，可是并没有发生燃烧现象，这就是因为这些条件没有相互作用的缘故。

## 4.1.3 燃烧的分类

燃烧有许多种类型，根据燃烧要素构成的条件和瞬间发生的特点可分为闪燃、着火、爆燃和自燃等。

（1）闪燃。闪燃是指在一定温度下，液体（包括可熔化的固体，如萘、樟脑、硫黄、石蜡、沥青等）表面上因产生足够的可燃蒸气，遇火能产生一闪即灭的燃烧现象。也就是说，液态可燃物表面会产生可燃蒸气，固态可燃物也会因蒸发、升华或分解产生可燃气体或蒸气，这些可燃气体或蒸气与空气混合而具有可燃性，当遇明火时便会发生一闪即灭的火苗或闪光的现象。

引起液体（或少量固体）产生闪燃现象的最低温度，称为闪点。闪点是衡量可燃液体危险程度的重要参数之一。由定义可知，闪点是对可燃液体而言的，但某些固体由于在室温或略高于室温的条件下即能挥发或升华，以致在周围空气中的浓度也会达到闪燃的浓度，所以也有闪点，如硫黄、萘和樟脑等。一些常见易燃、可燃液体的闪点参见表4-3。

表4-3　常见易燃、可燃液体的闪点

| 液体名称 | 闪点/℃ | 液体名称 | 闪点/℃ |
| --- | --- | --- | --- |
| 汽油 | −58~10 | 甲苯 | 4 |
| 石油醚 | −50 | 甲醇 | 9 |
| 二硫化碳 | −45 | 乙醇 | 13 |
| 乙醚 | −45 | 乙酸丁酯 | 13 |
| 乙醛 | −38 | 石脑油 | 25 |
| 原油 | −35 | 丁醇 | 29 |
| 丙酮 | −17 | 氯苯 | 29 |
| 辛烷 | −16 | 煤油 | 30~70 |
| 苯 | −11 | 重油 | 80~130 |
| 乙酸乙酯 | 1 | 乙二醇 | 100 |

闪燃现象是由于易燃、可燃液体在闪点温度下，蒸发速度还不太快，蒸发出来的气体仅能维持一刹那的燃烧，而却来不及补充新的蒸气以维持稳定的燃烧，因而燃一下就灭了。发生闪燃的条件：一是在环境中存在足够的可燃蒸气，二是具有能够引起闪燃的温度。

（2）着火。着火是指可燃物在与空气共存的条件下，当达到某一温度时，与着火源接触即能引起燃烧，并在着火源离开后仍能持续燃烧的现象。一切物质的燃烧都是从它们的着火开始，着火就是燃烧的开始，并通常以出现火焰为特征。

引起可燃物质着火所需要的最低温度称为燃点，又称着火点或火焰点。

对于可燃性液体，燃点则是指液体表面上的蒸气与空气的混合物接触点火源后出现有焰燃烧（持续时间不小于5s）的最低温度。

（3）爆燃。爆燃是指可燃性气体、蒸气、液体雾滴及粉尘同空气（氧）的混合物发生的爆炸。实际上，这类爆炸就是可燃物与助燃物按一定比例混合后遇点火源发生的带有冲击力的快速燃烧。

闪燃现象出现后，受环境温度等因素的影响，液体蒸发速度往往会加快，这时遇火源就会产生持续燃烧，在一定条件下（如爆炸性混合物达到爆炸极限，并遇到较高的点火能量），就会出现燃烧速度比较快的燃烧现象，即爆燃。因此，闪燃现象往往是爆燃的前兆。由于爆燃能够形成很高的燃烧速度和温度，因此常会直接造成火灾。与闪燃现象相比，爆燃具有很大的火灾危险性。

（4）自燃。自燃是指可燃物在没有外部火花、火焰等点火源的作用下，因受热或自身发热并蓄热而发生的自然燃烧现象。在一定的条件下，可燃物质产生自燃的最低温度叫自燃点，也称引燃温度。可燃物的自燃点越低，火灾危险性越大。

根据热源的不同，物质自燃分为受热自燃和自热自燃（本身自燃）两种。

受热自燃和本身自燃都是可燃物在不接触明火的情况下"自动"发生的燃烧。它们的区别在于导致可燃物升温的热源不同，引起受热自燃的是外部热源，而引起自热自燃的热源来自可燃物内部。

### 4.1.4 燃烧过程及燃烧形式

#### 4.1.4.1 燃烧过程

可燃物质的燃烧一般是在气相中进行的。由于可燃物质的状态不同，其燃烧过程也不相同。

气体最易燃烧，只要提供相应气体的最小点火能，便能着火燃烧。

液体在火源作用下，先蒸发成蒸气，而后氧化分解进行燃烧。与气体燃烧相比，液体燃烧需要多消耗液体变为蒸气的蒸发热。

固体燃烧有两种情况：对于硫、磷等简单物质，受热时首先熔化，而后蒸发为蒸气进行燃烧，无分解过程；对于复合物质，受热时首先分解成其组成部分，生成气态和液态产物，而后气态产物和液态产物蒸气着火燃烧。

各种物质的燃烧过程如图 4-2 所示。从图中可知，任何可燃物质的燃烧都会经历氧化分解、着火、燃烧等阶段。物质燃烧过程的温度变化如图 4-3 所示。$T_初$ 为可燃物质开始加热的温度，初始加热的大部分热量用于可燃物质的熔化或分解，温度上升比较缓慢。到达 $T_氧$ 时，可燃物质开始氧化。由于温度较低，氧化速度不快，氧化产生的热量尚不足以抵消向外界的散热。此时若停止加热，则不会引起燃烧。如继续加热，温度上升很快，到达 $T_自$ 时，即使停止加热，温度仍自行升高，到达 $T'_自$ 时就会着火燃烧起来。这里，$T_自$ 是理论上的自燃点，$T'_自$ 是开始出现火焰的温度，为实际测得的自燃点。$T_燃$ 为物质的燃烧温度。$T_自$ 到 $T'_自$ 间的时间间隔 $Q_诱$ 称为燃烧诱导期，在指导安全上有一定实际意义。

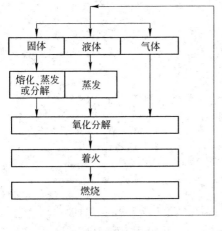

图 4-2 物质的燃烧过程

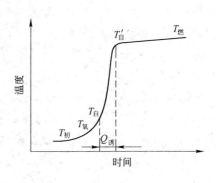

图 4-3 燃烧时间与温度的变化曲线

#### 4.1.4.2　燃烧形式

（1）扩散燃烧。扩散燃烧是指当可燃气体（如氢、乙炔、汽油蒸气等）从管口、管道和容器的裂缝等处流向空气时，由于可燃气体分子和空气分子互相扩散、混合，当浓度达到可燃极限范围时，形成火焰使燃烧继续下去的现象。扩散燃烧的速度取决于扩散速度，一般燃烧较慢。

（2）蒸发燃烧。蒸发燃烧是指液体蒸发产生蒸气，被点燃起火后，形成的火焰进一步加热液体表面，从而加速液体的蒸发，使燃烧继续蔓延和扩大的现象。可燃性液体，如汽油、酒精等，蒸发产生了蒸气被点燃起火后，其放出热量进一步加热液体表面，从而促使液体持续蒸发，使燃烧继续下去。萘、硫黄等在常温下虽为固体，但在受热后会升华产生蒸气或熔融后产生蒸气，故同样属于蒸发燃烧。

（3）分解燃烧。分解燃烧是指在燃烧过程中可燃物首先遇热分解，分解产物和氧反应产生燃烧，如木材、煤、纸等固体可燃物的燃烧，油、脂等高沸点液体和蜡、沥青等低熔点固体烃类的燃烧都属于分解燃烧。

（4）表面燃烧。表面燃烧是指燃烧在空气和固体表面接触部位进行，可燃物表面因接受高温燃烧产物放出的热量，而使表面分子活化。可燃物表面被加热后发生燃烧，燃烧以后的高温气体以同样方式将热量传给下一层可燃物，依此这样继续燃烧下去。例如，木材燃烧，最后分解不出可燃气体，只剩下固体炭，燃烧便在空气和固体炭表面接触部分进行，它能产生红热的表面，却不产生火焰。

（5）混合燃烧。可燃气体与助燃气体在容器内或空间中充分扩散混合，当其浓度在爆炸范围内时，遇火源即会发生燃烧，这种燃烧在混合气所分布的空间中快速进行，所以称之为混合燃烧。混合燃烧速度由化学反应控制，速度快，也称动力燃烧。

### 4.1.5　燃烧的基本理论

#### 4.1.5.1　活化能理论

燃烧是剧烈的化学反应，燃烧的活化能理论基于原子碰撞理论。在标准状况下，1L体积内分子互相碰撞约$10^{28}$次/s。但并不是所有碰撞的分子都能发生化学反应，只有少数具有一定能量的分子互相碰撞才会发生反应。这种少数分子称为活化分子。活化分子的能量要比普通分子平均能量大。超出分子平均能量的定值称为活化能。活化分子碰撞可发生化学反应，故称为有效碰撞。

活化能的概念可以用图4-4说明，横坐标表示反应进程，纵坐标表示分子能量。由图可见，能级Ⅰ的能量大于能级Ⅱ的能量，所以能级Ⅰ的反应物转变为能级Ⅱ的产物，反应过程是放热的。反应的热效应$Q_V$等于能级Ⅱ与能级Ⅰ的能量差。能级K的能量是反应发生所必需的能量。所以，

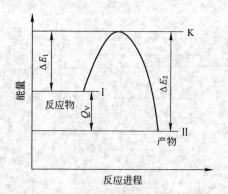

图4-4　活化能示意图

正向反应的活化能$\Delta E_1$等于能级K与能级Ⅰ的能量差，而反向反应的活化能$\Delta E_2$则等于

能级 K 与能级 Ⅱ 的能量差。$\Delta E_2$ 和 $\Delta E_1$ 的差值即为反应的热效应。

当明火接触可燃物质时，其部分分子获得能量成为活化分子，分子有效碰撞次数增加而发生燃烧反应。例如，氧与氢反应的活化能为 25.10kJ/mol，在 27℃ 及 0.1MPa 时，有效碰撞仅为碰撞总数的十万分之一，不会引发燃烧反应。而当接触明火时，活化分子增多，有效碰撞次数大大增加从而发生燃烧反应。

活化能理论指出了可燃物与助燃物两种气体分子发生氧化反应的可能性及条件。气体总是按直线轨迹不断地运动，其运动速度取决于温度。温度越高，气体分子运动越快，反之，温度越低，气体分子运动也越慢。在任一气流中，都有大量的气体分子，当它们进行规律运动时，许多分子会相互碰撞、弹开和改变方向，随着气体温度和能级的提高，这些碰撞会变得更加频繁和剧烈。

### 4.1.5.2 过氧化物理论

过氧化物理论是基于过渡状态理论的。根据过渡状态理论，反应物分子并不只是通过简单碰撞直接形成产物，而是必须经过一个形成活化配合物的过渡状态，并且达到这个过渡状态需要的一定的活化能。例如氢和碘生成碘化氢的反应。

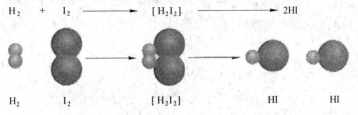

在燃烧反应中，氧首先在热能作用下被活化而形成过氧键—O—O—，可燃物质与过氧键加成为过氧化物。过氧化物不稳定，在受热、撞击、摩擦等条件下，容易分解甚至燃烧或爆炸。过氧化物是强氧化剂，不仅能氧化形成过氧化物的物质，也能氧化其他较难氧化的物质。如氢和氧的燃烧反应，首先生成过氧化氢，而后过氧化氢与氢反应生成水。反应式如下：

$$H_2 + O_2 \longrightarrow H_2O_2$$
$$H_2O_2 + H_2 \longrightarrow 2H_2O$$

有机过氧化物可视为过氧化氢的衍生物，即过氧化氢 H—O—O—H 中的一个或两个氢原子被烷基所取代，生成 H—O—O—R 或 R—O—O—R。所以过氧化物是可燃物质被氧化的最初产物，是不稳定的化合物，极易燃烧或爆炸。如蒸馏乙醚的残渣中常由于形成过氧乙醚而引起自燃或爆炸。

### 4.1.5.3 链式反应理论

链式反应理论认为，在燃烧反应中，气体分子间互相作用，往往不是两个分子直接反应生成最后产物，而是活性分子自由基与分子间的作用。活性分子自由基与另一个分子作用产生新的自由基，新自由基又迅速参加反应，如此延续下去形成一系列连锁反应。自由基是指链式反应体系中存在的一种活性中间物，是链式反应的载体。

链式反应理论是由苏联科学家谢苗诺夫提出的。他认为物质的燃烧要经历以下过程：(1) 可燃物质或助燃物质先吸收能量而离解为自由基。(2) 自由基极其活泼，与其他分子反应时活化能很低。(3) 自由基与其他分子相互作用形成一系列连锁反应，将燃烧热释放出来。例如：

$$ROO \cdot + RH \longrightarrow R \cdot + ROOH$$
$$R \cdot + O_2 \longrightarrow ROO \cdot$$

链式反应主要经过链引发、链发展和链终止三个步骤：（1）链引发。在热、光或引发剂等的作用下，起始分子吸收能量产生自由基的过程。（2）链发展。自由基作用于反应物分子时，产生新的自由基和产物，使反应一个传一个不断进行下去。（3）链终止。自由基销毁，使链式反应不再进行的过程。

链式反应通常分为直链反应和支链反应两种类型。

直链反应的特点是，自由基与价饱和的分子反应时活化能很低，反应后仅生成一个新的自由基。氯和氢的反应是典型的直链反应。在氯和氢的反应中，只要引入一个光子，便能生成上万个氯化氢分子，这正是由于连锁反应的结果。氯和氢的直链反应过程如下：

链的引发 　　　　　　　　$$Cl_2 \xrightarrow{h\nu} 2\dot{Cl}$$

链的传递 　　　　　　　　$$\dot{Cl} + H_2 \longrightarrow HCl + \dot{H}$$

　　　　　　　　　　　　$$\dot{H} + Cl_2 \longrightarrow HCl + \dot{Cl}$$

氢和氧的反应是典型的支链反应。支链反应的特点是，一个自由基能生成一个以上的自由基活性中心。氢和氧的支链反应过程如下：

链的引发 　　　　　$$H_2 + O_2 \xrightarrow{\triangle} 2\dot{OH} \tag{1}$$

　　　　　　　　　$$H_2 + M \xrightarrow{\triangle} 2\dot{H} + M \quad （M 为惰性气体） \tag{2}$$

链的传递 　　　　　$$\dot{OH} + H_2 \longrightarrow \dot{H} + H_2O \tag{3}$$

链的支化 　　　　　$$\dot{H} + O_2 \longrightarrow \dot{O} + \dot{OH} \tag{4}$$

　　　　　　　　　$$\dot{O} + H_2 \longrightarrow \dot{H} + \dot{OH} \tag{5}$$

链的终止 　　　　　$$2\dot{H} \longrightarrow H_2 \tag{6}$$

　　　　　　　$$2\dot{H} + \dot{O} + M \longrightarrow H_2O + M \tag{7}$$

慢速传递 　　　　　$$\dot{HO_2} + H_2 \longrightarrow \dot{H} + H_2O_2 \tag{8}$$

　　　　　　　$$\dot{HO_2} + H_2O \longrightarrow \dot{OH} + H_2O_2 \tag{9}$$

链的引发需有外来能量激发，使分子键破坏生成第一个自由基，如式（1）、式（2）。链的传递（包括支化）是自由基与分子反应，如式（3）、式（4）、式（5）、式（8）、式（9）。链的终止为导致自由基消失的反应，如式（6）、式（7）。

# 4.2　爆　　炸

## 4.2.1　爆炸的概念

（1）爆炸的基本概念。爆炸是物质发生急剧的物理、化学变化，由一种状态迅速转变为另一种状态，并在瞬间释放出巨大能量的现象。爆炸是一种极为迅速的物理或化学的能量释放过程。在此过程中，体系内的物质以极快的速度把其内部所含有的能量释放出来，转变成机械功、光和热等能量形态。所以一旦失控，发生爆炸事故，就会产生巨大的破坏作用。爆炸发生破坏作用的根本原因是构成爆炸的体系内存有的高压气体或在爆炸瞬间生成的高温高压气体或蒸汽的骤然膨胀。爆炸体系和它周围的介质之间发生急剧的压力突变是爆炸的最重要特征，这种压力突跃变化也是产生爆炸破坏作用的直接原因。

（2）爆炸的基本特征。一般说来，爆炸现象具有以下特征：

1）爆炸过程进行得很快；

2）爆炸点附近压力急剧升高，产生冲击波；

3）发出或大或小的响声；

4）周围介质发生震动或邻近物质遭受破坏。

## 4.2.2 爆炸的分类

### 4.2.2.1 根据爆炸的性质不同进行分类

按照爆炸的性质不同，爆炸可分为物理性爆炸、化学性爆炸和核爆炸。

（1）物理性爆炸。物理性爆炸是由物理变化（温度、体积和压力等因素）引起的，在爆炸的前后，爆炸物质的性质及化学成分均不改变。

锅炉的爆炸是典型的物理性爆炸，其原因是过热的水迅速蒸发出大量蒸汽，使蒸汽压力不断提高，当压力超过锅炉的极限强度时，就会发生爆炸。发生物理性爆炸时，气体或蒸汽等介质潜在的能量在瞬间释放出来，因而会造成巨大的破坏和伤害。

（2）化学性爆炸。化学性爆炸是由化学变化造成的。化学性爆炸的物质不论是可燃物质与空气的混合物，还是爆炸性物质（如炸药），都是一种相对不稳定的系统，在外界一定强度的能量作用下，便会产生剧烈的放热反应，产生高温高压和冲击波，从而引起强烈的破坏作用。

根据爆炸时的化学变化，爆炸可分为四类。

1）简单分解爆炸。这类爆炸没有燃烧现象，爆炸时所需要的能量由爆炸物本身分解产生。属于这类物质的有叠氮铅、雷汞、雷银、三氯化氮、三碘化氮、三硫化二氮、乙炔银、乙炔铜等。这类物质是非常危险的，受轻微震动就会发生爆炸，如叠氮铅的分解爆炸反应为：

$$Pb(N_3)_2 \longrightarrow Pb + 3N_2 + Q$$

2）复杂分解爆炸。这类爆炸伴有燃烧现象，燃烧所需的氧由爆炸物自身分解供给。所有炸药如三硝基甲苯、三硝基苯酚、硝化甘油、黑色火药等均属于此类。如硝化甘油炸药的爆炸反应：

$$C_3H_5(ONO_2)_3 \longrightarrow 3CO_2 + 2.5H_2O + 1.5N_2 + 0.25O_2$$

1kg 硝化甘油炸药的分解热为 6688kJ，温度可达 4697℃，爆炸瞬间体积可增大 1.6 万倍，速度达 8625m/s，故能产生强大的破坏力。这类爆炸物的危险性与简单分解爆炸物相比，危险性稍小。

3）爆炸性混合物的爆炸。可燃气体、蒸气或粉尘与空气（或氧）混合后，形成爆炸性混合物，这类爆炸的爆炸破坏力虽然比前两类小，但实际危险却要比前两类大，这是由于化工生产形成爆炸性混合物的机会多，而且往往不易察觉。因此，化工生产的防火防爆是一项十分重要的安全工作内容。爆炸混合物的爆炸需要有一定的条件，即可燃物与空气或氧达到一定的混合浓度，并具有一定的激发能量。此激发能量可来自明火、电火花、静电放电或其他能源。

爆炸混合物可分为：①气体混合物，如甲烷、氢、乙炔、一氧化碳、烯烃等可燃气体与空气或氧形成的混合物。②蒸气混合物，如汽油、苯、乙醚、甲醇等可燃液体的蒸气与空气或氧形成的混合物。③粉尘混合物，如铝粉尘、硫黄粉尘、煤粉尘、有机粉尘等与空气或氧气形成的混合物。④遇水爆炸的固体物质，如钾、钠、碳化钙、三异丁基铝等与水接触，产生的可燃气体与空气或氧气混合形成爆炸性混合物。

4）分解爆炸性气体的爆炸。分解爆炸性气体分解时会产生相当数量的热量，当物质的分解热为80kJ/mol以上时，在激发能源的作用下，火焰就能迅速地传播开来，其爆炸是相当激烈的。通常在一定压力下容易引起该种物质的分解爆炸，而当压力降到某个数值时，火焰便不能传播，这个压力称为分解爆炸的临界压力。如乙炔分解爆炸的临界压力为0.137MPa，在此压力下储存装瓶是安全的，但是若有强大的点火能源，即使在常压下其也具有爆炸危险。

爆炸性混合物与火源接触，便有自由基生成，并成为链锁反应的作用中心，点火后，热以及链锁载体都向外传播，促使邻近一层的混合物产生化学反应，然后这一层又成为热和链锁载体源而引起另一层混合物的反应。在距离火源0.5~1m处，火焰速度只有每秒若干米或者还要小一些，但以后逐渐加速，直到每秒数百米（爆炸）以至数千米（爆轰），若火焰扩散的路程上有障碍物，则由于气体温度的上升及由此而引起的压力急剧增加，可产生极大的破坏作用。

（3）核爆炸。由物质的原子核在发生"裂变"或"聚变"的链锁反应时瞬间放出巨大能量而产生的爆炸，如原子弹、氢弹的爆炸就属于核爆炸。在化工生产过程中，不涉及核爆炸问题，所以本教材对此不作讨论。

#### 4.2.2.2  按照爆炸物的相态分类

按照爆炸物相态的不同，爆炸可分为气相爆炸、液相爆炸和固相爆炸。

（1）气相爆炸。爆炸物为气态，包括可燃性气体和助燃性气体混合物的爆炸、气体的分解爆炸、液体被喷成雾状物引起的爆炸、飞扬悬浮于空气中的可燃粉尘引起的爆炸等。

（2）液相爆炸。爆炸物为液相，包括聚合爆炸、蒸发爆炸以及由不同液体混合所引起的爆炸。例如，硝酸和油脂，液氧和煤粉等混合时引起的爆炸；熔融的矿渣与水接触或钢水包与水接触时，由于过热发生快速蒸发引起的蒸汽爆炸等。

（3）固相爆炸。爆炸物为固相，包括爆炸性化合物及其他爆炸性物质的爆炸（如乙炔铜的爆炸）；导线因电流过载，由于过热，金属迅速气化而引起的爆炸等。

#### 4.2.2.3  按照爆炸的瞬时爆炸速度分类

按照爆炸的瞬时爆炸速度的不同，爆炸可分为轻爆、爆炸和爆轰。

（1）轻爆。轻爆是指物质爆炸时的燃烧速度为每秒数米，爆炸时无多大破坏力，声响也不太大。如无烟火药在空气中的快速燃烧；可燃气体混合物在接近爆炸浓度上限或下限时的爆炸即属于此类。

（2）爆炸。爆炸是指物质爆炸时的燃烧速度为每秒十几米至数百米，爆炸时能在爆炸点引起压力激增，有较大的破坏力，有震耳的声响。可燃性气体混合物在多数情况下的爆炸，以及火药遇火源引起的爆炸等即属于此类。

（3）爆轰。爆轰是指物质爆炸的燃烧速度为每秒 1 千米至数千米，能在爆炸点突然引起极高压力，并产生超声速的"冲击波"。在极短时间内发生的燃烧产物急速膨胀，像活塞一样挤压其周围气体，由于反应所产生的能量有一部分传给被压缩的气体层，于是形成的冲击波依靠它本身的能量的支持，迅速传播并能远离爆轰的发源地而独立存在。同时，爆轰还可引起该处的其他爆炸性气体混合物或炸药发生爆炸，从而产生"殉爆"现象。

### 4.2.3 爆炸极限及其计算

#### 4.2.3.1 爆炸极限的概念

可燃气体或可燃液体蒸气与空气的混合物，并不是在任何混合比例都会发生燃烧爆炸，而是有一个浓度范围，只有在这个浓度范围内遇到一定能量的火源才会发生爆炸，这个遇火能够发生燃烧或爆炸的浓度范围，称为爆炸极限，最低浓度称为爆炸下限，最高浓度称为爆炸上限。

可燃性气体（蒸气）的爆炸极限可按标准《空气中可燃气体爆炸极限测定方法》（GB/T 12474—90）规定的方法测定。爆炸范围通常用可燃气体、可燃蒸气在空气中的体积分数表示，可燃粉尘则用质量浓度（$mg/m^3$）表示。例如：乙醇爆炸范围为4.3%～19.0%，4.3%称为爆炸下限，19.0%称为爆炸上限。爆炸极限的范围越宽，爆炸下限越低，爆炸危险性越大。通常的爆炸极限是在常温、常压的标准条件下测定出来的，它随温度、压力的变化而变化。部分可燃气体（蒸气）的爆炸极限如表4-4所示。

表 4-4 部分可燃气体（蒸气）的爆炸极限

| 可燃气体（蒸气） | 分子式 | 爆炸极限/% | |
| --- | --- | --- | --- |
| | | 下 限 | 上 限 |
| 氢气 | $H_2$ | 4.0 | 75 |
| 氨 | $NH_3$ | 15.5 | 27 |
| 一氧化碳 | $CO$ | 12.5 | 74.2 |
| 甲烷 | $CH_4$ | 5.3 | 14 |
| 乙烷 | $C_2H_6$ | 3.0 | 12.5 |
| 乙烯 | $C_2H_4$ | 3.1 | 32 |
| 苯 | $C_6H_6$ | 1.4 | 7.1 |
| 甲苯 | $C_7H_8$ | 1.4 | 6.7 |
| 环氧乙烷 | $C_2H_4O$ | 3.0 | 80.0 |
| 乙醚 | $(C_2H_5)_2O$ | 1.9 | 48.0 |
| 乙醛 | $CH_3CHO$ | 4.1 | 55.0 |
| 丙酮 | $(CH_3)_2CO$ | 3.0 | 11.0 |
| 乙醇 | $C_2H_5OH$ | 4.3 | 19.0 |
| 甲醇 | $CH_3OH$ | 5.5 | 36 |
| 乙酸乙酯 | $C_4H_8O_2$ | 2.5 | 9 |

#### 4.2.3.2　可燃气体爆炸极限的影响因素

爆炸极限值是随多种不同条件变化而变化的，主要的影响因素有初始温度、初始压力、惰性介质、容器尺寸、点火能源、火焰的传播方向、氧含量等。

（1）初始温度。爆炸性气体混合物的初始温度越高，则爆炸极限范围越宽，即下限降低而上限增高。因为系统温度升高，其分子内能增加，这时活性分子也就相应增多，使原来不燃不爆的混合物变得可燃可爆，所以温度升高可使爆炸的危险性增加。初始温度对甲烷爆炸极限的影响如图4-5所示。

（2）初始压力。在增加压力的情况下，爆炸极限的变化不大。一般压力增加，爆炸极限范围会扩大，且上限随压力增加较为显著。这是因为系统压力增加，物质分子间距缩小，碰撞速率增加，从而使燃烧的最初反应和反应的进行更为容易。压力降低，则气体分子间距拉大，爆炸极限范围会变小。待压力降到某一数值时，其上限会与下限重合，出现一个临界值；若压力再下降，系统便变得不燃不爆。因此，在密闭容器内进行负压操作，对安全生产是有利的。压力对甲烷与空气混合爆炸极限的影响如图4-6所示。

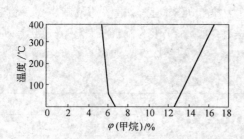

图4-5　初始温度对甲烷爆炸极限的影响

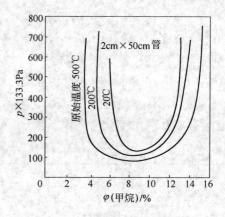

图4-6　压力对甲烷爆炸极限的影响

（3）惰性介质。混合气体中加入惰性气体，可以使其氧含量降低，会导致混合气体爆炸极限降低。当惰性气体含量增加到一定程度时，可以使爆炸范围为零。惰性气体氮气、氩气、二氧化碳、水蒸气及四氯化碳含量对甲烷-空气混合气体爆炸极限的影响见图4-7。从图中可知，惰性气体的加入对爆炸上限的影响很大，随着惰性气体含量的增加，爆炸上限急剧下降，但爆炸下限的改变却相对缓和，部分种类的气体甚至会使爆炸下限略有下降。这是因为在爆炸性混合物中，随着惰性气体含量的增加，氧的含量相对减少，而在爆炸上限浓度下氧的含量本来

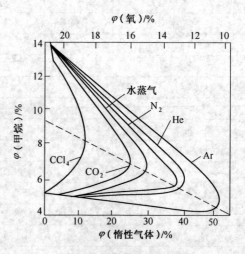

图4-7　各种惰性气体含量对甲烷-空气爆炸极限的影响

已经很小，故惰性气体含量稍微增加一点，即会产生很大影响，使爆炸上限剧烈下降。对于爆炸性气体，水等杂质对其反应影响很大。如干燥的氯没有氧化功能；干燥的空气不能氧化钠或磷；干燥的氢氧混合物在1000℃下也不会产生爆炸。

(4) 容器尺寸。容器的尺寸及形状对爆炸极限也有影响，人们由试验得知，容器的直径越小，爆炸范围越窄。这种现象可以用传热及器壁效应来解释，随着容器或管道直径的减小，单位体积的气体就有更多的热量被器壁吸收。据相关文献研究，当散失的热量达到放出热量的23%时，火焰就会熄灭。

从链式反应理论来看，通道越窄、比表面积越小，自由基与器壁碰撞的概率越大；活性自由基数量减少，从而使得反应链的传递受到阻碍，这种现象称为器壁效应。当器壁间间距小到某一数值时（称为临界直径），这种器壁效应就会使得火焰无法继续传播，阻火器就是根据上述原理设计的。

(5) 点火能源。爆炸性混合物的点火能源，如电火花的能量，炽热表面的面积，火源与混合物接触时间长短等，对爆炸极限都有一定影响。随着点火能量的加大，爆炸范围变宽。点火能量对甲烷-空气混合气体爆炸极限的影响如表4-5所示。

表4-5 标准大气压下点火能量对甲烷-空气混合气体爆炸极限的影响（容器 $V = 7L$）

| 点火能量/J | 爆炸下限/% | 爆炸上限/% | 点火能量/J | 爆炸下限/% | 爆炸上限/% |
|---|---|---|---|---|---|
| 1 | 4.9 | 13.8 | 100 | 4.25 | 15.1 |
| 10 | 4.6 | 14.2 | 10000 | 3.6 | 17.5 |

(6) 火焰传播方向。当在爆炸极限测试管中进行爆炸极限测定时，可发现：在垂直的测试管中，当于下部点火时，火焰由下向上传播时，爆炸下限值最小，上限值最大；当于上部点火时，火焰向下传播，爆炸下限值最大，上限值最小；在水平管中测试时，爆炸上下限值介于前两者之间。火焰传播方向对爆炸极限的影响见表4-6。

表4-6 火焰传播方向对爆炸极限的影响

| 气体名称 | 爆炸下限/% | | | 爆炸上限/% | | |
|---|---|---|---|---|---|---|
| | 火焰从下向上传播 | 火焰从上向下传播 | 火焰水平传播 | 火焰从下向上传播 | 火焰从上向下传播 | 火焰水平传播 |
| 氢 | 4.15 | 8.8 | 6.5 | 75.0 | 74.5 | — |
| 甲烷 | 5.35 | 5.59 | 5.4 | 14.9 | 13.5 | 14.0 |
| 乙烷 | 3.12 | 3.26 | 3.15 | 15.0 | 10.2 | 12.9 |
| 戊烷 | 1.42 | 1.48 | — | 74.5 | 4.64 | |
| 乙烯 | 3.02 | 3.38 | 3.20 | 34.0 | 15.5 | 23.7 |
| 丙烯 | 2.18 | 2.26 | 2.22 | 9.7 | 7.4 | 9.3 |
| 丁烯 | 1.7 | 1.8 | 1.75 | 9.6 | 6.3 | 9.0 |
| 乙炔 | 2.6 | 2.78 | 2.68 | 80.5 | 71.0 | 78.5 |
| 一氧化碳 | 12.8 | 15.3 | 13.6 | 75.0 | 70.5 | — |
| 硫化氢 | 4.3 | 5.85 | 5.3 | 45.5 | 21.3 | 33.5 |

（7）氧含量。可燃气体之所以存在爆炸下限，是由于可燃气体浓度太低、氧过量，所以氧含量增加对爆炸下限的影响不大；可燃气体存在爆炸上限是由于氧含量不足，所以增加氧含量可使爆炸上限提高。例如，甲烷与空气混合物的爆炸极限为 5.3%~14%，在纯氧气中的爆炸极限为 5.1%~61%，由此可见氧含量的增加可使爆炸上限显著增加。某些可燃气体在空气和氧气中的爆炸极限见表 4-7。

表 4-7  某些可燃气体在空气和氧气中的爆炸极限

| 物质名称 | 在空气中爆炸极限 | | 在氧气中爆炸极限 | |
|---|---|---|---|---|
| | 爆炸上限/% | 爆炸下限/% | 爆炸上限/% | 爆炸下限/% |
| 甲烷 | 14 | 5.3 | 61 | 5.1 |
| 乙烷 | 12.5 | 3.0 | 66 | 3.0 |
| 丙烷 | 9.5 | 2.2 | 55 | — |
| 正丁烷 | 8.5 | 1.8 | 49 | 1.8 |
| 异丁烷 | 8.4 | 1.8 | 48 | 1.8 |
| 丁烯 | 9.6 | 2.0 | — | 3.0 |
| 1-丁烯 | 9.3 | 1.6 | 58 | 1.8 |
| 2-丁烯 | 9.7 | 1.7 | 55 | 1.7 |
| 丙烯 | 10.3 | 2.4 | 53 | 2.1 |
| 氯乙烯 | 22 | 4 | 70 | 4 |
| 氢 | 75 | 4 | 94 | 4 |
| 一氧化碳 | 74 | 12.5 | 94 | 15.5 |
| 氨 | 28 | 15 | 79 | 15.5 |

### 4.2.3.3  爆炸极限的计算

（1）闪点法。可燃液体在闪点时的饱和蒸气压，等于处于燃烧爆炸下限的混合气体中可燃气体的体积分数，计算公式如下：

$$L_{下} = \frac{p_{下闪}}{p_{总}} \times 100\% \tag{4-1}$$

式中    $L_{下}$ ——可燃液体的爆炸下限，体积分数；

$p_{总}$ ——混合气体的总压力，Pa，常压时为 $1.013 \times 10^5 Pa$；

$p_{下闪}$ ——爆炸下限（闪点时）该液体的蒸气分压，Pa。

同样也可以利用公式（4-1）计算可燃液体的爆炸上限，只要将式中 $p_{下闪}$ 改为爆炸上限对应的蒸气分压 $p_{上闪}$ 即可。

（2）根据完全燃烧时可燃气体的浓度计算。根据链烷烃类物质完全燃烧时可燃气体的浓度可以估算可燃气体在空气中的爆炸下限，计算公式如下：

$$L_{下} = 0.55 C_0 \tag{4-2}$$

式中    $C_0$ ——可燃气体完全燃烧时的化学计量分数。

如果空气中氧的含量按照 21% 计算，则 $C_0$ 的计算式为：

$$C_0 = \frac{1}{1 + \dfrac{n_0}{0.21}} \times 100 = \frac{21}{0.21 + n_0} \tag{4-3}$$

式中    $n_0$ ——1 个可燃气体分子完全燃烧时所需的氧分子数。

完全燃烧是指燃烧生成了最彻底的氧化产物，如碳氧化为二氧化碳、氢氧化成水。

常压下，25℃的链烷烃在空气中的爆炸，可以采用如下关系式由爆炸下限推算爆炸上限。

$$L_{\text{上}} = 6.5 \sqrt{L_{\text{下}}} \tag{4-4}$$

将式（4-4）带入式（4-2），可得：

$$L_{\text{上}} = 4.8 \sqrt{C_0}$$

（3）多种可燃气体混合物的爆炸极限计算。当混合气体中含有两种以上的可燃气体时，可根据 Le Chatelier 公式计算混合气体爆炸上限和爆炸下限，各关系式如下：

$$L_{\text{下}} = \frac{1}{\sum\limits_{i=1}^{n} \dfrac{y_i}{L_{\text{下}_i}}} \times 100\% \tag{4-5}$$

$$L_{\text{上}} = \frac{1}{\sum\limits_{i=1}^{n} \dfrac{y_i}{L_{\text{上}_i}}} \times 100\% \tag{4-6}$$

式中　$L_{\text{下}_i}$，$L_{\text{上}_i}$——混合气体中组分 $i$ 的爆炸下限和上限,%；

　　　$y_i$——混合气体中组分 $i$ 的摩尔分数，需注意 $\sum\limits_{i=1}^{n} y_i = 1(100)$。

（4）可燃气体与惰性气体混合物的爆炸极限计算。当可燃气体混合物中含有惰性气体时可以用以下经验公式进行计算：

$$L'_{\text{m}} = L_{\text{m}} \frac{1 + \dfrac{B}{1-B}}{100 + L_{\text{m}} \dfrac{B}{1-B}} \times 100\% \tag{4-7}$$

式中　$L'_{\text{m}}$——含有惰性气体的可燃混合气体的爆炸下限和上限；

　　　$L_{\text{m}}$——混合气体可燃部分的爆炸下限或上限；

　　　$B$——惰性气体体积分数。

## 4.2.4　爆炸能量的相关计算

### 4.2.4.1　物理爆炸

（1）压缩气体与水蒸气容器爆破能量。当压力容器中介质为压缩气体，即以气态形式存在而发生物理爆炸时，其释放的爆破能量为：

$$E_{\text{g}} = \frac{pV}{k-1} \left[ 1 - \left( \frac{0.1013}{p} \right)^{\frac{k-1}{k}} \right] \times 10^3 \tag{4-8}$$

式中　$E_{\text{g}}$——气体爆破能量，kJ；

　　　$p$——容器内气体的绝对压力，MPa；

　　　$V$——容器的容积，$\text{m}^3$；

　　　$k$——气体的绝热指数，即气体的比定压热容与比定容热容的比值。

对于常压下的干饱和水蒸气容器的爆破能量可按下式计算：

$$E_{\text{s}} = C_{\text{s}} V \tag{4-9}$$

式中　$E_{\text{s}}$——水蒸气的爆破能量，kJ；

　　　$V$——水蒸气的体积，$\text{m}^3$；

$C_s$——干饱和水蒸气爆破能量系数，kJ/ m³。

（2）介质全部为液体时爆破能量。通常用液体加压时所做的功作为常温液体压力容器爆炸时释放的能量，计算公式如下：

$$E_L = \frac{(p-1)^2 V \beta_t}{2} \tag{4-10}$$

式中　$E_L$——常温液体压力容器爆炸时释放的能量，kJ；

　　　　$p$——液体的压力（绝对压力），Pa；

　　　　$V$——容器的容积，m³；

　　　　$\beta_t$——液体在压力 $p$ 和温度 $T$ 下的压缩系数，$Pa^{-1}$。

（3）液化气体与高温饱和水的爆破能量。液化气体和高温饱和水一般在容器内以气液两态存在，当容器破裂发生爆炸时，除了气体的急剧膨胀做功外，还有过热液体激烈的蒸发过程。在大多数情况下，这类容器内的饱和液体占容器介质质量的绝大部分，它的爆破能量比饱和气体要大得多，故一般计算时不考虑气体膨胀做的功。过热状态下液体在容器膨胀破裂时释放出爆破能量可以按下式计算：

$$E = \left[ (H_1 - H_2) - (S_1 - S_2) T_1 \right] W \tag{4-11}$$

式中　$E$——过热状态下液体的爆破能量，kJ；

　　　　$H_1$——爆炸前液化气体的质量焓，kJ/kg；

　　　　$H_2$——大气压力下饱和液体的质量焓，kJ/kg；

　　　　$S_1$——爆炸前液化气体的质量熵，kJ/(kg·K)；

　　　　$S_2$——在大气压力下饱和液体的质量熵，kJ/(kg·K)；

　　　　$T_1$——介质在大气压力下的沸点，K；

　　　　$W$——饱和液体的质量，kg。

饱和水容器的爆破能量按下式计算：

$$E_w = C_w V \tag{4-12}$$

式中　$E_w$——饱和水的爆破能量，kJ；

　　　　$V$——饱和水的体积，m³；

　　　　$C_w$——饱和水爆破能量系数，kJ/ m³。

#### 4.2.4.2　化学爆炸

化学爆炸中典型的爆炸形式为蒸气云爆炸，大量可燃性气体或挥发性液体外泄，与空气形成爆炸性混合物，遇火源而爆炸，产生破坏性的超压。可根据 TNT 当量计算其能量。TNT 当量：

$$W_{TNT} = \alpha W_f \beta Q_f / Q_{TNT} \tag{4-13}$$

式中　$\alpha$——蒸气云的 TNT 当量系数，取 4%；

　　　　$W_f$——爆炸时燃烧掉的物质总质量，kg；

　　　　$\beta$——地面爆炸系数，取 1.8；

　　　　$Q_f$——燃料的燃烧热，kJ/kg；

　　　　$Q_{TNT}$——TNT 的爆热，4520kJ/kg。

# 4.3　防火防爆技术措施

## 4.3.1　防火防爆的一般原则

### 4.3.1.1　火灾和爆炸的区别与关系

（1）火灾和爆炸的发展明显不同。火灾有初期阶段、发展阶段、猛烈阶段和衰弱阶段等过程，即在起火后火场火势是逐渐蔓延扩大的，随着时间的延续，损失数量迅速增长。因此，火灾的初期扑救尚有意义。而爆炸的突发性强，破坏作用大，爆炸过程在瞬间完成，人员伤亡及物质财产损失也在瞬间造成。因此，对爆炸事故更应强调以"防"为主。

（2）火灾和爆炸可能同时发生，也可能相互引发和转化。

爆炸可能引起火灾。爆炸抛出的易燃物可能引起火灾，如油罐爆炸后，由于油品外泄往往引起火灾。

火灾也可能引起爆炸。火灾中的明火及高温可能引起周围易燃物爆炸，如炸药库失火，会引起炸药爆炸；一些在常温下不会爆炸的物质，如醋酸，在火场高温下有变成爆炸物的可能。

因此，发生火灾时，要谨防火灾转化为爆炸；发生爆炸时，也要谨防引发火灾的可能；要考虑以上复杂情况，及时采取措施防火防爆。

### 4.3.1.2　预防火灾和爆炸的一般原则

防火防爆的根本目的是使人员伤亡、财产损失降到最低。由火灾和爆炸发生的基本条件和关系可知，采取预防措施是控制火灾和爆炸的根本办法。

在制定防火防爆措施时，可以从以下四个方面去考虑：

（1）预防性措施。这是最基本、最重要的措施。我们可以把预防性措施分为两大类：消除导致火灾和爆炸灾害的物质条件（即可燃物与氧化剂的结合）及消除导致火灾和爆炸灾害的能量条件（即点火或引爆能源），从而从根本上杜绝发火（引爆）的可能性。

（2）限制性措施。即一旦发生火灾或爆炸事故，限制其蔓延扩大及减少其损失的措施。如安装阻火、泄压设备，设置防火墙、防爆墙等。

（3）消防措施。配备必要的消防设施，在万一不慎起火时，能及时扑灭。特别是如果能在着火初期将火扑灭，就可以避免发生大火灾或引发爆炸。从广义上讲，这也是防火防爆措施的一部分。

（4）疏散性措施。预先采取必要的措施，如建筑物、车辆上等人员集中场所设置安全门或疏散楼梯、疏散通道等。一旦发生较大火灾时，能迅速将人员或重要物资撤到安全区，以减少损失。在实际生产中，为了便于管理、防盗等原因而将门窗加固、堵死等行为都是违反防火要求的，也是造成损失的原因之一。

## 4.3.2　火灾和爆炸的预防措施

根据火灾和爆炸发生的条件可知，可燃物、助燃物、点火源是火灾和爆炸发生的基本条件，预防火灾和爆炸事故的基本措施也是控制系统中的可燃物、助燃物和点火源。

**4.3.2.1　可燃物的控制措施**

控制可燃物，就是使可燃物达不到燃烧所需要的数量、浓度，或使可燃物难以燃烧，或用不可燃材料取而代之，从而消除发生爆炸的物质基础。

（1）控制气态可燃物。利用爆炸极限、相对密度等特性控制气态可燃物，使其不形成爆炸性混合气体。常见措施如下：

1）当容器或设备中装有可燃气体或蒸气时，根据生产工艺要求，可增加可燃气体的浓度或用可燃气体置换容器或设备中原有的空气，使其中的可燃气体浓度高于爆炸上限。

2）散发可燃气体或蒸气的车间或仓库，应加强通风换气，防止形成爆炸性气体混合物。其中排风口应根据气体的相对密度设在房间的上部或下部。

3）对有泄漏可燃气体或蒸气的危险场所，应在泄漏点周围设立禁火警戒区，同时用机械排风或喷雾水枪驱散可燃气体或蒸气。若撤销禁火警戒区，则需用可燃气体测爆仪检测该场所可燃气体浓度是否处于爆炸极限浓度之外。

4）盛装可燃液体的容器需焊接动火检修时，一般需排空液体、清洗容器，并用可燃气体测爆仪检测容器中可燃蒸气浓度是否达到爆炸下限，在确认无爆炸危险时才能动火进行检修。

（2）控制液态可燃物。利用闪点、燃点、爆炸极限等特性控制液态可燃物。常见措施如下：

1）根据生产和生活的需要，用不燃液体或闪点较高的液体代替闪点较低的液体。例如，用四氯化碳代替汽油作溶剂，可消除着火危险性。

2）通过降低可燃性液体的温度，降低液面上可燃蒸气的浓度，使蒸气浓度低于爆炸浓度下限。

3）利用不燃液体稀释可燃液体，可使混合液体的闪点、燃点和爆炸浓度下限上升，从而会减少火灾和爆炸危险性。例如，用水稀释乙醇等，便会起到这种作用。

4）对于在正常条件下有聚合放热和自燃危险的液体，在储存过程中应加入阻聚剂，以防止该物质暴聚而发生火灾或爆炸事故。

（3）控制固态可燃物。利用燃点、自燃点等特性控制一般的固态可燃物。常见措施如下：

1）选用砖石等不燃材料代替木材等可燃材料作为建筑材料，可以提高建筑物的耐火极限。例如，截面 20cm × 20cm 的砖柱或钢筋混凝土块，其耐火极限为 2h，而截面 20cm × 20cm 的实心木柱（外有 2cm 厚的抹灰粉刷层），其耐火极限只有 1h。

2）选用燃点或自燃点较高的可燃材料或难燃材料代替易燃材料，可减少火灾危险性。例如，用醋酸纤维素代替硝酸纤维素制造电影胶片，燃点可由 180℃ 提高到 475℃，可以避免硝酸纤维素胶片在长期储存或使用过程中出现自燃危险。

3）用防火涂料涂刷木材、纸张、纤维板、金属构件、混凝土构件等可燃材料或不燃材料，可以提高这些材料的燃点、自燃点。

**4.3.2.2　助燃物的控制措施**

控制助燃物，就是使可燃气体、液体、固体不与空气、氧气或其他氧化剂等助燃物接触，或将它们隔离开来，即使有点火源作用，也因为没有助燃物参与而不致发生燃烧爆炸，通常可通过下面途径达到这一目的。

（1）密闭设备系统。把可燃性气体、液体或粉体物料放在密闭设备或容器中储存或操作，可以避免它们与外界空气接触而形成燃爆体系。为了保证设备系统的密闭性，可采取以下措施：

1）对有燃爆危险物料的设备和管道，尽量采用焊接，减少法兰连接。如必须采用法兰连接，应根据操作压力大小，分别采用平面、凹凸面等不同形状的法兰，同时衬垫要严实，螺栓要拧紧。

2）所采用的密封垫圈，必须符合工艺温度、压力和介质的要求，一般工艺可用石棉橡胶垫圈；有高温、高压或强腐蚀性介质的工艺，宜采用聚四氟乙烯塑料垫圈。近几年来，有些机泵改成端面机械密封，防腐蚀密封效果较好；如果采用填料密封达不到要求，可加水封和阀门，并将物料从顶部抽吸排出。

3）输送燃爆危险性大的气体、液体管道，最好用无缝钢管。盛装腐蚀性物料的容器尽可能不设开关和阀门，物料可从顶部抽吸排出。

4）接触高锰酸钾、氯酸钾、硝酸钾、漂白粉等粉状氧化剂的生产传动装置，要严加密封，经常清洗，定期更换润滑油，以防止粉尘漏进变速箱中与润滑油混合接触而引起火灾。

5）对加压和减压设备，在投入生产前和定期检修时，应做气密性检验和耐压强度试验。在设备运行时，可用皂液、pH试纸或其他专门方法检验气密状况。

（2）惰性气体保护。所谓惰性气体，是指那些化学活泼性差、没有燃爆危险的气体。如氮气、二氧化碳、水蒸气等，其中使用较多的是氮气。它们可以隔绝空气，冲淡氧量，减小甚至消除可燃物与助燃物形成爆燃浓度的可能性。

惰性气体保护，主要应用于以下几个方面：

1）易燃固体物质的粉碎、筛选处理及其粉末输送，可采用惰性气体覆盖保护；

2）易燃易爆物料系统投料前，为消除原系统内的空气，防止系统内形成爆炸性混合物，可采用惰性气体置换；

3）在有火灾和爆炸危险的设备、管道上设置惰性气体接头，以作为发生危险时备用保护措施和灭火手段；

4）采用氮气压送易燃液体；

5）有易燃易爆危险的生产场所，可对有发生火花危险的电器、仪表等采用充氮正压保护；

6）易燃易爆生产系统需要检修，在拆开设备前或需动火时，可用惰性气体进行吹扫和置换，发生危险物料泄漏时可用惰性气体稀释，发生火灾时，可用惰性气体进行灭火。

使用惰性气体时应根据不同的物料系统采用不同的惰性介质和供气装置，不能乱用。因为惰性气体与某些物质可以发生化学反应，如水蒸气可以同许多酸性气体生成酸而放热，二氧化碳可同许多碱性气体物质生成盐而堵塞管道和设备。

还要特别指出的是：在生产中许多生产装置将惰性气体系统与危险物料系统连接在一起，故要防止危险物料窜入惰性气体系统而造成事故。一般临时用惰性气体的装置应采用随用随接，不用断开的方式。常用惰性气体的装置应该设置超压报警自动切断装置，并且在生产停车时应将惰性气体断开。

（3）隔绝空气储存。遇空气或受潮、受热极易自燃的物质可以采用隔绝空气进行安全储存。例如，金属钠储存于煤油中，黄磷储存于水中，二硫化碳用水封存等。

### 4.3.2.3　点火源的控制措施

在多数场合，可燃物和助燃物的存在是不可避免的，因此，消除和控制点火源就成为防火防爆的关键。但是，在生产加工过程中，点火源常常是一种必要的热能源，故需科学地对待点火源，既要保证安全地利用有益于生产的点火源，又要设法消除能够引起火灾和爆炸的点火源。

在化工企业中能够引起火灾和爆炸事故的点火源主要有：明火、摩擦与撞击、高温物体、电气火花、光线照射、化学反应热等。

（1）消除和控制明火。明火，是指敞开的火焰、火花、火星等，如吸烟用火、加热用火、检修用火、高架火炬以及烟囱、机械排放火星等。这些明火源是引起火灾和爆炸事故的常见原因，必须严加防范。

1）在有火灾和爆炸危险的场所，应有醒目的"禁止烟火"标志，严禁动火吸烟。吸烟应到专设的吸烟室，不准乱扔烟头和火柴余烬。进入危险区的蒸汽机车，应停止抽风，关闭灰箱，其烟囱上应装设火星熄灭器；驶入的汽车、拖拉机、摩托车等机动车辆，其废气排放管应戴防火帽。

2）生产用明火、加热炉宜集中布置在厂区的边缘，且应位于有易燃物料的设备全年最小频率风向的下风侧，并与露天布置的液化烃设备和甲类生产厂房保持足够防火间距。加热炉的钢支架应覆盖耐火极限不小于 1.5h 的耐火层。烧燃料气的加热炉应设长明灯和火焰监测器。

3）使用气焊、电焊、喷灯进行安装和维修时，必须按危险等级办理动火批准手续，领取动火证，在采取完善的防护措施并确保安全无误后，方可动火作业。另外，焊割工具必须完好，操作人员必须有合格证，作业时必须遵守安全技术规程。

4）全厂性的高架火炬应布置在生产区全年最小频率风向的下风侧；可能携带可燃性液体的高架火炬与相邻居住区、工厂应保持不小于 120m 的防火间距，与厂区内装置、储罐、设施保持不小于 90m 的防火间距。装置内的火炬，其高度应使火焰的辐射热不致影响人身和设备的安全，顶部应有可靠的点火设施和防止下"火雨"的措施；严禁排入火炬的可燃气体携带可燃液体；距火炬筒 30m 范围内，禁止可燃气体放空。

（2）防止撞击火星和控制摩擦热。当两个表面粗糙的坚硬物体互相猛烈撞击或剧烈摩擦时，有时会产生火花，这种火花可认为是撞击或摩擦下来的高温固体微粒。据测试，若火星的微粒直径是 0.1mm 和 1mm，则它们所带的热能分别为 1.76mJ 和 176mJ，超过大多数可燃物质的最小点火能量，足以点燃可燃的"气体、蒸气和粉尘"，故应严加防范。

1）机械轴承因缺油、润滑不均等会摩擦生热，具有引起附着可燃物着火的危险。因此，要求对机械轴承等转动部位及时加油，保持良好润滑，并注意经常清扫附着的可燃污垢。

2）物料中的金属杂质以及金属零件、铁钉等落入反应器、粉碎机、提升机等设备内，由于铁器与机件的碰撞，可能产生火花而招致易燃物料着火或爆炸。因此，要求在有关机器设备上装设磁力离析器，以捕捉和剔除金属硬质物；对研磨、粉碎特别危险物料的机器设备，宜采用惰性气体保护。

3）金属机件摩擦碰撞，钢铁工具相互撞击或与混凝土地面撞击，均能产生火花，引起火灾或爆炸事故。所以，对摩擦或撞击能产生火花的两部分，应采用不同的金属制造，如搅拌机和通风机的轴瓦或机翼采用有色金属制作；扳手等钢铁工具改成铍青铜或防爆合金材料制作等。在有爆炸危险的甲、乙类生产厂房内，禁止穿带钉子的鞋，地面应用摩擦撞击不产生火花的材料铺筑。

4）在倾倒或抽取可燃液体时，由于铁制容器或工具与铁盖相碰能迸发火星而可能引起可燃蒸气燃爆。为防止此类事故的发生，应用铜锡合金或铝皮等不易发火的材料将容易摩碰的部位覆盖起来。搬运盛装易燃易爆化学物品的金属容器时，严禁抛掷、拖拉、摔滚，有的还可加橡胶套垫予以防护。

5）金属导管或容器突然开裂时，内部可燃的气体或液体高速喷出，其中夹带的铁锈粒子与管（器）壁冲击摩擦变为高温粒子，也能引起火灾或爆炸事故。因此，对有可燃物料的金属设备系统内壁表面应作防锈处理，定期进行耐压试验，经常检查其完好状况，发现缺陷，及时处置。

（3）防止和控制高温物体作用。高温物体，一般是指在一定环境中能够向可燃物传递热量，能够导致可燃物着火的具有较高温度的物体。在化工生产中常见的高温物体有：加热装置（加热炉、裂解炉、蒸馏塔、干燥器等）、蒸汽管道、高温反应器、输送高温物料的管线和机泵，以及电气设备和采暖设备等。

这些高温物体温度高、体积大、散发热量多，能引起与其接触的可燃物着火。预防措施如下：

1）禁止可燃物料与高温设备、管道表面接触。在高温设备、管道上不准搭晒可燃衣物。可燃物料的排放口应远离高温物体表面。沉落在高温物体表面上的可燃粉尘、纤维要及时清除。

2）工艺装置中的高温设备和管道要有隔热保护层。隔热材料应为不燃材料，并应定期检查其完好状况，发现隔热材料被泄漏介质侵蚀破损，应及时更换。

3）在散布可燃粉尘、纤维的厂房内，集中采暖的热媒温度不应过高。一般要求热水采暖不应超过130℃，蒸汽采暖不应超过110℃。采暖设备表面应光滑不沾灰尘。在有二硫化碳等低温自燃物的厂（库）房内，采暖的热媒温度不应超过90℃。

4）加热温度超过物料自燃点的工艺过程，要严防物料外泄或空气渗入设备系统。如需排送高温可燃物料，不得用压缩空气，应当用氮气压送。

（4）防止电火花。电火花是一种电能转变成热能的常见点火源。电气火花大体上有：电气线路和电气设备在开关断开、接触不良、短路、漏电时产生的火花，静电放电火花，雷电放电火花等。电气火花引起火灾和爆炸事故的原因及其防范措施见本章有关内容。

（5）防止日光照射和聚光作用。直射的日光通过凸透镜、圆烧瓶或含有气泡的玻璃时，光束会被聚集并形成高温而引起可燃物着火。某些化学物质，如氯与氢、氯与乙烯或乙炔混合在光线照射下能爆炸。乙醚在阳光下长期存放，能生成有爆炸危险的过氧化物。硝化棉及其制品在日光下曝晒，因自燃点低，会自行着火。在烈日下储存低沸点易燃液体的铁桶，可发生爆裂起火。压缩和液化气体的储罐和钢瓶在烈日暴晒下，会因内部压力激增而引起爆炸及次生火灾。因此，应采取如下措施加以防范，以保证安全。

1）不准用椭圆形玻璃瓶盛装易燃液体，用玻璃瓶储存时，不准露天放置。

2）乙醚必须存放在金属桶内或暗色的玻璃瓶中，并在每年4~9月限以冷藏运输。

3）受热易蒸发分解气体的易燃易爆物质不得露天存放，应存放在有遮挡阳光的专门库房内。

### 4.3.3　限制火灾和爆炸事故蔓延扩散的措施

#### 4.3.3.1　限制火灾事故蔓延的措施

阻止火势蔓延，就是阻止火焰或火星窜入有燃烧爆炸危险的设备、管道或空间内，或者阻止火焰在设备和管道中扩展，或者把燃烧限制在一定范围内不致向外传播。其目的在于减少火灾危害，把火灾损失降到最低限度。阻止火势蔓延主要通过设置阻火装置来实现。

（1）阻火装置。阻火装置，通常是指防止火焰或火星作为火源窜入有火灾和爆炸危险的设备或空间内，或者阻止火焰在设备和管道之间扩展的安全器械或安全设备。常用的阻火装置主要有以下几种。

1）安全液封。安全液封是一种湿式阻火装置，通常安装在压力低于0.02MPa（表压）的可燃气体管道和生产设备之间，有敞开式和封闭式两种。液封的阻火原理是：由于液体（通常为水）封在进、出气管之间，在液封两侧的任一方着火，火焰将在液封处熄火，从而起到阻止火势蔓延的作用。液封内的液位应根据生产设备内的压力保持一定的高度。在运行中，对液封的液位要经常进行检查。在寒冷地区，应通入水蒸气或注入防冻液，以防止液封冻结。

2）阻火器。阻火器是阻止可燃气体和可燃液体蒸气的火焰扩展的安全装置。它由带有能通过气体或蒸气的许多细小、均匀或不均匀孔道的固体材料所构成。有金属网、波纹金属片等多种形式的阻火器。其阻火原理是：火焰在管中蔓延的速度随着管径的减小而降低；同时随着管径的减小，火焰通过时的热损失增大，最终使火焰熄灭。

影响阻火器效能的主要因素是阻火器的厚度及其空隙或通道的大小。各式阻火器的内径大小及外壳高度是由连接阻火器的管道直径来决定的，其内径通常是管道直径的4倍。

阻火器通常安装在：输送可燃气体管线之间及管道设备放空管的末端；储存石油产品的油罐上；油气回收系统上；有爆炸危险的通风管道口处；内燃机排气系统上；去加热炉燃料气的管网处；火炬系统上；等等。

3）回火防止器。回火防止器是在气焊和气割时防止火焰倒燃进入容器里并阻止其在管路中蔓延的安全装置。其作用原理同阻火器。

回火防止器根据介质的不同，分为干式和湿式；根据压力的不同，分为低压式和中压式；根据容量不同，分为集中式和岗位式。回火防止器通常安装在乙炔发生器、乙炔瓶、乙炔管道上。乙炔站应安装容量较大的集中式回火阻止器。各操作点应配置容量较小的岗位式回火阻止器，但只能供一把焊枪或割枪使用。回火也可能进入氧气系统，因此，氧气瓶、氧气汇流排气出口和氧气管道在各操作岗位的出气口，也应安装回火防止器。

4）防火阀。防火阀安装在建筑空调、通风系统中，是用以防止火势沿管道蔓延的阻火阀门。它主要依靠易熔合金片或感温、感烟等控制设备在温度作用下动作而起到防火作用。易熔合金片熔化温度为（70±3）℃。防火阀平时应处于开启的使用状态，不得阻碍通风、空调系统的正常工作；当通风管道穿过防火墙时，必须设防火阀；当穿过变形缝时，应在两侧设防火阀，并在2m范围内用非燃烧材料包裹。

5）火星熄灭器。火星熄灭器，俗称防火帽，是用于熄灭由机械或烟囱排放废气中夹带的火星的安全装置。它通常装在汽车、拖拉机、柴油机的排气管上，锅炉烟囱或其他使用鼓风机的烟囱上。其熄灭火星的方式有：①将带有火星的烟气从小容积空间引入大容积空间，使其流速减慢，质量大的火星颗粒沉降下来而不从排烟道飞出；②设置障碍，改变烟气流动方向，增加烟气的流程，使其冷降而熄灭；③设置网格或叶轮，将较大的火星挡住或分散，以加速火星的熄灭；④在烟道内喷水或水蒸气，使火星熄灭。

（2）阻火设施。阻火设施是指把燃烧限定在一定范围内，阻止或隔断火势蔓延的安全构件或构筑物。常用的阻火设施有下面几种。

1）防火门。防火门是指在一定时间内，连同框架在内均能满足耐火稳定性、完整性和隔热性要求的一种防火分隔物。按耐火极限，防火门可分为甲、乙、丙三级。甲级防火门，耐火极限不低于1.2h，用于建筑物划分防火分区的防火墙上。乙级防火门，耐火极限不低于0.9h，用于安全疏散的封闭楼梯间的前室。丙级防火门，耐火极限不低于0.6h，用作建筑物竖向井道的检查门。按所采用的材料和结构的不同，防火门可分为金属、木质、钢木、玻璃和其他结构5种。金属防火门的门框采用钢质外壳内浇灌混凝土制成，门扇采用型钢做骨架，内填岩棉或硅酸铝纤维、硅酸钙板、石棉板等非燃烧隔热材料，外包薄钢板或镀锌板。木质防火门的门框采用经防火涂料处理的木材，门扇采用木骨架，内填岩棉或硅酸铝纤维、硅酸钙板、石棉板等非燃烧隔热材料，外包经防火涂料处理的木质胶合板。钢木防火门的门框采用金属材料，门扇采用木质材料，或双层木板，中间可夹石棉板，外包钢板或镀锌板。玻璃防火门，是在金属、木质、钢木防火门的门扇上镶嵌铅丝防火玻璃或透明复合防火玻璃。对于各种防火门，均要求其必须能够关闭紧密，不能窜入烟火。

2）防火墙。防火墙是指为减少或避免建筑物结构、设备遭受热辐射危害和防止火势蔓延，专门设置在户外的竖向分隔体或直接设置在建筑物基础上或钢筋混凝土框架上的非燃烧体墙，其耐火极限不低于4h。从建筑平面上分，有与屋脊方向垂直的横向防火墙和与屋脊方向一致的纵向防火墙。从位置上分，有内墙防火墙、外墙防火墙和室外独立防火墙。其中，内墙防火墙可以把建筑物划分成若干个防火分区；外墙防火墙是在两幢建筑物因防火间距不足而设置的无门窗孔洞的外墙；室外独立防火墙是当建筑物间的防火间距不足但又不便使用外墙防火墙时而设置的，用以挡住并切断对面的热辐射和冲击波作用。

防火墙是减轻热辐射作用和防止火势蔓延的重要阻火设施，砌筑时必须能够截断燃烧体或难燃烧体的屋顶结构，要求其高出非燃烧体屋面不小于40cm，高出燃烧体和难燃烧体屋面不小于50cm；墙中心距天窗端面的水平距离不小于4m；墙上不应开设门窗孔洞，如必须开设时，应采用甲级防火门窗，并应用非燃烧材料将缝隙紧密填塞；防火墙不应设在建筑物的转角处，如确需设置，则内转角两侧的门窗洞口之间的最近水平距离不应小于4m，紧靠防火墙两侧的门窗洞口之间的最近水平距离不应小于2m。如装有耐火极限不小于0.9h的非燃烧体固定门扇时（包括转角墙上的窗洞），可不受此限。

3）防火带。防火带是一种由非燃烧材料筑成的带状防火分隔物。通常由于生产工艺连续性的要求等原因，无法设防火墙时，可改设防火带。具体做法是：在有可燃构件的建筑物中间划出一段区域，将这个区域内的建筑构件全部改用非燃烧材料，并采取措施阻挡防火带一侧的烟火流窜到另一侧，从而起到防火分隔的作用。防火带中的屋顶结构应用非燃烧材料制成，其宽度不应小于4m，并高出相邻屋脊0.7m。防火带最好设置在厂房、仓库的通道部位，以利于火灾时的安全疏散和扑救工作。

4) 防火卷帘。防火卷帘是指在一定时间内，连同框架能满足耐火稳定性和耐火完整性要求的防火阻隔物。通常设在因使用或工艺要求而不便设置其他防火分隔物的处所，如在设有上、下层相通的走廊、自动扶梯、传送带、跨层窗等开口部位，用以封闭或代替防火墙作为防火分区的分隔设施。

防火卷帘一般由帘板、卷筒、导轨、传动装置、控制装置、护罩等部分组成。帘板通常为钢板重叠组合结构，刚性强，密封性好，体积小，不占使用面积，通过手动或电动使卷帘启闭与火灾自动报警系统联动。以防火卷帘代替防火墙时，必须有水幕保护。防火卷帘可安装外墙门洞上，也可安装在内墙门洞上。要求安装牢固，启闭灵活；应设置限位开关，卷帘运行至上、下限时，能自动停止；还应有延时装置，以保证人员通过。

5) 水封井。水封井是一种湿式阻火设施，设置在含有可燃性液体的污水工业下水道中间，用以防止火焰、爆炸波的蔓延扩展。当两个水封井之间的管线长度超过300m时，此段管线上应增设一个水封井。水封井内的水封高度不得小于250mm。

6) 防火堤。防火堤又称防油堤，是为容纳泄漏或溢出流体而设的防护设施，设置在可燃性液体的地上、半地上储罐或储罐组的四周。

防火堤应用非燃烧材料建造，能够承受液体满堤时的静压力，高度为1~1.6m。堤内侧基角线至立式储罐外壁的距离不应小于储罐高的一半，至卧式储罐的水平距离不应小于3m，两防火堤外侧基角线的距离不应小于10m，堤上应在不同方向设置两个以上的安全出入台阶或坡道，管线穿越防火堤处，应用非燃烧材料封闭。堤内储罐的布置不宜超过两行，但单罐容量不超过1000m³，且闪点超过120℃的液体储罐可不超过4行。堤内的有效容量不应小于最大罐的容量，但为浮顶油罐时可小于最大储罐容量的一半。防火堤分隔范围内，宜设置同类火灾危险性的储罐。沸溢性油品罐应每个罐设一个防火堤或防火分隔堤。平时应注意维护保养防火堤，以保持防火堤的完好有效性。

7) 防火分隔堤。防火分隔堤是分隔泄漏或溢出不同性质的液体的防护设施，它设置在：可燃性液体储罐之间；水溶性和非水溶性的可燃液体储罐之间；相互接触能引起化学反应的可燃液体储罐之间；具有腐蚀性的液体储罐与其他可燃液体储罐之间；等等。

防火分隔堤应用非燃烧材料建造，能够承受液体满堤时的静压力。堤内有效容积应为该分隔堤内最大储罐的容积。平时要注意维修保养，以保持分隔堤的完好有效性。

8) 事故存油罐（槽）。事故存油罐（槽）简称事故罐（槽），是为发生事故时或开罐检修时能容纳泄漏或排放可燃性液体或油品的备用容器。它一般设置在含有液态可燃物料的反应器（锅）群及石油产品和液化石油气储罐区内。其有效容积应为器群中最大反应器或罐区内最大储罐的容量，并应安装快速转换的导液管。

9) 防火集流坑。防火集流坑是容纳某种设备泄漏或溢出可燃性液体（油品）的防护设施。它通常设置在地面下，并用碎石填塞。如设在较大容量的油浸式电力变压器下面的防火集流坑，在发生火灾时，可将容器内的油放入坑中，既能防止油火蔓延，又便于扑救，缩小火灾范围。

4.3.3.2　限制爆炸冲击波扩散的措施

限制爆炸冲击波扩散的措施，就是采取泄压隔爆措施防止爆炸冲击波对设备或建

（构）筑物的破坏和对人员的伤害，这主要是通过在工艺设备上设置防爆泄压装置和在建（构）筑物上设置液压隔爆结构或设施来实现。

（1）防爆泄压装置。防爆泄压装置，是指设置在工艺设备上或受压容器上，能够防止压力突然升高或爆炸冲击波对设备、容器造成破坏的安全防护装置。

1）安全阀。安全阀是防止受压设备和机械内压力超限而发生爆炸的泄压装置。它由阀体、阀芯、加压载荷（环状的重块、重锤、弹簧等）部件组成，有杠杆式、重锤式、弹簧式多种。

安全阀通常安装在不正常条件下可能产生超压甚至破裂的设备或机械上，如：操作压力大于 0.07MPa 的锅炉、钢瓶等压力容器；顶部操作压力大于 0.03MPa 的蒸馏塔、蒸发塔和汽提塔；往复式压缩机的各段出口和电动往复泵、齿轮泵、螺杆泵的出口；可燃气体或可燃液体受膨胀时可能超过设计压力的设备等。

安全阀一般有两个功能：一是排放泄压。当受压容器内部压力超过正常值时，安全阀自动开启，把内部介质释放出去一部分，降低系统压力，防止设备爆炸；当压力降至正常值时，安全阀又自动关闭。二是报警。当设备超压时，安全阀开启并向外排放介质，同时产生气动声响，发出警报。安全阀应每年至少校验一次，以保持灵敏可靠。

2）防爆片。防爆片又称防爆膜、防爆板、自裂盘，是在压力突然升高时能自动破裂泄压的安全装置。它安装在含有可燃气体、蒸气或粉尘等物料的密闭容器或管道上，当设备或管道内物料突然升压或瞬间反应超过设计压力时能够自动破裂泄压。其特点是放出物料多、泄压快、构造简单，适用于物料黏度高和腐蚀性强的设备系统以及物料易于结晶或聚合而可能堵塞安全阀和不允许流体有任何泄漏的场合。

工业上使用的防爆片类型很多，构造各异。根据其破裂特性，防爆片可分为断裂型、碎裂型、剪切型、逆动型多种。

3）呼吸阀。呼吸阀是安装在轻质油品储罐上的一种安全附件，有液压式和机械式两种。液压式呼吸阀由槽式阀体和带有内隔壁的阀罩构成，在阀体和阀罩内隔壁的内外环空间注入沸点高、蒸发慢、凝点低的油品，作为隔绝大气与罐内油气的液封。机械式呼吸阀是一个铸铁或铝铸成的盒子，盒子内有真空阀和压力阀、吸气口和呼气口。

呼吸阀的作用是保持密闭容器内外压力经常处于动态平衡。当储罐输入油品或气温上升时，罐内气体受液体压缩或升温膨胀而从呼吸阀排出。呼吸阀可以防止储罐憋压或形成负压而抽瘪。

在气温较低地区宜同时设置液压式和机械式两种呼吸阀，而液封油的凝固点应低于当地最低气温，以使油罐可靠地呼吸，保证安全运行。呼吸阀下端应安装防止回火的阻火器，并处于避雷设施保护范围内。

4）止回阀。止回阀又称上逆阀、单向阀，是用于防止管路中流体倒流的安全装置，有升降式、旋启式等多种。

止回阀通常设置在：与可燃气体、可燃液体管道及设备相连的辅助管线上；压缩机与油泵的出口管线上；高压与低压相连接的低压系统上。其作用是仅允许流体向一个方向流动，遇有回流时即自动关闭通路，借以防止高压窜入低压引起管道设备的爆裂。在可燃气体、可燃液体管线上，止回阀也可以起到防止回火的作用。

（2）建筑防爆泄压结构或设施。建筑防爆泄压结构或设施，是指在有爆炸危险的厂房所采取的阻爆、隔爆措施，如耐爆框架结构、泄压轻质屋盖、泄压轻质外墙、防爆门窗、防爆墙等。这些泄压构件是人为设置的薄弱环节，当发生爆炸时，它们最先遭到破坏或开启而向外释放大量的气体和热量，使室内爆炸产生的压力迅速下降，从而达到主要承重结构不破坏，整座厂房不倒塌的目的。对泄压构件和泄压面积及其设置的要求如下：

1) 泄压轻质屋盖，根据需要可分别由石棉水泥波形瓦和加气混凝土等材料制成，并有有保温层或有防水层、无保温层或无防水层之分。

2) 泄压轻质外墙分为有保温层和无保温层两种形式。常常采用石棉水泥瓦作为无保温层的泄压轻质外墙，而有保温层的轻质外墙则是在石棉水泥瓦外墙的内壁加装难燃木丝板作保温层，用于要求采暖保温或隔热降温的防爆厂房。

3) 泄压窗可有多种形式，如轴心偏上中悬泄压窗、抛物线塑料板泄压窗、弹簧轧头外开泄压窗等。窗户上通常安装厚度不超过 3mm 的普通玻璃。要求泄压窗能在爆炸力递增稍大于室外风向时，自动向外开启泄压。

4) 泄压设施的泄压面积与厂房体积的比值（$m^2/m^3$）宜采用 0.05 ~ 0.22。爆炸介质威力较强或爆炸压力上升速度较快的厂房，应尽量加大比值。体积超过 $1000m^3$ 的建筑物，如采用上述比值有困难时，可适当降低，但不宜小于 0.03。

5) 作为泄压结构的轻质屋盖和轻质墙体，其质量每平方米不宜超过 120kg。

6) 散发较空气轻的可燃气体、可燃蒸气的甲类厂房宜采用全部或局部轻质屋盖作为泄压设施。

7) 泄压面积的设置应避开人员集中的场所和主要交通道路，并宜靠近容易发生爆炸的部位。

8) 当采用活动板、窗户、门或其他铰链装置作为泄压设施时，必须注意防止打开的泄压孔由于在爆炸正压冲击波之后出现负压而关闭。

9) 爆炸泄压孔不能受到其他物体的阻碍，也不允许冰、雪妨碍泄压孔和泄压窗的开启，需要经常检查和维护。

10) 当起爆点能确定时，泄压孔应设在距起爆点尽可能近的地方。当采用管道把爆炸产物引导到安全地点时，管道必须尽可能短而直，且应朝向陈放物最少的方向设置，任何管道泄压的有效性都随着管道长度的增加而按比例减小。

### 4.3.4　化工火灾和爆炸事故的扑救措施

危险化学品容易发生火灾和爆炸事故，但不同的化学品以及在不同情况下发生火灾时，其扑救方法差异很大，若处置不当，不仅不能有效扑灭火灾，反而会使灾情进一步扩大。此外，由于化学品本身及其燃烧产物大多具有较强的毒害性和腐蚀性，极易造成人员中毒、灼伤。因此，扑救化学危险品火灾是一项极其重要又非常危险的工作。

#### 4.3.4.1　灭火的方法及其基本原理

由燃烧所必须具备的几个基本条件可以得知，灭火就是破坏燃烧条件以使燃烧反应终止的过程。灭火方法可归纳为以下四种：冷却法、窒息法、隔离法和化学抑制法。

（1）冷却法。冷却法的原理是将灭火剂直接喷射到燃烧的物体上，使燃烧的温度降低到燃点之下，从而使燃烧停止；或者将灭火剂喷洒在火源附近的物体上，使其不因火焰热辐射作用而形成新的火点。冷却灭火法是灭火的一种主要方法，常用水和二氧化碳作灭火剂来冷却降温灭火。灭火剂在灭火过程中不参与燃烧过程中的化学反应。这种方法属于物理灭火方法。

（2）窒息法。窒息法是阻止空气流入燃烧区或用不燃物质冲淡空气，使燃烧物得不到足够的氧气而熄灭的灭火方法。具体方法是：用沙土、水泥、湿麻袋、湿棉被等不燃或难燃物质覆盖燃烧物；喷洒雾状水、干粉、泡沫等灭火剂覆盖燃烧物；用水蒸气或氮气、二氧化碳等惰性气体灌注发生火灾的容器、设备；密闭起火建筑、设备和孔洞；把不燃气体或不燃液体（如二氧化碳、氮气、四氯化碳等）喷洒到燃烧物区域内或燃烧物上。

（3）隔离法。隔离法是将正在燃烧的物质和周围未燃烧的可燃物质隔离或移开，中断可燃物质的供给，使燃烧因缺少可燃物而停止。具体方法有：把火源附近的可燃、易燃、易爆和助燃物品搬走；关闭可燃气体、液体管道的阀门，减少和阻止可燃物质进入燃烧区；设法阻拦流散的易燃、可燃液体；拆除与火源相毗连的易燃建筑物，形成防止火势蔓延的空旷地带。

（4）化学抑制法。冷却法、窒息法、隔离法灭火时，灭火剂不参与燃烧反应，属于物理灭火方法。而化学抑制法则是使灭火剂参与到燃烧反应中去，降低燃烧反应中自由基的生成，从而使燃烧的链式反应中断而不能持续进行。常用的干粉灭火剂、卤代烷灭火剂的主要灭火机理就是化学抑制作用。

#### 4.3.4.2 常用的灭火器材

化工企业常用的灭火器有二氧化碳灭火器、干粉灭火器、泡沫灭火器、卤代烷灭火器等，由于卤代烷灭火器对大气中臭氧层的破坏较严重，国际上先进国家已开始对其进行淘汰。所以本书重点介绍二氧化碳灭火器、干粉灭火器和泡沫灭火器。

（1）二氧化碳灭火器。二氧化碳灭火器主要灭火原理：二氧化碳是一种惰性气体，比空气重。当空气中二氧化碳含量达到 30% ~ 35% 时燃烧即可中止。利用这一原理，将易压缩的二氧化碳压缩成液态灌入钢瓶中，使用时将其释放出来，一方面它可以升华带走大量的热，使温度急骤下降至 -78℃，有冷却的作用；另一方面大量的二氧化碳会使空气中的氧气含量降低而使燃烧中止。

二氧化碳灭火器适用范围：由于二氧化碳是一种无色气体，灭火不留痕迹，并有一定的电绝缘性，所以适宜扑救 600V 以下的带电火灾、重要文档、珍贵设备、精密仪器以及油类火灾。

二氧化碳灭火器使用方法：距离燃烧物 5m 左右，拔出保险、抽出插销、一手握住喷筒、一手压下手柄（或逆时针方向旋转开启手轮），对准燃烧物由近及远从侧上方向下喷射（如是液体物质，注意不能直射，以防液体溅起扩大燃烧范围；在空间较小的地方使用应注意及时离开，以防窒息；在有风的地方使用应注意风向）。

二氧化碳灭火器维护方法：存放于阴凉干燥通风的地方，不能接近高温和火源；半年进行一次称重，检测压力；每 5 年进行一次专业试压检测。

（2）干粉灭火器。干粉灭火器主要灭火原理是通过在加压气体作用下喷出的粉雾与火焰接触、混合时发生的物理、化学作用而实现灭火：一是靠干粉中的无机盐的挥发性分解物，与燃烧过程中燃料所产生的自由基或活性基团发生化学抑制和副催化作用，使燃烧的链反应中断而灭火；二是靠干粉的粉末落在可燃物表面上发生化学反应，并在高温作用下形成一层玻璃状覆盖层，从而隔绝氧气，进而实现窒息灭火。另外，还有部分稀释氧气和冷却作用。

干粉灭火器适用范围：石油、有机溶剂等易燃液体、可燃气体和电气设备的初起火灾；ABC 型干粉灭火器还可扑救固体物质火灾。

干粉灭火器使用方法：距燃烧物 5m 左右，选择上风方向，拔掉保险、抽出插销、一手握喷管、一手压下手柄，对准火焰根部左右扫射，向前平推（注意：如可燃物是液体，不能直接冲击液面，以防溅起，扩大燃烧范围）。

干粉灭火器维护方法：存放于通风干燥处，避免高温、潮湿和腐蚀，防止干粉结块或分解；每半年检测一次干粉是否结块，驱动气体是否泄漏（压力指针是否指示绿色区域）；开启使用后必须重新充装，且保证为同一种类；每三年进行一次压力测试，保证钢瓶的安全。

（3）泡沫灭火器。泡沫灭火器灭火原理：灭火时，它能喷射出大量二氧化碳及泡沫，其能黏附在可燃物上，使可燃物与空气隔绝，从而达到灭火的目的。泡沫灭火器内有两个容器，分别盛放硫酸铝和碳酸氢钠两种溶液，两种溶液互不接触，不发生任何化学反应（平时千万不能碰倒泡沫灭火器）。当需要泡沫灭火器时，把灭火器倒立，两种溶液混合在一起，就会产生大量的二氧化碳气体：

$$Al_2(SO_4)_3 + 6NaHCO_3 \rule[0.5ex]{2em}{0.4pt} 3Na_2SO_4 + 2Al(OH)_3 \downarrow + 6CO_2 \uparrow$$

除了两种反应物外，灭火器中还加入了一些发泡剂。打开开关，泡沫从灭火器中喷出，覆盖在燃烧物品上，使燃着的物质与空气隔离并降低温度，达到灭火的目的。

泡沫灭火器适用范围：可用来扑灭木材，棉布等燃烧引起的失火。它除了用于扑救一般固体物质火灾外，还能扑救油类等可燃液体火灾，但不能扑救带电设备和醇、酮、酯、醚等有机溶剂的火灾。由于泡沫灭火器喷出的泡沫中含有大量水分，故不能像二氧化碳液体灭火器那样，灭火后不污染物质，不留痕迹。

泡沫灭火器使用方法：使用灭火器时，应一手握提环，一手抓底部，把灭火器颠倒过来，轻轻抖动几下，喷出泡沫，进行灭火。

### 4.3.4.3　扑救化工火灾的基本对策

扑救化学品火灾时，应注意以下事项：灭火人员不应单独灭火；出口应始终保持清洁和畅通；要选择正确的灭火剂；灭火时还应考虑人员的安全。

扑救初期火灾时应注意：迅速关闭火灾部位的上下游阀门，切断进入火灾事故地点的一切物料；在火灾尚未扩大到不可控制之前，应使用移动式灭火器，或现场其他各种消防设备、器材扑灭初期火灾和控制火源。

为防止火灾危及相邻设施，可采取以下保护措施：对周围设施及时采取冷却保护措施；迅速转移受火势威胁的物资；有的火灾可能造成易燃液体外流，这时可用沙袋或其他材料筑堤拦截流淌的液体或挖沟导流将物料导向安全地点；用毛毡、草帘堵住下水井口、阴井口等处，防止火焰蔓延。

扑救危险化学品火灾决不可盲目行动，应针对每一类化学品，选择正确的灭火剂和灭火方法来安全地控制火灾。化学品火灾的扑救应由专业消防队来进行。其他人员不可盲目行动，待消防队到达后，介绍物料介质特性，配合扑救。

（1）扑救压缩或液化气体火灾的基本对策。压缩或液化气体总是被储存在不同的容器内，或通过管道输送。其中储存在较小钢瓶内的气体压力较高，受热或受火焰熏烤容易发生爆裂。气体泄漏后遇火源已形成稳定燃烧时，其发生爆炸或再次爆炸的危险性与可燃气体泄漏未燃时相比要小得多。遇压缩或液化气体火灾，一般应采取以下基本对策。

1）扑救气体火灾切忌盲目扑灭火势，在没有采取堵漏措施的情况下，必须使其保持稳定燃烧。否则，大量可燃气体泄漏出来与空气混合，遇着火源就会发生爆炸，后果将不堪设想。

2）先行扑灭外围被火源引燃的可燃物火势，切断火势蔓延途径，控制燃烧范围，并积极抢救受伤和被困人员。

3）如果火场中有压力容器或有受到火焰辐射热威胁的压力容器，能转移的应尽量在水枪的掩护下转移到安全地带，不能转移的应部署足够的水枪进行冷却保护。为防止容器爆裂伤人，进行冷却的人员应尽量采用低姿射水或利用现场坚实的掩蔽体进行防护。对卧式储罐，冷却人员应选择储罐四侧角作为射水阵地。

4）如果是输气管道泄漏着火，应设法找到气源阀门。阀门完好时，只要关闭气体的进出阀门，火势就会自动熄灭。

5）储罐或管道泄漏关阀无效时，应根据火势判断气体压力和泄漏口的大小及其形状，准备好相应的堵漏材料（如软木塞、橡皮塞、气囊塞、黏合剂、弯管工具等）。

6）堵漏工作准备就绪后，即可用水扑救火势，也可用干粉、二氧化碳、卤代烷灭火，但仍需用水冷却烧烫的罐壁或管壁。火扑灭后，应立即用堵漏材料堵漏，同时用雾状水稀释和驱散泄漏出来的气体。如果确认泄漏口非常大，根本无法堵漏，只需冷却着火容器及其周围容器和可燃物品，控制着火范围，直到燃气燃尽，火势自动熄灭。

7）现场指挥应密切注意各种危险征兆，遇有火势熄灭后较长时间未能恢复稳定燃烧或受热辐射的容器安全阀出现火焰变亮耀眼、尖叫、晃动等爆裂征兆时，指挥员必须适时作出准确判断，及时下达撤退命令。现场人员看到或听到事先规定的撤退信号后，应迅速撤退至安全地带。

（2）扑救易燃液体的基本对策。易燃液体通常也是储存在容器内或在管道内输送。与气体不同的是，液体容器有的密闭，有的敞开，一般都是常压，只有反应锅（炉、釜）及输送管道内的液体压力较高。液体不管是否着火，如果发生泄漏或溢出，都将顺着地面（或水面）流淌，而且，易燃液体还因相对密度和水溶性等涉及能否用水和普通泡沫扑救的问题以及危险性很大的沸溢和喷溅问题，因此，扑救易燃液体火灾往往也是一场艰难的战斗。遇易燃液体火灾，一般应采用以下基本对策。

1）首先应切断火势蔓延的途径，冷却和转移受火势威胁的压力及密闭容器和可燃物，控制燃烧范围，并积极抢救受伤和被困人员。如有液体流淌时，应筑堤（或用围油栏）拦截流淌的易燃液体或挖沟导流。

2）及时了解和掌握着火液体的品名、相对密度、水溶性以及有无毒害、腐蚀、沸溢、喷溅等危险性，以便采取相应的灭火和防护措施。

比水轻又不溶于水的液体（如汽油、苯等），用直流水、雾状水灭火往往无效。可用普通蛋白泡沫或轻水泡沫灭火。用干粉、卤代烷扑救时灭火效果要视燃烧面积大小和燃烧条件而定，最好用水冷却罐壁。

比水重又不溶于水的液体（如二硫化碳）起火时可用水扑救，水能覆盖在液面上灭火。用泡沫也有效。干粉、卤代烷扑救，灭火效果也要视燃烧面积大小和燃烧条件而定。

最好也用水冷却罐壁。

具有水溶性的液体（如醇类、酮类等），虽然从理论上讲能用水稀释扑救，但用此法要使液体闪点消失，水必须在溶液中占很大的比例。这不仅需要大量的水，也容易使液体溢出流淌，而普通泡沫又会受到水溶性液体的破坏（如果普通泡沫强度加大，可以减弱火势），因此，最好用抗溶性泡沫扑救，用干粉或卤代烷扑救时，灭火效果同样要视燃烧面积大小和燃烧条件而定，也需用水冷却罐壁。

3）对较大的储罐或流淌火灾，应准确判断着火面积。小面积（一般 50m² 以内）液体火灾，一般可用雾状水扑灭。但用泡沫、干粉、二氧化碳、卤代烷（1211，1301）灭火则可能更有效。大面积液体火灾则必须根据其相对密度、水溶性和燃烧面积大小，选择正确的灭火剂扑救。

4）扑救毒害性、腐蚀性或燃烧产物毒害性较强的易燃液体火灾，扑救人员必须佩戴防护面具，采取防护措施。

5）扑救原油和重油等具有沸溢和喷溅危险的液体火灾时，如有条件，可采用取放水、搅拌等防止发生沸溢和喷溅的措施，在灭火同时必须注意计算可能发生沸溢、喷溅的时间和观察是否有沸溢、喷溅的征兆。指挥员发现危险征兆时应迅即作出准确判断，及时下达撤退命令，避免造成人员伤亡和装备损失。扑救人员看到或听到统一撤退信号后，应立即撤至安全地带。

6）遇易燃液体管道或储罐泄漏着火，在切断蔓延把火势限制在一定范围内的同时，对输送管道应设法找到并关闭进、出阀门。如果管道阀门已损坏或是储罐泄漏，应迅速准备好堵漏材料，然后先用泡沫、干粉、二氧化碳或雾状水等扑灭地上的流淌火焰，为堵漏扫清障碍，其次再扑灭泄漏口的火焰，并迅速采取堵漏措施。与气体堵漏不同的是，液体一次堵漏失败，可连续堵几次，只要用泡沫覆盖地面，并堵住液体泄漏口和控制好周围着火源，不必点燃泄漏口的液体。

（3）扑救爆炸物品火灾的基本对策。爆炸物品一般都有专门或临时的储存仓库。这类物品由于内部结构含有爆炸性成分，受摩擦、撞击、震动、高温等外界因素激发，极易发生爆炸，遇明火则更危险。遇爆炸物品火灾时，一般应采取以下基本对策。

1）迅速判断和查明发生再次爆炸的可能性和危险性，紧紧抓住爆炸后和发生再次爆炸之前的有利时机，采取一切可能的措施，全力制止再次爆炸的发生。

2）切忌用沙土盖压，以免增强爆炸物品爆炸时的威力。

3）如果有转移可能，人身安全上确有可靠保障，应迅即组织力量及时转移着火区域周围的爆炸物品，使着火区周围形成一个隔离带。

4）扑救爆炸物品堆垛时，水流应采用吊射，避免强力水流直接冲击堆垛，以防堆垛倒塌引起再次爆炸。

5）灭火人员应尽量利用现场现成的掩蔽体或尽量采用卧姿等低姿射水，尽可能地采取自我保护措施。消防车辆不要停靠在离爆炸物品太近的水源处。

6）灭火人员发现有发生再次爆炸的危险时，应立即向现场指挥报告，现场指挥应迅即作出准确判断，确有发生再次爆炸征兆或危险时，应立即下达撤退命令。灭火人员看到或听到撤退信号后，应迅速撤至安全地带，来不及撤退时，应就地卧倒。

（4）扑救遇湿易燃物品火灾的基本对策。遇湿易燃物品能与水发生化学反应，产生可燃气体和热量，有时即使没有明火也能自动着火或爆炸，如金属钾、钠以及三乙基铝（液态）等。因此，这类物品有一定数量时，绝对禁止用水、泡沫、酸碱灭火器等湿性灭火剂扑救。这类物品的这一特殊性给其发生火灾时的扑救带来了很大的困难。

通常情况下，遇湿易燃物品由于其发生火灾时的灭火措施特殊，在储存时要求分库或隔离分堆单独储存，但在实际操作中有时往往很难完全做到，尤其是在生产和运输过程中更难以做到，如铝制品厂往往遍地积有铝粉。对包装坚固、封口严密、数量又少的遇湿易燃物品，在储存规定上允许同室分堆或同柜分格储存。这就给其火灾扑救工作带来了更大的困难，灭火人员在扑救中应谨慎处置。对遇湿易燃物品火灾，一般采取以下基本对策。

1）首先应了解清楚遇湿易燃物品的品名、数量、是否与其他物品混存、燃烧范围、火势蔓延途径等信息。

2）如果只有极少量（一般50g以内）遇湿易燃物品，则不管是否与其他物品混存，仍可用大量的水或泡沫扑救。水或泡沫刚接触着火点时，短时间内可能会使火势增大，但少量遇湿易燃物品燃尽后，火势很快就会熄灭或减小。

3）如果遇湿易燃物品数量较多，且未与其他物品混存，则绝对禁止用水或泡沫、酸碱等湿性灭火剂扑救。遇湿易燃物品应用干粉、二氧化碳、卤代烷扑救，只有金属钾、钠、铝、镁等个别物品用二氧化碳、卤代烷扑救时无效。固体遇湿易燃物品应用水泥、干沙、干粉、硅藻土和蛭石等覆盖。水泥是扑救固体遇湿易燃物品火灾时比较容易得到的灭火剂。对遇湿易燃物品中的粉尘，如镁粉、铝粉等，切忌喷射有压力的灭火剂，以防止将粉尘吹扬起来，与空气形成爆炸性混合物而导致爆炸发生。

4）如果有较多的遇湿易燃物品与其他物品混存，则应先查明是哪类物品着火，遇湿易燃物品的包装是否损坏。可先用开关水枪向着火点吊射少量的水进行试探，如未见火势明显增大，证明遇湿易燃物品尚未着火，包装也未损坏，应立即用大量水或泡沫扑救，扑灭火势后立即组织力量将淋过水或仍在潮湿区域的遇湿易燃物品转移到安全地带分散开来。如射水试探后火势明显增大，则证明遇湿易燃物品已经着火或包装已经损坏，应禁止用水、泡沫、酸碱灭火器扑救，若是液体应用干粉等灭火剂扑救，若是固体应用水泥、干沙等覆盖，如遇钾、钠、铝、镁轻金属发生火灾，最好用石墨粉、氯化钠以及专用的轻金属灭火剂扑救。

5）如果其他物品火灾威胁到相邻的较多遇湿易燃物品，应先用油布或塑料膜等其他防水布将遇湿易燃物品遮盖好，然后再在上面盖上棉被并淋上水。如果遇湿易燃物品堆放处地势不太高，可在其周围用土筑一道防水堤。在用水或泡沫扑救火灾时，对相邻的遇湿易燃物品应留一定的力量予以监护。

由于遇湿易燃物品性能特殊，又不能用常用的水和泡沫灭火剂扑救，从事这类物品生产、经营、储存、运输、使用的人员及消防人员平时应经常了解和熟悉其品名和主要危险特性。

（5）扑救毒害品、腐蚀品火灾的基本对策。毒害品和腐蚀品对人体都有一定危害。毒害品主要是经口鼻吸入蒸气或通过皮肤接触而引起人体中毒的；腐蚀品则是通过皮肤接触使人体形成化学灼伤。毒害品、腐蚀品有些本身能着火，有些本身并不着火，但与其他可燃物品接触后能着火。这类物品发生火灾时，一般应采取以下基本对策。

1）灭火人员必须穿防护服，佩戴防护面具。一般情况下采取全身防护即可，对有特殊要求的物品火灾，应使用专用防护服。考虑到过滤式防毒面具防毒范围的局限性，在扑救毒害品火灾时应尽量使用隔绝式氧气或空气面具。为了在火场上能正确使用和适应防护装备，平时应针对其进行严格的适应性训练。

2）积极抢救受伤和被困人员，限制燃烧范围。毒害品、腐蚀品火灾极易造成人员伤亡，灭火人员在采取防护措施后，应立即投入寻找和抢救受伤、被困人员的工作。并努力限制燃烧范围。

3）扑救时应尽量使用低压水流或雾状水，避免毒害品、腐蚀品溅出。遇酸类或碱类腐蚀品最好调制相应的中和剂稀释中和。

4）遇毒害品、腐蚀品容器泄漏，在扑灭火势后应采取堵漏措施。腐蚀品需用防腐材料堵漏。

5）浓硫酸遇水能放出大量的热，会导致沸腾飞溅，需特别注意防护。扑救浓硫酸与其他可燃物品接触发生的火灾，浓硫酸数量不多时，可用大量低压水快速扑救。如果浓硫酸量很大，应先用二氧化碳、干粉、卤代烷等灭火，然后再把着火物品与浓硫酸分开。

（6）扑救易燃固体、易燃物品火灾的基本对策。易燃固体、易燃物品一般都可用水或泡沫扑救，相对其他种类的化学危险物品而言也是比较容易扑救的，只要控制住燃烧范围，逐步扑灭即可。但也有少数易燃固体、易燃物品的扑救方法比较特殊，如2，4-二硝基苯甲醚、二硝基萘、萘、黄磷等。

1）2，4-二硝基苯甲醚、二硝基萘、萘等是能升华的易燃固体，受热产生易燃蒸气。火灾时可用雾状水、泡沫扑救并切断火势蔓延途径，但应注意，不能以为明火焰扑灭即已完成灭火工作，因为受热以后升华的易燃蒸气能在不知不觉中飘逸，在上层空间能与空气形成爆炸性混合物，尤其是在室内，易发生爆燃。因此，扑救这类物品火灾千万不能被假象所迷惑。在扑救过程中应不时向燃烧区域上空及周围喷射雾状水，并用水浇灭燃烧区域及其周围的一切火源。

2）黄磷是自燃点很低，在空气中能很快氧化升温并自燃的自燃物品。遇黄磷火灾时，应首先切断火势蔓延途径，控制燃烧范围。对着火的黄磷应用低压水或雾状水扑救。高压直流水冲击能引起黄磷飞溅，导致灾害扩大。黄磷熔融液体流淌时应用泥土、沙袋等筑堤拦截并用雾状水冷却，对磷块和冷却后已固化的黄磷，应用钳子钳入储水容器中。来不及钳时可先用砂土掩盖，但应作好标记，等火势扑灭后，再逐步集中到储水容器中。

3）少数易燃固体和自燃物品不能用水和泡沫扑救，如三硫化二磷、铝粉、烷基铝、保险粉等，应根据具体情况区别处理。宜选用干沙和不用压力喷射的干粉扑救。

（7）扑救放射性物品火灾的基本对策。放射性物品是一类发射出人类肉眼看不见但却能严重损害人类生命和健康的 $\alpha$、$\beta$、$\gamma$ 射线和中子流的特殊物品。扑救这类物品火灾必须采取特殊的能防护射线照射的措施。平时生产、经营、储存、运输和使用这类物品的单位及消防部门，应配备一定数量防护装备和放射性测试仪器。遇这类物品火灾，一般应采取以下基本对策。

1）先派出精干人员携带放射性测试仪器，测试辐射（剂）量和范围。测试人员应尽可能地采取防护措施。

对辐射（剂）量超过 0.0387C/kg 的区域，应设置写有"危及生命、禁止进入"的警告标志牌。

对辐射（剂）量小于 0.0387C/kg 的区域，应设置写有"辐射危险、请勿接近"的警告标志牌。测试人员还应进行不间断巡回监测。

2）对辐射（剂）量大于 0.0387C/kg 的区域，灭火人员不能深入辐射源进行纵深灭火。对辐射（剂）量小于 0.0387C/kg 的区域，可快速用水灭火或用泡沫、二氧化碳、干粉、卤代烷扑救，并积极抢救受伤人员。

3）对燃烧现场包装没有被破坏的放射性物品，灭火人员可在水枪的掩护下佩戴防护装备，设法对其进行转移，无法转移时，应就地冷却保护，防止造成新的破损，增加辐射（剂）量。

4）对已破损的容器切忌搬动或用水流冲击，以防止放射性沾染范围扩大。

# 4.4 电气防火防爆

电能是利用最便利、最广泛和最具有使用价值的能源。在化工企业中，从动力到照明、从控制到信号、从仪表到计算机，无不使用电能。然而由于设计、安装、使用、管理不当，电气设备与设施也易导致各类火灾和爆炸事故的发生，影响企业的安全生产。因此，了解和掌握电气设备防火防爆知识，控制电气火灾形成的条件，对于防止火灾和爆炸事故发生具有重要的意义。

## 4.4.1 电气火灾和爆炸的原因及特点

电气火灾一般是指由于电气线路、用电设备、器具以及供配电设备产生故障性释放的热能（如高温、电弧、电火花）以及非故障性释放的热能（如电热器具的炽热表面），在具备燃烧条件下引燃本体或其他可燃物而造成的火灾，也包括由雷电和静电引起的火灾。

### 4.4.1.1 电气火灾原因

电气火灾一般是由电气线路、电气设备运行时的短路、过载、接触不良、漏电以及蓄电、静电等原因而产生的高温、电弧、电火花引起的。另外，还可由电气设备的机械故障、发热等其他一些原因造成。这些原因的产生与人的行为和设备运行状态、使用环境条件等有着直接关系。如果电气线路和电气设备及其运行状态、使用环境条件劣化，工作人员缺乏安全用电知识，不遵守运行、操作、维护、管理规程，违反防火制度，就会发生电气火灾。

发生电气火灾事故的原因，主要有以下几个方面：

（1）过载。过载又称过负荷，是指电力线路和电气设备在运行过程中通过的电流量超过安全载流量或额定值的现象。由于电流的发热量与电流的平方成正比，因此，过载时，发热量往往超过允许限度，轻则加速绝缘层老化，重则会使可燃绝缘层燃烧而引起火灾事故。

（2）短路。短路又称碰线、混线或连电，是指电气线路或设备中相线与相线之间短接，或相线与大地、相线与中性线之间短接的现象。发生短路时，电源电动势被短接，短路点阻抗变小，造成电气回路中电流突然增大，在短路处可产生高达 700℃ 的火花，甚至产生 6000℃ 以上的电弧；不仅会使金属导线熔化和绝缘材料燃烧，还会引起附近的可燃物着火及可燃性气体、蒸气、粉尘与空气混合物爆炸。

（3）接触电阻过大。接触电阻过大是指导线与导线、导线与电气设备的连接处，由于接触不良，使接触部位的局部电阻过大的现象。当电流通过时，在接触电阻过大的部位，就会吸收很大的电能，产生极大的热量，从而使绝缘层损坏以致燃烧，使金属导线变色甚至熔化，严重时可引起附近的可燃物着火而造成火灾。

（4）雷电和静电形成的点火源。大自然的雷电产生的电效应、热效应、机械效应和电磁感应及生产过程中的静电放电火花，也常常是石油化工企业发生火灾和爆炸事故的根源之一。

除上面介绍的几个原因外，电力线路或电气设备设计、安装或运行维护不当，工作人员由于思想麻痹而忘记切断电源等导致的火灾和爆炸事故，也屡见不鲜。

#### 4.4.1.2　电气火灾特点

从电气火灾形成的规律上看，电气火灾多发生在夏、冬两季，且节假日或夜间发生重大电气火灾事故较多。台风暴雨、山洪暴发、地震等引起房屋倒塌，使带电的设备出现断线、短路等情况时也易导致火灾事故发生。

（1）季节性。夏、冬两季是电气火灾的高发期。夏季多雨，气候变化大，雷电活动频繁，易引起室外线路断线、短路等故障而引发火灾。另外，由于夏季气温高，运行设备的散热条件差（尤其是室内设备，如开关控制柜、变压器、高低压电容器以及电线、电缆等），如果周围环境温度过高，电气设备散热不良而发热，若发现不及时，设备绝缘就可能破坏而引发火灾。冬季气候干燥，多风有雪，也易引起外线断线和短路等故障而引发火灾。冬季气温较低，电力取暖的情况增多，电力负荷过大，容易发生过负荷火灾。具体到取暖电器设备本身，也会因为使用不当，电热元件接近易燃品，取暖电器质量问题，或电源线、控制元件过负荷等引发火灾。

（2）时间性。对于电气火灾，防患于未然特别重要。例如一些重要配电场所，除应设置完备的保护系统外，值班人员定期巡检，依靠听、闻、看等往往能及时发现火灾隐患。在节假日或夜班时间，值班人员紧缺或个别值班人员疏忽大意、抱有侥幸心理，使规定的巡检和操作制度不能正常进行，使得电气火灾也往往在此时发生。

（3）隐蔽性。电气火灾开始时可能是很小的元件或短路点高温异常，发展过程也可能较长，往往不易被察觉，而一旦着火，引起相邻元件、整个电控设备单元短路着火，便会很快发展成整个供电场所的火灾。另外，在供电场所，离不开绝缘介质，绝缘介质着火后，又会产生刺激性有毒气体并悄然弥漫，它不像明火那样容易引起人们警觉，导致很多电气火灾现场的人员都是因窒息而死亡的。

此外，电气火灾还具有突发性、快延性、导电性和扑救难度较大等特点。

### 4.4.2　电气火灾和爆炸危险场所的划分

#### 4.4.2.1　电气火灾和爆炸危险场所的分类

为防止电气设备、线路因火花、电弧或危险温度引发火灾和爆炸事故，根据AQ3009—2007《危险场所电气防爆安全规范》，爆炸危险场所按爆炸性物质的物态，分为气体爆炸危险场所和粉尘爆炸危险场所两类。火灾与爆炸危险区域的划分详见表4-8。

表 4-8　火灾与爆炸危险区域的划分

| 类　别 | 区域 | 火灾与爆炸危险环境 |
|---|---|---|
| 气体爆炸危险场所 | 0 区 | 爆炸性气体环境连续出现或长时间存在的场所 |
| | 1 区 | 在正常运行时，可能出现爆炸性气体环境的场所 |
| | 2 区 | 在正常运行时，不可能出现爆炸性气体环境，如果出现也是偶尔发生并且仅是短时间存在的场所 |
| 粉尘爆炸危险场所 | 20 区 | 在正常运行过程中可燃性粉尘连续出现或经常出现，其数量足以形成可燃性粉尘与空气混合物或可能形成无法控制的极厚粉尘层的场所及容器内部 |
| | 21 区 | 在正常运行过程中，可能出现粉尘数量足以形成可燃性粉尘与空气混合物但未划入 20 区的场所。该区域包括，与充入或排放粉尘点直接相邻的场所、出现粉尘层和正常操作情况下可能产生可燃浓度的可燃性粉尘与空气混合物的场所 |
| | 22 区 | 在异常条件下，可燃性粉尘云偶尔出现并且只是短时间存在，或可燃性粉尘偶尔出现堆积，或可能存在粉尘层并且产生可燃性粉尘空气混合物的场所。如果不能保证排除可燃性粉尘堆积或粉尘层时，则应划分为 21 区 |

#### 4.4.2.2　危险区域范围的确定

火灾和爆炸危险区域范围的确定，应根据爆炸性混合物持续存在的时间和出现的频繁程度，危险物品的种类、数量、物理及化学性质，通风条件，生产条件，以及由于通风形成的聚积和扩散，危险气体或蒸气的密度、数量及产生的速度和放出的方向、压力等因素来确定。在建筑物内部，危险区域范围宜以厂房为单位确定。在危险区域范围内，应根据危险区域的种类、级别，并考虑到电气设备的类型和使用条件，选用相应的电气设备。

### 4.4.3　电气设备防火防爆要求

电气设备是指把电能转换为光能、机械能、热能的设备，包括电气照明灯具、电动机、电热设备、电焊机等。电气设备应用广泛，火灾危险性大，必须严加防范。

#### 4.4.3.1　电气照明灯具

电气照明灯具是将电能转换为光能的电气设备。它按电光源可分为白炽灯、日光灯、碘钨灯、高压水银灯，按光线在空间的分布可分为直射灯、反射灯、漫射灯；按安装方式可分为吸顶灯、线吊灯、链吊灯、管吊灯；按结构和适应环境可分为开启型、封闭型、隔尘型、防爆型等。此外，与照明器具配套的还有开关、接线盒、灯座、熔断器等。

（1）电气照明灯具的火灾危险。

1）灯具表面温度较高，容易烤着和引燃可燃物。例如：100W 白炽灯的表面温度可达 170 ~ 220℃，1000W 碘钨灯的石英玻璃管表面温度高达 500 ~ 800℃，400W 高压水银灯的表面温度约为 180 ~ 250℃，都可能引起与其接触的易燃物和积落在表面上的粉尘着火。

2）玻璃灯泡破碎，炽热灯丝掉落，可引燃可燃物。供电电压超过灯泡所标的电压，大功率灯泡的玻璃壳受热不均，水滴溅在玻璃灯泡上均能引起灯泡爆碎，若高热灯丝落到可燃物上便可导致火灾事故。

3）日光灯和高压水银灯的镇流器过热，可引燃可燃物。镇流器由铁芯和线圈构成，正常工作时本身也耗电，具有一定温度，如散热条件不好或与灯管匹配不合理，以及其他附件故障时，其内部温升增高破坏绝缘强度，形成匝间短路，从而产生高温，便可能会烤着周围可燃物而引起火灾。

4）灯泡与灯座接触不良，灯头线接头松脱或短路，开关接通或断开，都会产生电火花而导致可燃物的燃烧和爆炸性混合物的爆炸。

5）照明用总开关及熔断器容量不够，导线截面不足，可造成过载而发热，特别是熔断器熔件容量不足，可频频熔断产生电火花和熔丝溅落而引燃可燃物，从而引发火灾。

（2）电气照明灯具使用中的安全要求：灯泡的正下方不应堆放可燃物品；严禁用纸、布或其他可燃物遮挡灯具；不能将灯具作为取暖或烘干使用；普通灯具不准进入爆炸危险场所；储存丙类固体物品的库房，不准使用碘钨灯和超过60W的白炽灯；不得随意增强光源功率；灯泡坏了，更换的新灯泡功率应与原灯泡功率一致；灯丝应当固定；不能随便移动、乱挂软线，也不要扭劲、打结；白炽灯灯丝烧断，不能晃动搭接勉强使用；不得乱接灯线和增加保险容量；爆炸危险场所和可燃物品库房内不准设置、使用移动式照明灯具（行灯）。

### 4.4.3.2　电动机

电动机是利用磁场对载流导线所产生的作用力，将电能转变成机械能的电气设备。

（1）电动机发生火灾的主要原因。

1）选用不当。不按环境特点（高热、潮湿、腐蚀、爆炸危险等）选用电动机，易出故障，产生高温、火花或电弧而烧毁或引起可燃物质燃烧。

2）过载。如果负载超过电动机的额定输出功率，或者电网电压过低，被带动的机械卡住，都会发生过载，引起绕组过热，甚至烧毁电动机，引燃周围可燃物而发生火灾。

3）绝缘损坏。电动机绕组长期过热，导线绝缘老化或受过电压击穿，都会造成绝缘损坏引起匝间、相间短路或对地短路，招致火灾。

4）接触不良。连接线圈的各个接点或引出线接点如有松动，接触电阻就会增大，从而引起发热，烧毁接点，产生火花、电弧，造成火灾。

5）单相运行。电源线接触不良，会发生断路使电动机单相运行。电动机单相运行时，其中有的绕组电流就会增大1.73倍，温升迅速增高，以致烧毁绕组，引起火灾。

6）机械摩擦、铁损过大、接地装置不良等都能导致火灾事故。

（2）预防电动机火灾的主要措施。

1）根据环境特点，正确选用电动机的形式。

2）根据负载选择电动机的容量。一般电动机容量要大于所带机械功率的10%左右。

3）根据拖动机械的额定转速选择电动机的转速。感应电动机的额定转速有3000r/min，1500r/min，1000r/min，750r/min等数种，其中应用最广泛的为1500r/min电动机。

4）防止过负荷和单相运行。前者可采用热电器或过流延时继电器来保护；后者可采用双保险接线法或安装失压保护装置。

5）根据电动机的型号和用途正确地安装，使电动机及启动装置与可燃物保持1m以上的距离，并应安装在非燃材料基座上。

6）电动机的电源线靠近机体的一段应用金属管、金属软管或塑料管护套。电动机还应接地保护。

7）严格控制电动机的运行温度，其温升一般不应超过55℃。为此，应有温度保护装置，当温升超过极限时，能及时切断电源。

8）严格操作规程，发现异常声音及其他不安全因素时，应及时进行排故处理；电动机使用完毕后，应及时切断电源。

9）电动机应避免频繁启动，尽量减少启动次数。一般空载连续启动不得超过 3~5 次，热状态下连续启动不得超过 2~3 次，因为启动电流通常大于额定电流的 4~7 倍，易过热起火。

10）加强电动机的检查和维护保养，注意经常清扫，保持清洁，及时加油润滑，定期检修校验。

### 4.4.3.3 电焊

电焊是金属切割、熔接的一种方法。电焊分为电弧焊、点焊等多种，目前，使用最广的是电弧焊。电弧焊是把焊条作为电路的一个电极，把焊接物质作为另一个电极，利用接触电阻的原理产生高热，并形成电弧，将金属熔化进行焊接。

（1）电焊的火灾和爆炸危险性。电焊工作中的疏忽大意往往会造成火灾，甚至引起爆炸，情况一般很严重。造成火灾的主要原因有以下几种。

1）飞散的火花、熔融金属和熔渣的颗粒，可燃着焊接处附近的易燃物（如油料、木料、草袋等）及可燃气体而引起火灾。从焊接处向四处飞溅的大部分赤热金属微粒在空中便烧尽，但也有一些颗粒却相当热，便有可能燃着有机尘埃、木屑、垃圾、棉纱及工作服。熔融金属滴可从焊接处向外飞出 5m 远，室外工作遇着刮风时，或室内工作遇有过堂风时，火星可能会飞出更远，甚至引起火灾。

2）由于电焊机的软线长期拖拉，使绝缘破坏，或焊机本身绝缘损坏发生短路发热而造成火灾。

3）焊机长期超负荷使用，在导线中通过的电流超过该导线截面规定的允许电流，从而在导线中产生较多的发热量而又来不及全部散发掉，导致导线绝缘层发热燃烧，并引燃附近易燃物造成火灾。

4）焊机回线（地线）乱接乱搭或电线接电线，以及电线与开关、电灯等设备连接处的接头不良，接触电阻增大。在一定电流下，有较大接触电阻的线段就会强烈发热，使温度升高引起导线的绝缘层燃烧，导致附近易燃物起火。

5）闸刀开关的刀片接触不良或开关与线路连接松弛，容易造成大的接触电阻，使闸刀和线路熔化，引起火灾；或三相闸刀开关有一相刀片失效时，使线路单相运行，导致电流增大，引起线路过负荷发生火灾；或拉合开关时，打出火花或产生弧光，引起附近可燃物或可燃气体、蒸气等爆炸性混合物爆炸。

6）保险丝使用不当，不能及时切断短路电流而引发火灾。此种情况造成的火灾是比较突出的。

7）插座使用不当，导电粉尘掉入插座内形成短路；或将可燃物堆放在插座上；或违反操作规程，不用插头，而将焊机裸线头插入插座，造成短路或产生火花，引起燃烧或爆炸事故。

8）焊接未清洗的油罐和油桶、带有气压的锅炉，在有易燃气体的房间内焊接，均会造成爆炸事故。

9）电焊机杂散电流引发的火灾。在易燃易爆场所施焊作业的电焊机二次线搭接在金属构架上做回路，由于存在间隙而放电，引爆可燃物。

（2）电焊防火防爆措施。

1）严格执行焊接用火审批制度，应经相关部门检查同意后，方能进行焊接作业。应根据消防需要，配备必要的灭火工具，并派专人监视火警，积极防范。

2）凡是进入危险区域进行焊接的人员，必须经过焊接安全技术培训，并于考试合格后，方能独立作业。凡在禁火区和危险区工作的焊工，必须有动火证和出入证，否则不准在上述范围内进行动火作业。

3）加强安全检查，离焊接处 10m 范围内不能有有机灰尘、木屑、棉纱、草袋及石油、汽油、油漆等。如不能及时清除，应用水喷湿，或盖上石棉板、石棉布、湿麻袋以隔绝火星，即采取可靠安全措施后才能进行操作。

4）施焊地点应距离乙炔发生器和氧气瓶 10m 以上。在喷漆室、油库、中心乙炔站、氧气站内严禁电焊工作。不得在储存汽油、煤油、挥发性油脂等的容器上面，或生产、加工、储存易燃易爆物品的房间内进行焊接作业。

5）不准直接在木板上进行焊接。焊接管子时，要把两端打开，不准堵塞。

6）电焊工作结束时要立即拉闸断电，并认真检查，特别是对有易燃易爆物或填有可燃物隔热层的场所，一定要彻底检查，将火熄灭。

7）在隧道、沉井、坑道、管道、井下及其他狭窄地点进行电焊时，必须事先检查其内部是否有可燃气体或其他易燃易爆物质。如有上述气体或物质，则必须采取有效措施予以排除，如采取通风等。进入内部作业之前，应按有关测试方法做测试试验，确认合格后再开始焊、切操作。

8）电焊回路地线不可乱接乱搭，禁止利用构架、框架做回路线，以防接触不良。同时要做到电线与电线、电线与开关等设备连接处的接头必须符合要求，以防接触电阻过大造成火灾。

9）焊接中如发现电机漏电、皮管漏气或闻到有焦煳味等异常情况时，应立即停止操作进行检查。铝热焊工使用的铝热焊专用火柴不准放在衣袋内，必须放在安全地点。

## 思 考 题

4-1　燃烧的特征是什么，如何判断是否燃烧？

4-2　何谓燃烧三要素，燃烧必须具备哪些条件？

4-3　何谓闪燃和闪点，引起闪燃的条件是什么？

4-4　何谓着火和燃点？

4-5　何谓自燃和自燃点，受热自燃和自热自燃有什么区别和联系，引起受热自燃的热源有哪些？

4-6　何谓爆炸，爆炸的特征是什么？

4-7　根据爆炸性质的不同，爆炸分哪几类？

4-8　何谓爆炸极限，影响气体爆炸极限的因素有哪些？

4-9　简要说明防火防爆的一般原则。

4-10　在化工生产过程中如何控制可燃物、助燃物、点火源？

4-11　简要说明灭火的基本原理和方法。

4-12　简要说明扑救各类化学品（压缩或液化气体、易燃液体、爆炸品、遇湿易燃物品、毒害品和腐蚀品等）火灾的基本对策。

4-13　何谓电气火灾，引起电气火灾的主要原因有哪些？

4-14　如何从电气设备、电气线路、供电设施等方面预防电气火灾的发生？

# 5 典型的化工反应过程

化工过程的安全技术与化工工艺过程密不可分，物料的物理处理过程和化学反应工序是化工工艺过程的两大部分。本章主要介绍化工生产中常采用的典型化学反应及其危险性分析。典型化学反应包括氧化、还原、裂解、聚合、磺化、烷基化、重氮化等。

## 5.1 氧化（过氧化）反应

### 5.1.1 氧化反应的含义

氧化与还原总是同时发生而不可分开的两种反应，其有狭义和广义两种含义。

（1）狭义：物质与氧化合的反应是氧化。例如：

$$2Cu + O_2 \xrightarrow{加热} 2CuO$$

能氧化其他物质而自身被还原的物质称作氧化剂，例如氧是氧化剂。含氧物质被夺去氧的反应是还原。例如：

$$CuO + H_2 \xrightarrow{加热} Cu + H_2O$$

能还原其他物质而自身被氧化的物质称作还原剂，例如氢是还原剂。

（2）广义：失去电子的作用是氧化，得到电子的作用是还原。即一种物质失去电子，同时另一种物质得到电子。失去电子的物质是还原剂，得到电子的物质是氧化剂。氧化还原反应实质是电子的传递，电子得失的数目必须相等。

### 5.1.2 氧化反应的安全技术要点

氧化反应的安全技术要点包括：

（1）氧化物质的控制。氧化反应过程中，被氧化的物质大部分是易燃易爆物质。如乙烯氧化制取环氧乙烷，乙烯是易燃气体，爆炸极限为 2.7%~34%，自燃点为 450℃；甲苯氧化制取苯甲酸，甲苯是易燃液体，其蒸气极易与空气形成爆炸性混合物，爆炸极限为 1.2%~7%。

对某些强氧化剂，如高锰酸钾、氯酸钾、铬酸酐等，由于具有很强的助燃性，遇高温或受撞击、摩擦以及与有机物、酸类接触，皆能引起燃烧或爆炸。

某些氧化过程中还可能生成危险性较大的过氧化物，如乙醛氧化生产醋酸的过程中有过醋酸生成，性质极不稳定，受高温、摩擦或撞击便会分解或燃烧。

氧化反应使用的原料及产品，应按有关危险品的管理规定，采取相应的防火措施，如隔离存放，远离火源，避免高温和日晒，防止摩擦和撞击等。若是电介质的易燃液体或气体，应安装能消除静电的接地装置。

（2）氧化过程的控制。氧化过程中，如以空气和氧作氧化剂时，反应物料的配比（反应可燃气体和空气的混合比例）应控制在爆炸范围之外。空气进入反应器之前，应经过气体净化装置，消除空气中的灰尘、水汽、油污以及可使催化剂活性降低或中毒的杂质以保持催化剂的活性，减少起火和爆炸的危险。

氧化反应接触器有卧式和立式两种，内部填装有催化剂。一般多采用立式，因为这种形式催化剂装卸方便，而且安全。在催化氧化过程中，对于放热反应，应控制适宜的温度、流量，防止超温超压和避免使混合气体处于爆炸范围。

为了防止接触器在万一发生燃烧或爆炸时危及人身和设备安全，在反应器前后管道上应安装阻火器，阻止火焰蔓延，防止回火，使燃烧不致影响其他系统。为防止接触器发生爆炸，应设有泄压装置。应尽可能采用自动控制或调节以及警报联锁装置。使用硝酸、高锰酸钾等氧化剂时，要严格控制加料速度，防止多加、错加。固体氧化剂应该粉碎后使用，最好呈溶液状态使用，反应中要不间断地搅拌。

使用氧化剂氧化无机物，如使用氯酸钾生产铁蓝颜料时，应控制产品烘干温度不超过燃点，在烘干之前用清水洗涤产品，将氧化剂彻底除净，防止未起反应的氯酸钾引起烘干的物料起火。有些有机化合物的氧化，特别是在高温下的氧化反应，在设备及管道内可能产生焦状物，应及时清除以防自燃。

氧化反应需要加热，反应过程又会放热，特别是催化气相氧化反应，一般都是在$250 \sim 600℃$的高温下进行。有的物质的氧化，如氨在空气中的氧化和甲醇蒸气在空气中的氧化，其物料配比接近于爆炸下限，倘若配比失调，深度控制不当，极易爆炸起火。

氧化反应系统，宜设置氮气或水蒸气灭火装置，以便能及时扑灭火灾。

## 5.2  还 原 反 应

多数还原反应的反应过程比较缓和，但有些还原反应会使用具有较大的燃烧、爆炸危险性的还原剂、催化剂，或反应生成具有较大的燃烧、爆炸危险性的产品或中间产品。如产生氢气或使用氢气的还原反应，具有较大的危险性。以下为几种危险性较大的还原反应及其安全技术要点。

（1）用初生态氢还原。利用铁粉、锌粉等金属和酸、碱作用产生初生态氢而起还原作用。如硝基苯在盐酸溶液中总被铁粉还原成苯胺：

$$4 \langle\!\!\rangle\!\!-NO_2 + 9Fe + 4H_2O \xrightarrow{HCl} 4 \langle\!\!\rangle\!\!-NH_2 + 3Fe_3O_4$$

铁粉和锌粉在潮湿空气中遇酸性气体时可能引起自燃，在储存时应特别注意。

反应时酸、碱的浓度要控制适宜，浓度过高或过低均会使产生初生态氢的量不稳定，使反应难以控制。反应温度也不宜过高，否则容易突然产生大量氢气而造成冲料。反应过程中应注意搅拌效果，以防止铁粉、锌粉下沉。一旦温度过高，底部金属颗粒翻动，将产生大量氢气而造成冲料。反应结束后，反应器内残渣中仍有铁粉、锌粉继续作用，不断放出氢气，很不安全，应放入室外储槽中，加冷水稀释，槽上加盖并设排气管以导出氢气。待金属粉消耗殆尽，再加碱中和。若急于中和，则容易产生大量的氢气并生成大量的热，从而导致燃烧或爆炸。

（2）催化加氢还原。有机合成工业和油脂化学工业制备化工原料或产品大都用雷尼镍（Raney-Ni）、钯炭等作为催化剂使氢活化，然后加入有机物质分子中使其起还原反应。例如：

苯在镍触媒催化作用下，经加氢生成环己烷

$$\text{（苯）} + 3H_2 \xrightarrow{\text{镍触媒}} \text{（环己烷）}$$

植物油在镍触媒作用下经加氢生成硬化油

$$3H_2 + \begin{array}{l} C_{17}H_{33}COOCH_2 \\ | \\ C_{17}H_{33}COOCH \\ | \\ C_{17}H_{33}COOCH_2 \end{array} \xrightarrow{\text{镍触媒}} \begin{array}{l} C_{17}H_{35}COOCH_2 \\ | \\ C_{17}H_{35}COOCH \\ | \\ C_{17}H_{35}COOCH_2 \end{array}$$

催化剂雷尼镍和钯炭在空气中吸潮后有自燃的危险，即使没有火源存在，也能使氢气和空气的混合物发生燃烧、爆炸。储存时，应将其置于酒精中。用它们来活化氢气进行还原反应时，必须先用氮气置换反应器内的全部空气，经测定证实反应器内含氧量降低到符合要求，方可通入氢气。反应结束后，应先用氮气把氢气置换干净，方能打开孔盖出料，以免外界空气与反应器内的氢气混合，在催化剂作用下发生燃烧、爆炸，最后以氮封保存。钯炭更易自燃，回收时要用酒精及清水充分洗涤，过滤抽真空时不得抽得太干，以免氧化着火。

无论是利用初生态氢还原，还是用催化加氢还原，其都是在氢气存在和加热、加压条件下进行。氢气的爆炸极限为 4% ~ 75%，如果操作失误或设备泄漏，都极易引起爆炸事故，故操作中要严格控制温度、压力和流量。厂房的电气设备必须符合防爆要求，且应采用轻质屋顶，开设天窗或风帽，以使氢气易于飘逸。尾气排放管要高出房顶并设阻火器。加压反应的设备要配备安全阀，反应中产生压力的设备要装设爆破片。系统还可以安装氢气检测和报警装置。

高温高压下的氢对金属有渗碳作用，易造成氢腐蚀，因此，对设备和管道的选材要符合要求。对设备和管道要定期检测，以防事故发生。

（3）其他还原剂还原。常用还原剂中火灾危险性大的还有连二亚硫酸钠（保险粉）、硼氢化钾（钠）、氢化锂铝、氢化钠、异丙醇铝等，例如：

硝基萘在碱性溶液中用保险粉还原成萘胺

$$\text{（硝基萘）} + Na_2S_2O_4 + 2NaOH \longrightarrow \text{（萘胺）} + 2Na_2SO_4$$

保险粉是一种还原效果不错且较为安全的还原剂。它遇水发热，在潮湿的空气中总能分解析出黄色的硫黄蒸气。硫黄蒸气自燃点低，易自燃。保险粉本身受热到 190℃ 也有分解爆炸的危险，故应妥善储存，防止受潮。使用时，应在不断搅拌下缓缓溶于冷水中，待溶解后再投入反应器与有机物接触反应。

还原剂硼氢化钾（钠）是一种遇水燃烧物质，在潮湿空气中能自燃，遇水和酸即分解出大量氢气，同时产生高热，可使氢气燃烧而引起爆炸事故，故应储存于密闭容器中，置于干燥处，防水防潮并远离火源。在工艺过程中，调节酸碱度要特别注意，防止加酸过快、过多。

氢化锂铝有良好的还原性，但遇潮湿空气、水和酸极易燃烧，应浸没在煤油中储存。使用时应先将反应器用氮气置换干净，并在氮气保护下投料和反应。反应热应由油类冷却剂带走，不应用水作为冷却剂，以防止水漏入反应器内而发生爆炸事故。

氢化钠作还原剂与水、酸的反应与氢化锂铝相似。氢化钠与甲醇、乙醇等反应相当激烈，有燃烧、爆炸的危险。

异丙醇铝常用于高级醇的还原，反应较温和。但在制备异丙醇铝时须加热回流，这将产生大量氢气和异丙醇蒸气，如果铝片或催化剂三氯化铝的质量不佳，反应就不正常，往往先是不反应，温度升高后又突然反应，从而引起冲料，增加了燃烧、爆炸的危险。

还原反应的中间体，特别是硝基化合物还原反应的中间体具有一定的火灾危险性。例如，邻硝基苯甲醚还原为邻氨基苯甲醚的过程中，会产生氧化偶氮苯甲醚，该中间体受热到150℃能自燃。苯胺在生产中如果反应条件控制不好，可以生成爆炸危险性很大的环己胺。

在还原过程中采用危险性小而还原性强的新型还原剂对安全生产有很大的意义。例如采用硫化钠代替铁粉还原，可以避免氢气产生，同时还消除了铁泥堆积的问题。

## 5.3  硝 化 反 应

### 5.3.1  硝化及硝化产物

有机化合物分子中以硝基（$-NO_2$）取代氢原子而生成硝基化合物的反应，称为硝化。常用的硝化剂是浓硝酸或混合酸（如浓硝酸和浓硫酸的混合物）。例如：

$$\text{\Large\bigcirc} + HNO_3 \longrightarrow \overset{NO_2}{\text{\Large\bigcirc}} + H_2O$$

硝化过程是染料、炸药及某些药物生产的重要反应过程。硝化过程中硝酸的浓度对反应温度有很大的影响。硝化反应是强放热反应（引入一个硝基放热 152.4~153.2kJ/mol），所以硝化需在降温条件下进行。

对于难硝化的物质以及制备多硝基物时，常用硝酸盐代替硝酸。其操作过程是，先将被硝化的物质溶于浓硫酸中，然后在搅拌下将某种硝酸盐（$KNO_3$、$NaNO_3$、$NH_4NO_3$）逐渐加入浓酸溶液中。除此之外，氧化氮也可以做硝化剂。

硝基化合物一般都具有爆炸危险性，特别是多硝基化合物，受热、摩擦或撞击都可能引起爆炸。所用的原料甲苯、苯酚等也都是易燃、易爆物质。作为硝化剂，由浓硫酸和浓硝酸所配置的混合酸具有强烈的腐蚀性和氧化性。

### 5.3.2 混酸制备的安全

硝化多采用混酸，混酸中硫酸量与水量的比例应当事先计算，混酸中硝酸量不应少于理论需要量，实际上可稍过量 $1\% \sim 10\%$。

制备混酸时，可采用压缩空气进行搅拌，也可使用机械搅拌或使用循环泵。用压缩空气进行搅拌不如机械搅拌好，因为压缩空气有时会带入水或油类，并且酸易被夹带出去，造成损失。制备混酸过程中，会放出大量热，温度可达到 90℃ 或更高。在这个温度下，硝酸部分可分解为二氧化氮和水，假若有部分硝基物生成，则高温下可能引起爆炸，因此必须进行冷却。机械搅拌和循环搅拌可以起到一定的冷却作用。由于制备好的混酸具有强烈的氧化性，因此应防止和其他易燃物接触，避免因强烈氧化而引起自燃。

### 5.3.3 硝化器

搅拌式反应器是常用的硝化设备。这种设备由锅体（或釜体）、搅拌器、传动装置、夹套和蛇管组成，一般是间歇运行。物料由上部加入锅内，在搅拌下迅速混合并进行化学反应。如果需要加热，可在夹套或蛇管内通入蒸汽；如果需要冷却，可通冷却水或冷却剂。为了扩大冷却面，通常是将侧面的器壁做成波浪形，并在设备的盖上装设附加冷却装置。这种硝化器里面常有推进式搅拌器，并附有扩散圈，在设备底部某处制成一个凹形并装有压出管，以保证压料时能将物料全部泄出。

采用多段式硝化器可使硝化过程达到连续化，连续硝化不仅可以显著地减少能量的消耗，也可以由于每次投料少而减少爆炸中毒的危险，为硝化过程的自动化和机械化创造了条件。

硝化器夹套中冷却水压力微呈负压，在水引入管上，必须安装压力计，在进水管及排水管上都需要安装温度计。应严防冷却水因夹套焊缝腐蚀而漏入硝化物中，因为硝化物遇到水后温度急剧上升，反应进行很快，可分解产生气体物质而发生爆炸。

为便于检查，在废水排出管中，应安装电导自动报警器，当管中进入极少的酸时，水的导电率会发生变化，此时，报警器即发出信号。另外，对流入及流出水的温度和流量也应特别注意。

### 5.3.4 硝化过程安全技术

为了严格控制硝化反应温度，必须控制好加料速度，硝化剂加料比应采用双重阀门控制；设置必要的冷却水源备用系统；反应中应连续搅拌；保持物料混合良好，并备有保护性气体（如惰性气体氮）搅拌和人工搅拌的辅助设施；搅拌机应当有自动启动的备用电源，以防止机械搅拌在突然断电时停止运行而引起事故。搅拌轴采用硫酸做润滑剂，温度套管用硫酸做导热剂，不可使用普通机械油或甘油，防止机械油或甘油被硝化而形成爆炸性物质。

硝化器应附设相当容积的紧急放料槽，以备在万一发生事故时，可及时将料放出。放料阀可采用自动控制的气动阀或手动阀。硝化器上的加料口关闭时，为了排出设备中的气体，应安装可移动的排气罩。设备应当采用抽气法或利用带有铝制透平的防爆型通风机来避风。因为温度控制是安全的基础，所以应当安装温度自动调节装置，防止因超温发生爆炸。

取样时，可能发生烧伤事故。为了使取样操作机械化，应安装特制的真空仪器。此外，最好还应安装自动酸度记录器。取样时应防止未完全硝化的产物突然着火。

往硝化器中加入固体物质，必须采用漏斗或翻斗车以使加料工作机械化。自加料器的平台上物料将沿专用的管子加入硝化器中。

对于特别危险的硝化产物（硝化甘油），则需将其放入装有大量水的事故处理槽中。为了防止外界杂质进入硝化器中，应仔细检查硝化器中的半成品。

由填料函落入硝化器中的油能引起爆炸事故，因此，在硝化器盖上不得放置用油浸过的填料。在搅拌器的轴上，应备有小槽，以防止齿轮上的油落入硝化器中。

硝化过程中最危险的是有机物质的氧化，其特点是会放出大量氧化氮气体的褐色蒸气并使混合物的温度迅速升高，从而导致硝化混合物从设备中喷出而引起爆炸事故。仔细地配置反应混合物并除去其中易氧化的组分、调节温度及连续混合是防止硝化过程中发生氧化作用的主要措施。

硝化过程中，不需要压力，但在卸出物料时，需采用一定压力，因此，硝化器应符合加压操作容器的要求。加压卸料时可能造成有害蒸气泄入厂房空气中，为了防止此类情况的发生，应改用真空卸料。装料口经常打开或者用手进行装料以及在物料压出时都可能逸出蒸气，故应当尽可能采用密闭措施。由于设备易腐蚀，必须经常检修更换零部件，这也可能引起人身事故。

由于硝基化合物具有爆炸性，因此必须特别注意处理此类物质生产过程中的危险。例如，二硝基苯酚在高温下也无危险，但当形成二硝基苯酚盐时，则变为危险物质。三硝基苯酚盐（特别是铅盐）的爆炸力是很大的。在蒸馏硝基化合物（如硝基甲苯）时，必须特别小心，蒸馏必须在真空下进行。硝基甲苯蒸馏后余下的热残渣也能发生爆炸，这是由于热残渣与空气中氧相互作用的结果。

硝化设备应确保严密不漏，以防止硝化物料溅到蒸汽管道等高温表面上而引起燃烧或爆炸。如管道堵塞时，可用蒸汽加温疏通，但千万不能用金属棒敲打或明火加热。

车间内禁止带入火种，电气设备要防爆。但设备需动火检修时，应拆卸设备和管道，并移至车间外安全地点，用水蒸气反复冲刷残留物质，经分析合格后，方可施焊。需要报废的管道，应专门处理后堆放起来，不可随便拿用，避免意外事故发生。

## 5.4　氯化反应

以氯原子取代有机化合物中氢原子的过程称为氯化，此取代过程是用氯化剂直接处理被氯化的原料。

在被氯化原料中，比较重要的有以下数种：甲烷、乙烷、戊烷、天然气、苯、甲苯及萘等。被广泛应用的氯化剂有：液态或气态的氯、气态氯化氢和各种浓度的盐酸、三氯氧磷，三氯化磷、次氯酸钙（漂白粉 $Ca(ClO)_2$）等。

在氯化过程中，不仅原料与氯化剂发生作用，而且所生成的氯化衍生物同时也与氯化剂发生作用。因此在反应物中除一氯取代物之外，还总是含有二氯及三氯取代物。所以氯化的反应物是各种不同浓度的氯化产物的混合物。氯化过程往往伴有氯化氢气体生成。

影响氯化反应的因素是被氯化物及氯化剂的化学性质、反应温度及压力（压力影响较小）、催化剂和反应物的聚积状态等。氯化反应是在接近大气压的条件下进行的，多数稍高于大气压力（以1毫米汞柱计）或者比大气压力稍低（不大的真空度），以促使气体氯化氢逸出。真空度常常通过在氯化氢排出导管上设置喷射器来实现。

最常用的氯化剂是氯气。在化工生产中，氯气通常液化储存和运输。常用的容器有储罐、气瓶和槽车等。储罐中的液氯在进入氯化器使用之前必须先进入蒸发器使其气化。在一般情况下不能把储存氯气的气瓶或槽车当储罐使用，因为这样有可能使被氯化的有机物质倒流进气瓶或槽车，从而引起爆炸。对于一般氯化器应装设氯气缓冲罐，防止氯气断流或压力减小时形成倒流。

氯化反应的危险性主要在于被氯化物质的性质及反应过程的控制条件。由于氯气本身的毒性较大，储存压力较高，故一旦泄漏是很危险的。反应过程所用的原料大多是有机物，易燃易爆，所以生产过程同样有燃烧、爆炸危险，应严格控制各种点火源，电气设备应符合防火防爆的要求。

氯化反应是一个放热过程，尤其在较高温度下进行氯化，反应更为激烈。例如在环氧氯丙烷生产中，丙烯预热至300℃左右进行氯化，反应温度可升至500℃，在这样高的温度下，如果物料泄漏就会造成燃烧或引起爆炸。因此，一般氯化反应设备必须备有良好的冷却系统，并严格控制氯气的流量，以避免因氯流量过快，温度剧升而引起事故。

液氯的蒸发气化装置，一般采用汽水混合办法进行升温，加热温度一般不超过50℃，汽水混合的流量可以采用自动调节装置控制。在氯气的入口处，应当备有氯气的计量装置，从钢瓶中放出氯气时可以用阀门来调节流量。但阀门开得太大，一次放出大量气体时，由于气化吸热的缘故，液氯被冷却了，瓶口处压力因而降低，放出速度则趋于缓慢，其流量也往往不能满足需要，此时在钢瓶外面通常附着一层白霜。因此若需要气体氯流量较大时，可并联几个钢瓶，由各钢瓶共同供气，就可避免上述问题。若采用此法氯气量仍不足时，可将钢瓶的一端置于温水中加温。

由于氯化反应几乎都有氯化氢气体生成，因此所用的设备必须防腐蚀，且应严密不漏。氯化氢气体可回收，这是较为经济的做法。氯化氢气体极易溶于水中，通过增设吸收和冷却装置就可以除去尾气中绝大部分氯化氢。除用水洗涤吸收之外，也可以采用活性炭吸附和化学处理方法。采用冷凝方法较为合理，但要消耗一定的冷量。采用吸收法时，则需用蒸馏方法将被氯化原料分离出来，以再次处理有害物质。为了使逸出的有毒气体不致混入周围的大气中，可采用分段碱液吸收器将有毒气体吸收。与大气相通的管子上，应安装自动信号分析器，以检查吸收处理进行得是否安全。

## 5.5 催化反应

### 5.5.1 催化过程的安全技术

催化反应是在催化剂的作用下所进行的化学反应。例如由氮和氢合成氨，由二氧化硫和氧合成三氧化硫，由乙烯和氧合成环氧乙烷等都属于催化反应。

在化学反应中能改变反应速度而本身的组成和质量在反应前后保持不变的物质，叫做催化剂。能加快反应速度的叫做正催化剂；减慢反应速度的称做负催化剂或缓化剂。通常所说的催化剂是指正催化剂。常用的催化剂主要有金属、金属氧化物和无机酸等。催化剂一般具有选择性，能专门改变某一个或某一类型反应的速度。有些反应，在不同条件下，使用各种适当的催化剂，可以使人们得到各种不同的产品。

在选择催化剂时，大体有以下几种情况：

（1）生产过程中产生水汽的，一般采用具有碱性、中性或酸性反应的盐类、无机盐类、三氯化铝、三氯化铁、三氧化磷及二氧化镁等。

（2）反应过程中产生硫化氢的，一般采用盐基、卤素、碳酸盐、氧化物等。

（3）反应过程中产生氯化氢的，一般采用碱、吡啶、金属、三氯化铝、三氯化铁等。

（4）反应过程中产生氢气的，应采用氧化剂、空气、高锰酸钾、氧化物及过氧化物等。

催化反应又分单相反应和多相反应两种。单相反应是在气态下或液态下进行的，危险性较小，因为在这种情况下，反应过程中的温度、压力及其他条件较易调节。在多相反应中，催化作用发生于相界面及催化剂的表面上，这时温度、压力较难控制。

从安全要求来看，催化过程中应正确选择催化剂；散热要良好；催化剂加量适当，防止局部反应激烈；注意严格控制温度。

如果催化反应过程能够连续进行，采用温度自动调节系统就可以减少其危险性。

在催化反应过程中有的产生氯化氢，有腐蚀和中毒危险；有的产生硫化氢，中毒危险性更大，另外硫化氢在空气中的爆炸极限较宽（4.3%~45.5%），故生产过程中还有爆炸危险。在产生氢气的催化反应中，有更大的爆炸危险性，尤其在高压下，氢的腐蚀作用会使金属高压容器脆化，从而造成破坏性事故。

原料气中某种能与催化剂发生反应的杂质含量增加，可能生成爆炸危险物，故也是非常危险的。例如：乙烯在催化氧化合成乙醛的反应中，由于在催化剂体系中含有大量的亚铜盐，若原料气含乙炔过高，则乙炔会与亚铜盐反应生成乙炔铜。

$$2CuCl + C_2H_2 \longrightarrow Cu_2C_2 + 2HCl$$

$Cu_2C_2$ 为红色沉淀，自燃点在 $260~270℃$，干燥状态下极易爆炸，在空气作用下易氧化而呈暗黑色，并易起火。

### 5.5.2　催化重整

在加热、加压和催化作用下进行汽油馏分重整，叫催化重整。所用的催化剂有钼铝催化剂、铬铝催化剂、铂催化剂、镍催化剂等。主要反应有脱氢、加氢、芳香化、异构化、脱烷基化和重烷基化等。直馏汽油、粗汽油等馏分的催化重整，主要是使原料油脱氢、芳香化和异构化，同时伴有轻度的热裂化，可以提高辛烷值。其他烃类的催化重整，主要用于制取芳香烃。

提高汽油的辛烷值可以消除汽车发动机通常易产生的"爆震"现象。而汽油的催化重整，是改善汽油辛烷值最好方法。

催化重整的装置根据所用设备的不同，有固定床催化重整、流动床催化重整、蓄热器催化重整等；根据所用催化剂和其他条件的不同，有加氢催化重整、铂重整等。按催化剂再生方法分为非再生催化剂型、间歇再生催化剂型、连续再生催化剂型；按产物分为燃料型（汽油）、化工型（芳烃）和综合型。

反应器应当有附属热电偶管和催化剂引出管；反应器和再生器都需采用绝热措施。为了便于观察壁温，常在反应器外表面涂上变色漆，当温度超过规定指标就会变色显示。铂重整的反应器装置，包括加氢精制反应器，由于存在高温、加压和氢腐蚀，故对材质要求较高，可选用镇静钢、合金钢的复合钢板或衬里。

催化剂在装卸时，要防破碎和污染，未再生的催化剂卸出时，要预防自燃超温烧坏。

加热炉是热的来源，在催化重整过程中，重整和预加氢的反应需要很大的炉子才能供应所需的反应热，所以加热炉的安全和稳定是很重要的。此外，反应过程中物料预热或塔底加热器、重沸器的热源，均需依靠热载体加热炉，热载体在使用过程中要防止局部过热分解，防止进水或进入其他低沸点液体造成水汽化而超压爆炸。加热炉必须保证燃烧正常，调节及时。

加热炉出口温度的高低、是反应器入口温度稳定的条件，而炉温变化与很多因素有关，例如燃料流量、压力、质量等。为了稳定炉温，保证整个装置安全生产，加热炉应采用温度自动调节控制系统，操作室的温度指示由测温元件将感受信号通过温度变送器传送过来。

催化重整装置中，安全警报应用较普遍，对于重要工艺参数，如温度、压力、流量、液位等都有警报，重要的液位显示器、指示灯、喇叭等警报装置如表5-1所示。

**表5-1　催化重整装置主要警报点、警报装置与参数范围**

| 警 报 点 | 警报参数 | 范 围 | 警报装置 |
|---|---|---|---|
| 重整进料泵 | 低流量 | 低于正常量50% | 喇叭 |
| 预分馏塔底 | 低液面 | 低于正常值25% | 指示灯 |
| 预加氢汽提塔底 | 低液面 | 低于正常值20% | 指示灯 |
| 脱戊烷塔底 | 低液面 | 低于正常值80% | 指示灯 |
| 抽提塔底 | 低界面 | 低于正常值25% | 指示灯 |
| 汽提塔底 | 高液面 | 高于正常值90% | 指示灯 |
| 重整循环氢 | 低流量 | | 喇叭（自动保护） |

重整循环氢和重整进料量，对催化剂有很大的影响，特别是低氢量和低空速运转，容易造成催化剂结焦，所以除报警系统外，还应备有自动保护系统。这个保护系统，就是当参数变化超出正常范围，发生不利于装置运行的危险状况时，自动仪表可以自行做出工艺处理，如停止进料或使加热炉灭火等，以保证安全。

除了警报和自动保护之外，所有压力塔器都应装设安全阀。

### 5.5.3　催化加氢

催化加氢是多相反应，一般是在高压和有固相催化剂存在条件下进行的。这类反应过程的主要危险性，在于原料及成品（氢、氨、一氧化碳等）大都易燃、易爆或具有毒性，高压反应设备及管道易受到腐蚀并常因操作不当而发生事故。

在催化加氢过程中，压缩工段的安全极为重要。氢气在高压下，爆炸范围加宽，燃点降低，从而增加了危险。高压氢气一旦泄漏将立即充满压缩机室并会因静电火花而引起爆炸。压缩机各段都应装有压力表和安全阀。在最后一段上，安装两个压力表和安全阀更为可靠。

高压设备和管道的选材要考虑防止氢腐蚀的问题，管材应选用优质无缝钢管。设备和管线应按照有关规定定期进行检验。

为了避免吸入空气而形成爆炸危险，供气主管压力必须稳定在规定的数值。为了防止因高压致使设备损坏氢气泄漏而达到爆炸浓度，应有充足的备用蒸汽或惰性气体，以便应急。另外，室内通风应当良好；因氢气相对密度较轻，宜采用天窗排气。

为了避免设备上的压力表及玻璃液位指示器在爆炸时其碎片伤人，这些部位应包以金属网，液面测量器应定期进行水压试验。

冷却机器和设备用水不得含有腐蚀性物质。在开车或检修设备、管线之前，必须用氮气吹扫。吹扫气体应当排至室外，以防止窒息或中毒。

由于停电或无水而停车的系统，应保持正压，以免空气进入系统。无论在任何情况下处理压力设备时不得进行拆卸检修。

## 5.6 裂解反应

裂解反应有时又称裂化反应，是指有机化合物在高温下发生分解的反应。裂解可分为热裂解、催化裂解、加氢裂解三种类型。石油产品的裂解主要以重质油为原料，在加热、加压或催化作用下，使其所含分子量较大的烃类断裂成分子量较小的烃类（也有分子量较小的烃类缩合成分子量较大的烃类），再经过分馏而得裂解气、汽油、煤油和柴油等产品。分子量较小的烃类主要是烷烃和烯烃，分子量较大的烃类主要是芳烃。

### 5.6.1 热裂解

热裂解在加热和加压下进行，根据所用压力的高低，分为高压热裂解和低压热裂解两种。高压热裂解在较高压力（$(20.2650 \sim 70.9275) \times 10^5 Pa$）和较低温度（约 $450 \sim 550℃$）下进行；低压热裂解在较低压力（$(1.01325 \sim 5.06625) \times 10^5 Pa$）和较低温度（约 $550 \sim 770℃$）下进行。产品有裂化气体、汽油、煤油、柴油和石油焦等。

热裂解装置的主要设备有管式加热炉、分馏塔、反应塔等。管式加热炉就是用钢管做成的炉子。管子里是原料油，管外用火加热，至 $800 \sim 1000℃$ 使原料发生裂解。管式炉经常在高温下运转，要采用高镍铬合金钢。

热裂解生成的焦炭会沉积在加热炉管内，形成坚硬的焦层，叫做结焦。炉管结焦后，会使加热炉效率下降，炉管出现局部过热，甚至烧穿。

裂解炉炉体应有防爆门，备有蒸汽吹扫管线和灭火管线。另外，还设置有紧急放空管和放空罐，以防止因阀门不严或设备漏气造成事故。

处于高温下的裂解气，要直接喷水急冷，如果因停水和水压不足，或因误操作，气体压力大于水压而冷却不起来，便会烧坏设备甚至引起火灾。为了防止此类事故发生，应配备两路电源和水源。操作时，要保证水压大于气压，发现停水或气压大于水压时要紧急放空。

裂解后的产品多数以液态储存，有一定的压力，如有密封不严之处，储槽中的物料就会散发出来，遇明火发生爆炸。高压容器和管线要求不泄漏，并应安装安全装置和事故放空装置。压缩机房应安装固定的蒸汽灭火装置，其开关应设在外边易接触的地方。机械设备、管线必须安装完备的静电接地和避雷装置。

分离主要是在气相下进行的，所分离的气体均有火灾和爆炸危险，如果设备不严密或操作失误而泄漏，遇火源就会燃烧或爆炸。分离都是在压力下进行的，原料经压缩机压缩有较高的压力，若设备材质不良，误操作造成负压或超压，压缩机冷却不好，或者设备因腐蚀、裂缝而泄漏物料，就会发生设备爆炸和油料着火。另外，分离大都在低温下进行，操作温度有的低至 $-30 \sim -100℃$，在这样的低温条件下，如果原料气或设备含水，就会发生冻结堵塞，以致引起起火爆炸。分离的物质在装置系统内流动，尤其在压力下输送，易产生静电火花而引起燃烧，因此应该有完善的消除静电的措施。分离塔设备均应安装安全阀和放空管；低压系统和高压系统自检应有止逆阀；应配备固定的氮气装置、蒸汽灭火装置。发现设备有堵塞现象时，可用甲醇解冻疏通。操作过程中要严格控制温度和压力。发生事故需要停车时，要停掉压缩机、关闭阀门、切断与其他系统的通路，并迅速开启系统放空阀，再用氮气、水蒸气或高压水等扑救。放空时应当先放液相后放气相，必要时送至火炬。

### 5.6.2 催化裂解

催化裂解，是在催化剂存在的条件下，对石油烃类进行高温裂解来生产乙烯、丙烯、丁烯等低碳烯烃，并同时兼产轻质芳烃的过程。由于催化剂的存在，催化裂解可以降低反应温度，增加低碳烯烃产率和轻质芳香烃产率，提高裂解产品分布的灵活性。

催化裂解用于重质油生产轻质油的工艺时，由于常减压塔底的塔底油和渣油含有较多胶质、沥青质，易产生焦炭，同时还含有金属铁、镍等，因此一般采用较重的馏分油为原料，在 $460 \sim 520℃$ 及 $(1.01325 \sim 2.0265) \times 10^5 Pa$ 下进行反应。

催化裂解装置主要由三个系统组成，即反应系统或反应再生系统、分馏系统以及吸收稳定系统。

反应再生系统是催化裂解装置中重要的组成部分，也是生产中的关键。反应过程中生成的焦炭附在催化剂表面上，从而使催化剂失去活性，沉到反应器底部，并被不断送入再生器。在再生器内鼓入空气烧掉焦炭，使催化剂恢复活性，再返回反应器。分馏系统的任务是把反应器送来的产物进行冷却并分馏成各种产品，主要设备有分馏塔，轻、重柴油汽提塔。吸收稳定系统的主要任务是进行富气分离和使汽油、干气、液态烃等质量合乎要求。主要设备包括气体压缩机、吸收解析塔、二级吸收塔、稳定塔和汽油水洗、碱洗等。

在生成过程中，这三个系统是紧密相连的整体。反应系统的变化会很快影响到分馏和吸收稳定系统，后两个系统的变化反过来又会影响到反应部分。在反应器和再生器间，催化剂悬浮在气流中，整个床层温度要保持均匀，以免局部过热，造成事故。

反应器与再生器之间的压差保持稳定是催化裂解反应中最主要的安全问题。在反应再生系统中，压差一般都是正压，即反应器压力高于再生器压力；在提升管反应器中，压差是负值，即再生器压力高于反应器压力。两器压差一定不能超过规定的范围，目的就是要使两器之间的催化剂沿一定方向流动，避免倒流造成油气与空气混合而发生爆炸。当维持不住两器压差时，应迅速启动自动保护系统，关闭两器间的单动滑阀。在两器内存有催化剂的情况下，必须通以流化介质维持流动状态，防止造成死床。正常操作时，主风量和进料量不能低于流化所需的最低值，否则应通入一定量的事故蒸气，以保持系统内正常流化状态，保证压差的稳定。当主风由于某种原因停止时，应自动切断反应器进料，同时启动主风与进料及增压风自动保护系统，向再生器与反应器、提升管内通入流化介质，而原料则经事故旁通线进入回炼罐或分馏塔，并保持系统的热量。

在反应正常进行时，分馏系统要保持分馏塔底油浆经常循环，防止催化剂从油气管线进入分馏塔而被携带到塔盘上及后面系统，造成塔盘堵塞。要防止因回流过多或过少而引起的憋压和冲塔现象。在切断进料以后，加热炉应根据情况适当减火，防止炉管结焦和烧坏，再生器也应防止在稀相层发生二次燃烧，因这种燃烧往往放出大量热，损坏设备。

降温循环水应充足，降温用水若因故中断，应立即采取减量降温措施，防止各回流冷却器油温急剧上升，造成油罐突沸。同时应当注意冷却水量突然加大，造成急冷，也容易损坏设备。若系统压力上升较高，必要时可启动气压放空火炬，维持反应系统压力平衡。另外，应备有单独的供水系统。

催化裂解装置的关键设备应当备有两路以上的供电系统，自动切换装置应经常检查，保持灵敏好用，当其中一路停电时，另一路能在几秒钟内自动合闸送电，保持装置的正常运行。

### 5.6.3　加氢裂解

加氢裂解是 20 世纪 60 年代发展起来的新工艺，其特点是在有催化剂及氢气存在下，使重质油通过裂解反应转化为质量较好的汽油、煤油和柴油等轻质油。加氢裂解与催化裂解不同的是在进行催化裂解反应时，其同时伴有烃类加氢反应、异构化反应等，所以叫加氢裂解。加氢裂解集炼油技术、高压技术和催化技术为一体，是重质馏分油深度加工的主要工艺之一。

加氢裂解装置有多种类型，按照反应器中催化剂的放置方式不同，可分为固定床、沸腾床等。反应器是加氢裂解装置最主要的设备之一，目前新建加氢裂解装置中所用反应器，多数是壁厚大于 179mm，直径大于 3000mm，高度大于 20000mm，总量超过 500t 的大型反应器，可承受 11MPa 以上压力和 400 ~ 510℃ 的温度。

加氢裂解装置处于高温、高压、临氢、易燃、易爆、有毒介质操作环境，其强放热效应有时使反应变得不可控制；工艺物流中的氢气具有强爆炸危险性和穿透性；脱硫反应产生的 $H_2S$ 为有毒气体；高压串低压可能引起低压系统爆炸；高温、高压设备设计、制造产生的问题，可能引起火灾或爆炸；管线、阀门、仪表的泄漏可能产生严重的后果。

加热炉平稳操作对整个装置安全运行十分重要，要防止设备局部过热，防止加热炉的炉管烧穿或者高温管线、反应器漏气而引起燃烧。高压下钢与氢气接触易产生氢脆，因此应加强检查，定期更换管道设备，防止事故发生。

## 5.7　聚　合　反　应

由低分子单体合成聚合物的反应称为聚合反应。聚合反应的类型很多，按聚合物和单体元素组成和结构的不同，可分为加聚反应和缩聚反应两大类。

单体加成而聚合起来的反应称为加聚反应。聚乙烯聚合成聚氯乙烯就是加聚反应。加聚反应产物的元素组成与原料单体相同，仅结构不同，其相对分子量是单体相对分子量的整数倍。

另外一类聚合反应中，除了生成聚合物外，同时还有低分子副产物生成。这类聚合反应称为缩聚反应。如己二胺和己二酸反应生成尼龙-66 的缩聚反应。缩聚反应的单体分子中都有官能团，根据单体官能团的不同，低分子副产物可能是水、醇、氨、氯化氢等。由于副产物的析出，缩聚物结构单元要比单体少若干原子，缩聚物的相对分子量不是单体相对分子量的整数倍。

按照聚合方式，聚合反应又可分为以下 5 种：

（1）本体聚合。本体聚合是在没有其他介质的情况下（如乙烯的高压聚合、甲醛的聚合等），用浸在冷却剂中的管式聚合釜（或在聚合釜中设盘管、列管冷却）进行的一种聚合方法。这种聚合方法往往由于聚合热不易传导散出而导致危险。

（2）溶液聚合。溶液聚合是选择一种溶剂，使单体溶成均相体系，加入催化剂或引发剂后，生成聚合物的一种聚合方法。这种聚合方法在聚合和分离过程中，易燃溶剂容易挥发和产生静电火花。

（3）悬浮聚合。悬浮聚合是用水做分散介质的聚合方法。它是利用有机分散剂或无机分散剂，把不溶于水的液态单体连同溶在单体中的引发剂经过强烈搅拌，打碎成小水珠状，分散在水中成为悬浮液，在极细的单位小珠液滴中进行聚合，因此又叫珠状聚合。这种方法在整个聚合过程中，如果没有严格控制工艺条件，或设备运转不正常，则易出现溢料，如若溢料，则水分蒸发后未聚合的单体和引发剂遇火源极易引发着火或爆炸事故。

（4）乳液聚合。乳液聚合是在机械强烈搅拌或超声波振动下，利用乳化剂使液态单体分散在水中，引发剂溶在水里而进行聚合的一种方法。这种聚合方法常用无机过氧化物（如过氧化氢）作引发剂。如果过氧化物在介质（水）中配比不当，温度太高，反应速度过快，会发生冲料。同时聚合过程中还会产生可燃气体。

（5）缩合聚合。缩合聚合也称缩聚反应，是具有两个或两个以上官能团的单体相互缩合，并析出小分子副产物而形成聚合物的聚合反应。缩合聚合反应是吸热反应，但如果温度过高，也会导致系统的压力增加，甚至引起爆裂，从而泄漏出易燃易爆的单体。

由于聚合反应的单体大多数是易燃、易爆物质，且聚合反应多在高压下进行，反应本身又是放热过程，如果反应条件控制不当，很容易出事故。下面以高压下乙烯聚合、氯乙烯聚合和丁二烯聚合为例，阐述这些聚合反应过程中的安全技术要点。

## 5.7.1　高压下乙烯聚合

高压聚乙烯反应一般在 130 ~ 300MPa 压力下进行。反应过程中流体的流速很快，停留于聚合装置中的时间仅为 10 秒到数分钟，温度保持在 150 ~ 300℃。在这样的温度和高压下，乙烯是不稳定的，能按下式分解成碳、甲烷、氢气等。

$$C_2H_4 \longrightarrow CH_4 + C$$

$$C_2H_4 \longrightarrow 2C + 2H_2$$

乙烯一旦发生裂解，所产生的热量可以使裂解过程进一步加速直到爆炸。国内外曾发生过因聚合反应器温度异常升高，分离器超压而发生火灾、压缩机爆炸以及反应器管路中安全阀喷火后发生爆炸等事故。因此，严格地控制反应条件是十分重要的。

采用轻柴油裂解制取高纯度乙烯工艺中，产品从氢气、甲烷、乙烯到裂解汽油、渣油等，都是可燃性气体或液体，炉区的最高温度达 1000℃，而分离冷冻系统温度低到 -169℃。反应过程以有机过氧化物作为催化剂，采用 750L 大型釜式反应器。乙烯属高压液化气体，爆炸范围较宽，操作又是在高温、超高压下进行，而超高压节流减压又会引起温度升高，所有这些因素，都对高压聚乙烯生产操作提出了十分严格的要求。

高压聚乙烯的聚合反应在开始阶段或聚合反应进行阶段都会发生暴聚反应，所以设计时必须充分考虑到这一点，如可以添加反应抑制剂或加装安全阀（反倒闪蒸槽中去）来加以防止。在紧急停车时，聚合物可能固化，停车再开车时，应检查管内是否堵塞。

高压部分应有两重或三重防护措施，要求远距离操作。由压缩机出来的油严禁混入反应系统（因为油中含有空气，进入聚合系统可形成爆炸性混合物）。

采用管式聚合装置的最大问题是反应后的聚乙烯产物易粘挂管壁发生堵塞。由于堵管会引起管内压力与温度的变化，甚至因局部过热引起乙烯裂解而使其成为爆炸事故的诱因。解决这个问题可采用加防粘剂的方法或在设计聚合管时设法在管内赋予流体以周期性脉冲。脉冲在管内传递时，可使物料流速突然增加，从而将管壁上积存的粘壁物冲去。

聚合装置各点温度反馈具有当温度超过限界时逐渐降低压力的作用，可用此方法来调节管式聚合装置的压力和温度。另外，可以采用振动器使聚合装置的固定压力按一定周期有意地加以变动，如利用振动器的作用使装置内压力很快下降 70～100 个大气压，然后再逐渐恢复到原来压力。用此方法使流体产生脉冲可以将粘在管壁上的聚乙烯冲掉，使管壁保持洁净。

在这一反应系统中，添加催化剂必须严格控制，应装设联锁装置，以使反应发生异常现象时，能降低压力并使压缩机停车。为防止因乙烯裂解产生爆炸事故，可采用控制有效直径的方法，调节气体流速，在聚合管开始部分插入具有调节作用的调节杆，避免初期反应的突然爆发。

由于乙烯的聚合反应热较大，如果加大聚合反应器，单纯靠夹套冷却或在器内通冷却蛇管的方法是不够的，况且在器内加蛇管很容易引起聚合物黏附，从而发生故障。清除反应热较好的办法是采用单体或溶剂气化回流，利用它们的蒸发潜热把反应热带出。蒸发的气体再经冷凝器或压缩机冷却后返回聚合釜重新利用。

### 5.7.2　氯乙烯聚合

氯乙烯聚合的生产方法一般是将精氯乙烯单体在聚合釜中按一定配方和操作条件，以偶氮化合物或过氧化合物为引发剂，纤维素醚、聚乙烯醇为分散剂，水作为分散和传热介质，并伴有搅拌以进行反应而悬浮聚合成聚氯乙烯树脂。将聚合工段汽提好的悬浮液，经离心、洗涤、脱水、气流干燥、沸腾干燥、过筛、包装后，送仓库存放。

聚合在一定体积的反应釜中进行，采用等温入料工艺，并由 DCS（分散控制系统）对装置生产全过程进行自动控制。纯水、氯乙烯单体及各种助剂按照一定程序加入聚合釜内，在一定温度、压力下发生聚合反应生成聚氯乙烯，聚合后的聚氯乙烯浆料被送至出料槽，再经汽提塔脱除 PVC（聚氯乙烯）颗粒内部的氯乙烯后，送去干燥脱除水分，再经包装后入库。未反应的气相氯乙烯经压缩机压缩冷凝后回收至回收单体槽。

工业化生产时，根据树脂的用途，一般采用四种聚合方式：悬浮聚合，本体聚合（含气相聚合），乳液聚合（含微悬浮聚合），溶液聚合。其中悬浮聚合生产产量最大，因为其生产过程简单，便于控制及开展大规模生产，产品适用性强，是聚氯乙烯的主要生产方式。

聚合生产单元主要包括氯乙烯聚合单元、聚氯乙烯汽提单元和氯乙烯压缩回收单元。

（1）聚合单元主要反应为氯乙烯以偶氮化合物或过氧化合物为引发剂，纤维素醚、聚乙烯醇为分散剂，水作为分散和传热介质，并伴有搅拌以进行反应。该反应属于聚合反应，该单元的主要危险因素及安全要点如下：

1）聚合所用的引发剂应储存在0℃以下，须单独存放，不要与明火或其他热源接触，否则可能会发生爆炸事故。

2）聚合所用的氯乙烯具有易燃性和毒性，大量的氯乙烯泄漏到空气中遇明火会引起爆炸事故，被人体吸入会产生头晕，浑身软弱无力等症状，并会使人逐渐神志不清，站立不稳，四肢痉挛，呼吸由急变弱，最后失去知觉，甚至死亡。

3）VC单体入料期间，管道压力较高，如果管道泄漏，遇到明火极易发生火灾爆炸事故。

4）聚合釜内若混入惰性气体，反应过程中会造成聚合釜压力急剧上涨，进而导致泄漏，严重时会产生爆炸事故。

5）聚合反应中链的引发阶段是吸热过程，所以需要加热。在链的增长阶段则是放热，需要将釜内的热量及时移走，从而将反应温度控制在规定的范围内。在两个过程中需分别向夹套通入加热蒸汽和冷却水。温度控制多采用串级调节系统。聚合釜大型化的关键在于采取有效措施移去反应热。为了及时移走热量，必须有可靠的搅拌装置。搅拌器一般采用顶伸式，由釜上的电动机通过变速器带动。为了防止气体泄漏，搅拌轴穿出釜外部部分必须密封，一般采用具有水封的填料函或机械密封。

6）冷却所用的盐水含有Cl⁻离子，会造成设备管线腐蚀。

（2）聚氯乙烯汽提单元内，浆料的固体PVC中的VC，无论通过解析还是扩散，首先，其都要通过PVC颗粒中的孔隙穿过PVC皮膜层，向其浓度低的水中扩散，并在水中溶解。VC脱析要具备不断降低浆料中气相VC蒸汽分压、降低浆料的液层高、减少水相静压阻力、树脂颗粒具有均匀多孔和皮膜结构等条件。该单元的主要危险因素如下：

1）汽提采用蒸汽给予PVC中的VC以热能，使其冲破水液层静压阻力而扩散到气相中。如果蒸汽泄漏或者接触蒸汽管道，容易造成烫伤。

2）汽提塔顶、塔底温度低，会影响PVC的汽提效果，影响产品质量。

3）汽提塔长期使用，会造成塔内结垢，塔内压差升高，造成蓬料并带入冷凝水槽，影响正常生产。

4）汽提塔开车运行一段时间后，取样分析合格后再回收至气柜，否则会产生混合性爆炸气体，进而发生爆炸事故。

（3）聚合釜的转化率一般在80%左右，这样就需要回收大量未反应的单体。回收前期由于压力高，气相VC直接进入冷凝器，冷凝为液相VC，当回收后期压力降低时，可启动压缩机提高压力，继续回收，直至回收压力达到目标值。氯乙烯压缩回收单元的主要危险因素如下：

1）回收氯乙烯的管线或设备发生泄漏时，遇到明火、热源可能会发生火灾、爆炸事故。

2）回收气中含氧量较高的情况下，进入回收单体槽或气柜时，可能发生爆炸事故。

3）回收过程中，若阻聚剂含量小，可造成管道自聚，影响回收下液，使液相单体流至气柜，产生安全隐患及影响聚合收率。

4）冷凝器结垢严重时，会影响气相 VC 冷凝效果，造成大量 VC 回收至气柜，产生安全隐患和影响聚合收率。

5）冷凝器冷却水温度高、压力低时，不仅影响其冷凝效果，而且可能造成爆炸事故。

氯乙烯聚合过程间歇操作及粘壁的聚合物清理，通常需要人工来完成。这种方法劳动强度大，浪费时间。多年来，各国对这个问题进行了各种途径的研究，其中接枝共聚和水相共聚等方法较有效，通常也可采用加水相阻聚剂或单体水相溶解抑制剂来减少聚合物的粘壁作用。常用的助剂有硫化钠、硫脲和硫酸钠。另外，也可以将"醇溶黑"涂在釜壁上，以减少清釜的次数。采用超高压水喷射清洗釜壁效果较好，但装置和操作都较复杂。

由于聚氯乙烯聚合是采用分批间歇方式进行的，反应主要依靠调节聚合温度，因此聚合釜的温度自动控制十分重要。

# 5.8　电　解　反　应

## 5.8.1　电解过程

电流通过电解质溶液或熔融电解质时，在两个电极上所引起的化学变化，称为电解。电解过程中能量变化的特征是电能转变为电能产物蕴藏的化学能。

电解在工业生产中有广泛的应用。许多有色金属（钠、钾、镁等）和稀有金属（铬、锆等）的冶炼，金属铜、锌、铅等的精炼，许多基本化学工业产品如氢、氧、氯、烧碱、氯酸钾、过氧化氢等的制备以及电镀、电抛光、阳极氧化等都是通过电解来实现的。

盐水电解是化学工业中最典型的电解反应之一。氯碱的主要工业生产方法就是采用电解盐水的方法，其生产工艺经历了水银法—隔膜法—离子膜法 3 个发展阶段。2001 年，国内水银法烧碱装置已基本关停，隔膜电解装置技术成熟，并出现了可降低极距的扩张阳极、改性隔膜等先进技术，隔膜法烧碱装置成为主流装置，产能随氯碱市场的好转而快速增加，但离子膜法烧碱装置的发展势头更加强劲。离子膜法是 20 世纪 80 年代发展的新技术，具有工艺流程简单、能耗低，产品质量高，生产稳定等特点，且无有害物质的污染，是较理想的烧碱生产方法。

## 5.8.2　离子膜电解食盐生产氯碱工艺

原盐首先送盐水工段，在盐水工段首先除硫酸根，再通过干盐饱和，加入氢氧化钠、碳酸钠、氯化铁，经过预处理器及膜过滤器，用盐酸中和变成一次精盐水。一次精盐水送入螯合树脂塔进行二次精制，精制出的二次精盐水调配后送到离子膜电解槽。电解出两股物料，阳极液经过分离，氯气送至氯氢处理总管，淡盐水通过消除游离氯后送至盐水工段；阴极液经过分离，湿氢气送至氢气处理工序，碱液送至碱液循环缸，一部分32%液碱冷却后送至酸碱站，另一部分进电解槽参加循环。

湿氯气用泵抽入氯氢处理工序，经过洗涤、冷却、干燥后送至液氯工段，一部分氯气送至氯气用户，一部分氯气冷却后变成液氯，液氯用于包装或气化后送至成品氯用户，未被液化的尾氯送至盐酸工段做盐酸。湿氢气用泵抽入氯氢处理工序，经过洗涤、冷却送至氢气用户。液氯工段产生的尾酸与氯氢处理工序送来的氢气在盐酸工段合成高纯盐酸或合成工业盐酸。高纯盐酸返送至离子膜电槽工序。

### 5.8.3 电解槽

电解槽是离子膜装置的关键设备，是整个装置的核心。电解槽被离子膜分成阳极室和阴极室，其中，阳极室产生氯气和淡盐水；阴极室产生氢气和烧碱。按照电解槽的供电方式划分，电解槽分为单极槽和复极槽。由于复极槽具有生产能力大、投资相对较小等优点，因此，复极式电解槽得到越来越广泛地采用。然而随着复极单元数目不断增加，静密封点也相对增加，这必然导致泄漏几率增大。而氢气属于易燃易爆危险物质，与空气混合极易发生爆炸，一旦发生泄漏便容易发生事故。

复极式电解槽由多个单元槽组装而成，通过油压系统挤压或长杆螺栓紧固进行密封。阴极液出、入口集管分别通过软管与每个单元槽连接，软管与单元槽及集管之间通过 O 形环密封，并通过软管螺母紧固。为防止空气进入氢气系统，氢气系统采用正压操作。

## 5.9 磺化、烷基化和重氮化反应

### 5.9.1 磺化

磺化是在有机化合物分子中引入磺酸基（—$SO_3H$）的反应。常用的磺化剂有发烟硫酸、亚硫酸钠、亚硫酸钾、三氧化硫等。阴离子表面活性剂原料十二烷基苯磺酸及氨基苯磺酸等具有磺酸基的化合物及其盐都是经磺化反应生成的。

磺化反应的危险性主要源于磺化剂的强腐蚀性、强氧化性、反应放热等特性。

发烟硫酸中的 $SO_3$ 含量远高于98% 硫酸，脱水性、氧化性也强于浓硫酸，以发烟硫酸为磺化剂的磺化反应所具有的危险性与硝化反应类似。用三氧化硫作为磺化剂时，如遇到比硝基苯更易燃的物质时会很快引起着火。

磺化反应生产过程所用原料苯、硝基苯、氯苯等都是可燃物，而磺化剂发烟硫酸、三氧化硫、氯磺酸都是具有氧化性的物质，这样就具备了可燃物与氧化剂作用发生放热反应的燃烧条件，所以磺化反应是十分危险的。由于磺化反应是放热反应，所以投料顺序颠倒、投料速度过快、搅拌不良、冷却效果不佳等都有可能造成反应温度升高，使磺化反应变为燃烧反应，引起着火或爆炸事故。如果加料过程中停止搅拌或搅拌速度过慢，则易引起局部反应物浓度过高，局部温度升高，不仅易引起燃烧反应，还能造成起火或爆炸事故。如果反应中有气体生成，则加料过快会造成沸溢，比如发烟硫酸与尿素反应生成氨基磺酸。

### 5.9.2　烷基化

在有机化合物中的氮、氧、碳等原子上引入烷基（—R）的化学反应称为烷基化（亦称烃化），被引入的烷基可以是甲基（—CH₃）、乙基（—C₂H₅）、丙基（—C₃H₇）、丁基（—C₄H₇）等，甚至是十二烷基。常用作烷基化的化合物为烯烃、卤代烃、醇等活泼性有机化合物，如利用苯胺和甲醇作用制取二甲基苯胺。

烷基化反应系统温度、压力较高，反应条件较苛刻，物料易燃、易爆且有强腐蚀性。反应器需使用性能良好的防腐隔热衬砖为衬里。其他设备和阀门、管线应采用特殊防腐材料，防止存在跑、冒、滴、漏现象。

苯是常见的被烷基化的物质，属于甲类液体，闪点-11℃，爆炸极限1.5%～9.5%；苯胺是丙类液体，闪点71℃，爆炸极限1.3%～4.2%。

烷基化剂的分子量小，一般比被烷基化物质的火灾危险性要大，如丙烯是易燃气体，爆炸极限2%～11%；甲醇是甲类液体，爆炸极限6%～36.5%；即使是十二烯也是乙类液体，闪点35℃，自燃点220℃。

烷基化过程所用的催化剂，如三氯化铝、三氯化磷，都是忌湿物质，遇水分解放热，放出强腐蚀性的氯化氢气体，且易引发火灾。

烷基化的产品亦有一定的火灾危险。如异丙苯是乙类液体，闪点35.5℃，自燃点434℃，爆炸极限0.68%～4.2%；二甲基苯胺是丙类液体，闪点61℃，自燃点371℃。

烷基化反应一般是按原料、催化剂、烷基化剂次序加料，如果顺序颠倒、加料速度过快或停止搅拌则可能发生剧烈反应，引起跑料。

### 5.9.3　重氮化

重氮化是使芳伯胺变为重氮盐的反应。通常是把含芳胺的有机化合物置于酸性介质中与亚硝酸钠作用，使其中的氨基（—NH₂）转变为重氮基（—N≡N—）的化学反应，反应式如下：

$$2\,\text{⟨⟩}\!-\!NH_2 + NO_2 \longrightarrow 2\,\text{⟨⟩}\!-\!N^+\!\!\equiv\!N + 2H_2O$$

重氮化过程中的主要危险性如下：

（1）重氮化反应的主要火灾危险性在于反应所产生的重氮盐，如重氯盐酸盐（C₆H₅N₂Cl）、重氮硫酸盐（C₆H₅N₂HSO₄），特别是含有硝基的重氮盐，如重氮二硝基苯酚((NO₂)₂N₂C₆H₂OH)等，它们在温度稍高或光的作用下，即易分解，有的甚至在室温时亦能分解。一般每升高10℃，分解速度会加快两倍。在干燥状态下，有些重氮盐不稳定，活性大，受热或摩擦、撞击能分解爆炸。含重氮盐的溶液若洒落在地上或蒸汽管道上，干燥后亦能引起着火或爆炸。在酸性介质中，有些金属如铁、铜、锌等能促使重氮化合物激烈地分解，甚至引起爆炸。

（2）作为重氮剂的芳胺化合物都是可燃有机物质，在一定条件下也有着火和爆炸的危险。

（3）重氮化生产过程所使用的亚硝酸钠是无机氧化剂，于175℃时分解并能与有机物反应，发生着火或爆炸。亚硝酸钠并非强氧化剂，所以当遇到比其氧化性强的氧化剂时，又具有还原性，故遇到氯酸钾、高锰酸钾、硝酸铵等强氧化剂时，也有发生着火或爆炸的可能。

（4）在重氮化的生产过程中，若反应温度过高、亚硝酸钠的投料过快或过量，均会增加亚硝酸的浓度，加速物料的分解，产生大量的氧化氮气体，故也有引起着火爆炸的危险。

## 思 考 题

5-1 乙烯聚合、氯乙烯聚合过程中存在的危险分别是什么，应分别采取哪些安全措施？

5-2 催化重整和催化加氢过程中应注意哪些安全问题？

5-3 硝化过程中潜在的危险因素有哪些，应当采取怎样的安全措施？

5-4 氯化反应存在的危险因素有哪些，应当采取哪些安全措施？

5-5 电解过程中存在哪些危险，应采取的相应的安全措施有哪些？

5-6 催化裂化、热裂化和加氢裂化过程总存在哪些危险，应采取的相应的安全措施有哪些？

# 6　典型的化工操作过程安全技术

一种化工产品在生产过程中，从原料到成品，往往要经过几个甚至几十个加工过程，其中除了发生化学反应外，尚有大量的物理加工过程。这些物理加工过程主要有物料输送、破碎、筛分、搅拌、混合、加热、冷却与冷凝、沉降、过滤、蒸馏、精馏、蒸发、结晶、萃取、吸收、干燥等。本章主要从安全角度出发，说明在以上单元操作中应注意的安全问题。

## 6.1　传热类单元操作

传热类单元操作主要有加热、熔融、干燥、蒸发、蒸馏、精馏、冷却与冷凝、冷冻等，这类单元操作的共同点是均伴有热量传递和转换。

### 6.1.1　加热操作

#### 6.1.1.1　加热操作简介

加热操作是化工生产的基本操作，是促进化学反应、物料升温、液体物料蒸发和浓缩、蒸馏和精馏、固体物料干燥、热量综合应用等操作的必要手段。生产中常用的加热方式有直接火加热（包括烟道气加热）、蒸汽或热水加热、有机载体（或无机载体）加热以及电加热等。加热温度在100℃以下的，常用热水或蒸汽加热；100～140℃用蒸汽加热；超过140℃则用加热炉直接加热或用热载体加热；超过250℃时，一般用电加热。

加热操作的主要目的是物料的升温或干燥操作，提供热源的设备主要为蒸汽锅炉、导热油炉、热风炉等，其均属于特种设备。

#### 6.1.1.2　加热操作过程的危险性分析

化工生产中加热操作是控制温度的重要手段，均伴有热量的传递。加热操作对人员的直接危害是热灼烫，间接危害是加热操作不当诱发的人的损伤和物的损失。加热操作的关键是按规定严格控制温度范围和升温速度。通常加热操作存在的主要危险性如下：

（1）一般情况下反应温度升高会使化学反应速度加快，温度过高或升温速度过快会导致反应过于剧烈，造成温度失控，甚至发生冲料。

（2）若化学反应是放热反应，则反应温度升高会使放热量增加，易因散热不及时，造成安全隐患。

（3）若反应物料为易燃化学品，反应温度过高会导致易燃化学品大量气化，较易在有限空间达到爆炸极限的范围，防护不当就会引起燃烧和爆炸事故。

（4）升温速度过快不仅容易使反应超温，而且还会损坏设备，例如，升温过快会使带有衬里的设备及各种加热炉、反应炉等设备损坏。

（5）用高压蒸汽加热时，对设备耐压要求高，须严防其泄漏或与物料混合，避免造成事故。

（6）使用导热油系统加热时，要防止导热油循环系统堵塞，热油喷出，酿成事故。

（7）使用电加热系统时可能发生电气伤害，在燃爆环境中电气设备不符合防爆要求时，可能诱发燃爆事故。

（8）直接火加热危险性最大，温度不易控制，可能造成局部过热烧坏设备，甚至引起易燃物质的分解爆炸。

（9）当加热温度接近或超过物料的自燃点时，若该加热温度接近物料分解温度，易引起燃爆事故。

（10）管内有热物料的管道外壁，若未进行隔热保护时，易造成人员热烫伤。

以上几种加热操作中，电加热比较安全，且易控制和调节温度，一旦发生事故，可以迅速切断电源，但其主要制约因素是成本较高。普通的电加热方法是用电炉加热。采用电炉加热易燃物质时，应采用封闭式电炉。电炉丝与被加热的器壁应有良好的绝缘，以防短路击穿器壁，使设备内易燃物质漏出产生气体或蒸气而着火、爆炸。电感加热是一种新型加热设备。它是在钢制容器或管道上缠绕绝缘导线，通入交流电，利用容器或管道器壁中电感涡流产生的温度而加热物料（家用的电磁炉即应用这一原理）。电感加热不用灼热的电阻丝，是电加热中一种较安全的设备。但如果电感线圈绝缘破坏、受潮、发生漏电、短路、产生电火花、电弧，或接触不良发热，均能引起易燃、易爆物质着火、爆炸。因此，应该提高电感加热设备的安全可靠程度。例如，采用较大截面积的导线，以防过负荷；采用防潮、防腐蚀、耐高温的绝缘，增加绝缘层厚度，添加绝缘保护层等；接线部分加大接触面积，以防产生接触电阻等。

### 6.1.1.3 加热操作过程安全技术

加热操作的安全技术主要是针对加热过程存在的危险性而采用的安全对策措施和安全设施，主要的目的是防止加热操作过程中产生对人的伤害和物的损失。可采用的安全技术主要有：

（1）热蒸汽、导热油、热风、热物料的输送管道应在管道外壁包覆保温（或隔热）层，也可使用套管结构，以防对人员产生热灼烫，同时对节能也有益处。

（2）供热系统的压力容器（如分气包、换热器、反应釜等）及安全附件（如安全阀、压力表、水位计等）应定期巡检和检验。

（3）蒸汽锅炉供热使用蒸汽软管时管内蒸汽压力应小于0.1MPa。

（4）使用导热油炉供热时，导热油的流量调节宜使用旁路调节系统。

（5）使用电加热时，应预防电气伤害发生，在燃爆环境中的电气设备要符合防爆要求。

（6）可燃物料加热不能用直火加热。直火加热的加热锅内残渣应经常清除，以免局部过热引起锅底破裂。

（7）热源提供设备通常处于明火源所在位置，距燃爆危险场所应符合相关技术标准规定的防火间距。

（8）对反应温度较敏感的反应设备，应使用DCS、PLC等自动控制系统，严格控制反应器温度。

（9）当加热温度接近或超过物料的自燃点时，应采用惰性气体保护。若加热温度接近物料分解温度，就应设法改进工艺条件，如采用负压或加压操作来保证安全。

（10）反应装置中反应物料与水分接触可能发生危险时，反应装置应设置防止水分进入和系统中水分含量监控装置。

（11）采用金属浴加热操作时应防止其蒸气对人体的危害。

### 6.1.2　熔融操作

#### 6.1.2.1　熔融操作简介

在化工生产中常常需将某些固体物料（如苛性钠、苛性钾、硫黄、黄磷、固体石蜡、萘、磺酸盐等）加热熔融，以便进行后续反应或加工。这种单元操作称为熔融。熔融操作的危险在碱熔操作过程中较为突出。

#### 6.1.2.2　熔融操作危险性分析

熔融操作的主要危险来源于被熔融物料的化学性质、熔融时的黏度、熔融过程中副产物的生成、熔融设备、加热方式以及物料的破碎等方面。对人的主要危害形式为热灼烫、化学灼烫。

（1）熔融物料的性质诱发的危险。被熔固体物料本身的危险特性对操作安全有很大影响。例如，碱熔过程中的碱，可使蛋白质变为胶状碱蛋的化合物，又可使脂肪变为胶状皂化物质。碱比酸具有更强的渗透能力，且深入组织较快，因此碱对皮肤的灼伤要比酸更为严重。尤其是固碱粉碎、熔融过程中，碱屑或碱液飞溅至眼部时其危险性更大，不仅可使眼角膜、结膜立即坏死糜烂，同时还会向深部渗入，损坏眼球内部，致使视力严重减退甚至失明。

（2）熔融物中的杂质诱发的危险。熔融物中的杂质种类和数量会对安全操作产生很大的影响。例如，在碱熔过程中，碱和磺酸盐的纯度是该过程中影响安全的最重要因素之一。若碱和磺酸盐中含有无机盐杂质，应尽量除去，否则，其中的无机盐杂质不熔融，并且呈块状残留于反应物内。块状杂质的存在，会妨碍反应物的混合，并能使其局部过热、烧焦，致使熔融物喷出，烧伤操作人员。因此必须经常清除锅垢。

（3）物料的黏度诱发的危险。为使熔融物具有较大的流动性，可用水将碱适当稀释。当苛性钠或苛性钾中有水存在时，其熔点就显著降低，从而使熔融过程可以在危险性较小的低温状态下进行。能否安全进行熔融，与反应设备中物质的黏度有密切关系。反应物质流动性越好，熔融过程就越安全。

（4）碱熔设备的危险性。碱熔设备一般分为常压操作设备与加压操作设备两种。常压操作一般采用铸铁锅，加压操作一般采用钢制设备。

为了加热均匀，避免局部过热，熔融应在搅拌下进行。对液体熔融物（如苯磺酸钠）可用桨式搅拌。对于非常黏稠的糊状熔融物可采用锚式搅拌。

熔融过程在 150 ~ 350℃下进行时，一般采用烟道气加热，也可采用油浴或金属浴加热。使用煤气加热时，应注意煤气可能泄漏而引起爆炸或中毒。

#### 6.1.2.3　碱熔操作安全技术

（1）在化学反应过程中，若使用 40% ~ 50% 的碱液代替固碱较为合理时，应尽量使用液碱。这样可以免去固碱粉碎及熔融过程。在必须用固碱时，也最好使用片状碱。

（2）对于加压熔融的操作设备，应安装压力表、安全阀和排放装置。

（3）碱熔过程中的碱屑或碱液飞溅到皮肤上或眼睛里会造成灼伤，为此作业岗位应设置淋洗和洗眼设施，保护半径应不大于15m。

（4）碱熔操作中，碱融物和磺酸盐中若含有无机盐等杂质，应尽量除去，否则这些无机盐会因不熔融而造成局部过热、烧焦，致使熔融物喷出，容易造成烧伤。

（5）碱熔过程中为防止局部过热，应设置搅拌装置并不间断地进行搅拌。

### 6.1.3　干燥操作

#### 6.1.3.1　干燥操作简介

干燥操作是利用热能将固体物料中的水分（或溶剂）除去的单元操作。干燥的热源有热空气、过热蒸汽、烟道气和明火等。在化工生产中，将固体与液体分离可采用过滤的方法，但过滤方法得到的滤饼中，液相量仍相当多。要进一步除去固体中的液体，必须采用干燥的方法。

干燥按操作压力可分为常压干燥和减压干燥；按操作方式可分为间歇式干燥与连续式干燥；按干燥介质类别可划分为空气干燥、烟道气干燥或其他介质的干燥；按干燥介质与物料流动方式可分为并流干燥、逆流干燥和错流干燥。

#### 6.1.3.2　干燥操作危险性分析和安全技术

干燥过程中要严格控制温度，防止局部过热，以免造成物料分解爆炸。在干燥过程中散发出来的易燃易爆气体或粉尘，不应与明火和高温表面接触，防止燃爆。在气流干燥中应有防静电措施，在滚筒干燥中应适当调整刮刀与筒壁的间隙，以防产生火花。

在干燥方法中，间歇式干燥比连续式干燥危险。因为在这类操作过程中，操作人员不但劳动强度大，而且还需在高温、粉尘或有害气体的环境下操作。工艺参数的可变性也增加了操作的危险性。

（1）间歇式干燥危险性分析和安全技术。间歇式干燥，物料大部分靠人力输送，热源采用热空气自然循环或鼓风机强制循环。温度较难控制，易造成局部过热而使物料分解，从而引起火灾或爆炸。干燥过程中散发出来的易燃蒸气或粉尘，同空气混合达到爆炸极限时，遇明火、炽热表面和高温即燃烧爆炸。

因此，在间歇式干燥过程中，应严格控制干燥温度。根据具体情况，应安装温度计、温度自动调节装置、自动报警装置以及防爆泄压装置。

一切电气设备开关（非防爆型）均应装在室外或箱外。电热设备应与其他设备隔离。干燥室内不得存放易燃物，并要定期清除墙壁积灰。当干燥物料中含有自燃点很低及其他有害杂质时，必须在干燥前彻底清除。利用电热烘箱烘干物料时，若能蒸发出可燃气体，应将电热丝完全封闭，箱上加防爆安全门。

（2）连续干燥危险性分析和安全技术。连续干燥采用机械化操作，干燥过程连续进行，因此物料过热的危险性较小，且操作人员脱离了有害环境，所以连续干燥比间歇干燥安全。在采用洞道式、滚筒式干燥器干燥时，主要应防止产生机械伤害。为此，应有联系信号及各种防护装置。

在气流干燥、喷雾干燥、沸腾床干燥以及滚筒式干燥中，多以烟道气、热空气为热源。干燥过程中所产生的易燃气体和粉尘同空气混合易达到爆炸极限，必须加以防止。在气流干燥中，物料由于迅速运动，相互激烈碰撞、摩擦易产生静电；滚筒干燥中的刮刀，有时同滚筒壁摩擦产生火花，这些都是很危险的。因此，应严格控制干燥气流风速，并将设备接地；对于滚筒干燥应适当调整刮刀与筒壁间隙，并将刮刀牢牢固定，或采用有色金属材料制造刮刀，以防产生火花。用烟道气加热的滚筒式干燥器，应注意加热均匀，不可断料，滚筒不可中途停止运转。如有断料或停转，应切断烟道气并通入氮气。

在干燥中注意采取措施，防止易燃物料与明火直接接触。干燥设备上应安装爆破片，并定期清理设备中的积灰和结疤。

（3）真空干燥危险性分析和安全技术。在真空条件下，易燃液体蒸发速度快、干燥温度可以控制低一些，从而防止由于高温而引起物料局部过热和分解，可以降低火灾、爆炸的可能性。

当真空干燥后消除真空时，一定要使温度降低后方能放入空气。否则，空气过早放入，有可能引起干燥物着火或爆炸。

### 6.1.4　蒸发、蒸（精）馏操作

蒸发与蒸（精）馏都是很重要的化工单元操作，应用十分广泛。前者主要用于溶液的蒸浓。后者主要用于两种或两种以上液体混合物的分离。

#### 6.1.4.1　蒸发操作简介

蒸发是借加热作用使溶液中所含溶剂不断气化，以提高溶液中溶质的浓度，或使溶质析出的物理过程，即使挥发性溶剂与不挥发性溶质分离的物理操作过程。蒸发按其操作压力不同可分为常压蒸发、加压蒸发和减压蒸发。

#### 6.1.4.2　蒸发操作危险性分析和安全技术

凡蒸发的溶液皆具有一定的特性。如溶质在浓缩过程中可能有结晶、沉淀和污垢生成，这些都能导致传热效率的降低，并产生局部过热，促使物料分解、燃烧和爆炸，因此要控制蒸发温度，要对蒸发器的加热部分经常清洗。为防止热敏性物质的分解，可采用真空蒸发的方法，降低蒸发温度，或采用高效蒸发器，增加蒸发面积，减少停留时间。例如，采用单程循环、快速蒸发等。

对具有腐蚀性溶液的蒸发，尚须考虑设备的腐蚀问题。为了防腐，有些设备或部件需采用特种钢材制造。

对于热敏性溶液的蒸发，须考虑温度的控制问题。尤其是溶液的蒸发产生结晶和沉淀，而这些物质又不稳定时，局部过热可使其分解变质或燃烧、爆炸，这时更应注意严格控制蒸发温度。

#### 6.1.4.3　蒸（精）馏操作简介和危险性分析

蒸馏是借液体混合物各组分挥发度的不同，使其分离为纯组分的操作。蒸馏操作可分为间歇蒸馏和连续蒸馏。按操作压力可分为常压蒸馏（一般蒸馏）、减压蒸馏（真空蒸馏）和加压蒸馏（高压蒸馏）。在安全问题上，除了根据加热方法采取相应的安全措施外，还应按物料性质、工艺要求正确选择蒸馏方法和蒸馏设备。在选择蒸馏方法时，应从操作压力及操作过程等方面加以考虑。操作压力的改变可直接导致液体沸点的改变，亦即改变液体的蒸馏温度。

处理难挥发的物料（常压下沸点在150℃以上）应采用真空蒸馏。这样可以降低蒸馏温度，防止物料在高温下变质、分解、聚合和局部过热现象的产生。处理中等挥发性物料（沸点为100℃左右），采用常压蒸馏较为适宜。如采用真空蒸馏，反而会增加冷却的困难。常压下沸点低于30℃的物料，则应采用高压蒸馏，但应注意设备密闭。

#### 6.1.4.4 常压蒸馏安全技术

在常压蒸馏中应注意，易燃液体的蒸馏不能采用明火作热源，采用水蒸气或过热水蒸气加热较为安全。

蒸馏腐蚀性液体时，应防止塔壁、塔盘腐蚀泄漏，以免易燃液体或蒸气逸出，遇明火或灼热的炉壁而燃烧。

蒸馏自燃点很低的液体时，应注意蒸馏系统的密闭，防止因高温泄漏遇空气而自燃。

对于高温的蒸馏系统，应防止冷却水突然窜入塔内。否则水在塔内迅速汽化，致使塔内压力突然增高，而将物料冲出或发生爆炸。故开车前应将塔内和蒸汽管道内的冷凝水除尽。

在常压蒸馏系统中，还应注意防止凝固点较高的物质凝结堵塞管道，以免使塔内压力增高而引起爆炸。

蒸馏高沸点物料时（如苯二甲酸酐），可以采用明火加热，但这时应防止产生自燃点很低的树脂油状物遇空气而自燃。同时应防止蒸干，以免使残渣脂转化为结垢，引起局部过热而着火、爆炸。油焦和残渣应经常清除。

冷凝器中的冷却水或冷冻盐水不能中断。否则，未冷凝的易燃蒸气逸出会使系统温度增高，或窜出遇明火而燃烧。

#### 6.1.4.5 真空蒸馏（减压蒸馏）安全技术

真空蒸馏是一种比较安全的蒸馏方法。对于沸点较高、但在高温下蒸馏时又能引起分解、爆炸或聚合的物质，采用真空蒸馏较为合适。如硝基甲苯在高温下易分解爆炸，而苯乙烯在高温下则易聚合，类似这类物质的蒸馏，必须采用真空蒸馏的方法。

真空蒸馏设备的密闭性非常重要。蒸馏设备一旦吸入空气，与塔内易燃气混合形成爆炸性混合物，就有引起爆炸或着火的危险。因此，真空蒸馏所用的真空泵应安装单向阀，以防止突然停泵而使空气倒入设备。

当易燃易爆物质蒸馏完毕，应在充入氮气后，再停止真空泵，以防空气进入系统，引起燃烧或爆炸。

真空蒸馏应注意其操作顺序：先打开真空活门，然后开冷却器活门，最后打开蒸汽阀门。否则，物料会被吸入真空泵，并引起冲料，使设备受压甚至产生爆炸。真空蒸馏易燃物质的排气管应通至厂房外，管道上应安装阻火器。

#### 6.1.4.6 加压蒸馏安全技术

在加压蒸馏中，气体或蒸气容易因泄漏而产生燃烧、中毒的危险。因此，设备应严格进行气密性和耐压试验及检查，并应安装安全阀和温度、压力的调节控制装置，严格控制蒸馏温度与压力。在石油产品的蒸馏中，应将安全阀的排气管与火炬系统相接。安全阀起跳即可将物料排入火炬烧掉。

此外，在蒸馏易燃液体时，应注意系统的静电消除。特别是苯、丙酮、汽油等不易导电液体的蒸馏，更应将蒸馏设备、管道良好接地。室外蒸馏塔应安装可靠的避雷装置。

蒸馏设备应经常检查、维修，认真搞好停车后、开车前的系统清洗、置换，避免发生事故。

对易燃易爆物质的蒸馏，厂房要符合防爆要求，有足够的泄压面积，室内电机、照明等电气设备均应采用防爆产品，并且灵敏可靠。

### 6.1.5　冷却、冷凝和冷冻操作

#### 6.1.5.1　冷却与冷凝操作简介

冷却与冷凝是化工生产的基本操作之一，冷却与冷凝的主要区别在于被冷却的物料是否发生相的改变。若发生相变（如气相变为液相）则称为冷凝，无相变而只是温度降低则称为冷却。

在化工生产中，把物料冷却在大气温度以上时，可以用空气或循环水作为冷却介质；冷却温度在15℃以上，可以用地下水；冷却温度在0～15℃之间，可以用冷冻盐水。另外，还可以借某种沸点较低的介质的蒸发从需冷却的物料中取得热量来实现冷却，常用的介质有氟利昂、氨等。此时，物料被冷却的温度可达－15℃左右。

#### 6.1.5.2　冷却与冷凝操作危险性分析

冷却与冷凝的操作在化工生产中易被人们所忽视。实际上它不仅涉及原材料消耗定额以及产品收率，而且严重影响安全生产，因此必须予以应有的注意。

（1）化工生产中，有些工艺过程在冷却操作时，冷却介质不能中断，否则会造成积热，使系统温度、压力骤增，引起爆炸。

（2）化工生产时，有些凝固点较高的物料，遇冷易变得黏稠或凝固，可能会导致物料卡住搅拌器或堵塞设备及管道。

（3）通常需要进行冷却的工艺设备所用的冷却水不能中断，否则，反应热不能及时导出，会使反应异常，系统压力增高，甚至产生爆炸。另一方面冷却、冷凝器如断水，会使后部系统温度增高，若未凝的危险气体外逸排空，可能导致燃烧或爆炸。

#### 6.1.5.3　冷却与冷凝操作安全技术

（1）需要进行冷却的工艺过程开车时，应先通冷却介质；停车时，应先停物料，后停冷却系统。

（2）在冷却时要注意控制温度，防止因物料温度过低而导致物料卡住搅拌器或堵塞设备及管道。

（3）应根据被冷却物料的温度、压力、理化性质以及所要求冷却的工艺条件，正确选用冷却设备和冷却剂；

（4）对于腐蚀性物料的冷却，应选用耐腐蚀材料的冷却设备。如石墨冷却器、塑料冷却器，以及用高硅铁管、陶瓷管制成的套管冷却器、四氟换热器或钛材冷却器等。

（5）应保持冷却设备的密闭性，不允许物料窜入冷却剂中，也不允许冷却剂窜入被冷却的物料中（特别是酸性气体）。

（6）对反应温度敏感的反应设备应使用反应温度自动控制系统和安全联锁，以保证反应温度在控制范围之内。

（7）使用冷凝操作的设备，使用前宜先清除冷凝器中的积液，再打开冷却水、然后再通入高温物料。

#### 6.1.5.4 冷冻操作简介

冷冻操作的实质是不断地从低温物体（被冷冻物）取出热量并传给高温物质（水或空气），以使被冷冻的物料温度降低。热量由低温物体到高温物体这一传递过程是借助于冷冻剂实现的。冷冻操作的分类与所要求的冷冻程度有关，凡冷冻范围在 -100℃以内的称冷冻；而 -100 ~ -200℃或更低的温度，则称深度冷冻或简称深冷。

化工企业的冷冻操作需要的冷源来自冷冻压缩机，制冷剂主要为氨、氟利昂、溴化锂等。相对来说，以氨为制冷剂的冷冻操作危险性稍大，但因为其有成本优势而在化工企业中被广泛应用。

#### 6.1.5.5 冷冻操作危险性分析

冷冻操作对人的危害主要为中毒和窒息、化学灼烫、冷灼烫、机械伤害、电气伤害等。主要表现在：

（1）氨制冷剂易燃且有毒，可产生中毒和窒息危害。

（2）对于制冷系统的压缩机、冷凝器、蒸发器以及管路，应注意耐压等级和气密性，防止因泄漏而导致的中毒和窒息危害、化学灼伤。

（3）低温设备辅机及管道，人员接触时可能产生冷灼烫。

（4）制冷机械的转动和往复运动位置，在缺少防护或防护不当时，可导致人员的缠绕、挤压等机械伤害发生。

#### 6.1.5.6 氨制冷操作安全技术

一般常用的冷冻压缩机由压缩机、冷凝器、蒸发器与膨胀阀四个基本部分组成。冷冻设备所用的压缩机以氨压缩机最为多见，在使用氨冷冻压缩机时应注意：

（1）采用不发生火花的防爆型电气设备。

（2）在压缩机出口方向，应于汽缸与排气阀间设一个能使氨通到吸入管的安全装置，以防压力超高。为避免管路爆裂，在旁通管路上不装阻气设施。

（3）易于污染空气的油分离器应设于室外。应采用低温不冻结、且不与氨发生化学反应的润滑油。

（4）制冷系统的压缩机、冷凝器、蒸发器以及管路系统，应注意其耐压程度和气密性，防止设备、管路产生裂纹和泄漏。同时要加强安全阀、压力表等安全装置的检查、维护；

（5）制冷系统因发生事故或停电而紧急停车时，应注意被冷冻物料的排空处理。

（6）装有冷料的设备及容器，应注意其低温材质的选择，防止金属的低温脆裂。

（7）设置氨制冷机的位置应设置氨气浓度自动检测报警装置，室内空间应实现氨气浓度与强制排风系统的安全联锁。

## 6.2 物料传送与加工类单元操作

化工企业物料传送与加工类单元操作主要有物料输送、破碎、筛分、过滤、搅拌、混合等，这类单元操作的共同点是一般没有热量和质量的传递和转换。

### 6.2.1　物料输送操作

#### 6.2.1.1　物料输送操作简介

在化工生产过程中，经常需将各种原材料、中间体、产品以及副产品和废弃物，由前一工序输往后一工序，或由一个车间输往另一个车间，或输往储运地点。在现代化工企业中，这些输送过程是借助于各种输送机械设备来实现的。

物料输送又可分为固体物料输送、液体物料输送和气体物料输送。由于所输送的物料形态不同（块状、粉态、液态、气态等），其所采用的输送设备也各有不同。但不论何种形式的输送，保证它的安全运行都十分重要，因为若一处受阻，不仅影响整条生产线的正常运行，还可能导致各种事故。

#### 6.2.1.2　固体物料输送的危险性分析和安全技术

固体物料分为块状物料与粉料，在实际生产中多采用皮带输送机、螺旋输送机、刮板输送机、链斗输送机、斗式提升机以及气力输送（风送）等多种形式进行输送，有时还可以利用位差，采用密闭溜槽等简单方式进行输送。

**A　皮带、刮板、链斗、螺旋、斗式提升机等输送设备的危险性分析和安全技术**

这类输送设备连续往返运转，可连续加料，连续卸载。在运行中除设备本身会发生故障外，也能造成人身伤害。

（1）传动机构。

1）皮带传动。皮带的规格与形式应根据输送物料的性质、负荷情况进行合理选择。皮带要有足够的强度，胶接应平滑，并要根据负荷调整松紧度。要防止在运行过程中，因物料高温而烧坏皮带，或因斜偏刮挡而发生撕裂皮带等事故。

皮带同皮带轮接触的部位，对于操作者是极其危险的部位，可造成断肢伤害甚至危及生命安全。在正常生产时，这个部位应安装防护罩。因检修拆卸下的防护罩，事后应立即复原。

2）齿轮传动。齿轮传动的安全运行，在于齿轮同齿轮以及齿轮同齿条、链带的良好啮合，以及齿轮本身具有足够的强度。此外，要严密注意负荷的均匀情况、物料的粒度以及混入其中的杂物，防止因卡料而拉断链条、链板，甚至拉毁整个输送设备机架。

同样，齿轮与齿轮、齿条、链带相啮合的部位，也是极其危险的部位。该处连同它的端面均应采取防护措施，以防发生重大人身伤亡事故。

斗式提升机应有防止因链带拉断而坠落的防护装置。链式输送机还应注意下料器的操作，防止下料过多、料面过高造成链带拉断。

螺旋输送器，要注意螺旋导叶与壳体间隙大小、物料粒度变化和混入杂物清理（如铁筋、铁块等），以防止挤坏螺旋导叶与壳体。

3）轴、联轴节、联轴器、键及固定螺钉。这些部件表面光滑程度有限，易有突起。特别是固定螺钉不准超长，否则在高速旋转中易将人刮倒。这些部位要安装防护罩，并不得随意拆卸。

（2）输送设备的开、停车。在生产中，物料输送设备有自动开停系统和手动开停系统，有因故障而装设的事故自动停车和就地手动事故按钮停车系统。为保证输送设备本身的安全，还应安装超负荷、超行程停车保护装置。紧急事故停车开关应设在操作者经常停留的部位。停车检修时，开关应上锁或撤掉电源。

对于长距离输送系统，应安装开停车联锁信号装置，以及给料、输送、中转系统的自动联锁装置或程序控制系统。

（3）输送设备的日常维护。在输送设备的日常维护中，润滑、加油和清扫工作，是操作者致伤的主要原因。减少这类工作的次数就能够减少操作者发生危险的概率。所以，应提倡安装自动注油和清扫装置。

B　粉料气力输送的危险性分析和安全技术

气力输送凭借真空泵或风机产生的气流动力将物料吹走而实现物料输送。与其他输送方式相比，气力输送系统密闭性好、物料损失少、构造简单、粉尘少，劳动条件好，易实现自动化且输送距离远（达数百米）。但气力输送能量消耗大、管道磨损严重，不适于输送湿度大、易黏结的物料。

从安全技术考虑，使用气力输送系统输送固体物料时，除设备本身会产生故障之外，最大的问题是系统的堵塞和由静电引起的粉尘爆炸。

（1）堵塞。易发生堵塞的有下述几种情况。

1）具有黏性或湿度过高的物料较易在供料处、转弯处黏附管壁，最终造成管路堵塞。

2）管道连结不同心时，有错偏或焊渣突起等障碍处易堵塞。

3）大管径长距离输送管比小管径短距离输送管，更易发生堵塞。

4）输料管径突然扩大，或物料在输送状态中突然停车时，易造成堵塞。最易堵塞的部位是弯管和供料处附近的加速段，如由水平向垂直过渡的弯管易堵塞。为避免堵塞，设计时应确定合适的输送速度，选择合理的管系结构和布置形式，尽量减少弯管的数量。

输料管壁厚通常为 3~8mm，输送磨削性较强的物料时，应采用管壁较厚的管道，管内表面要求光滑、不准有褶皱或凸起。

此外，气力输送系统应保持良好的严密性。否则，吸送式系统的漏风会导致管道堵塞。而压送式系统漏风，会将物料带出而污染环境。

（2）静电。粉料在气力输送系统中，会同管壁发生摩擦而使系统产生静电，这是导致粉尘爆炸的重要原因之一。因此，必须采取下列措施加以消除。

1）输送粉料的管道应选用导电性较好的材料，并应良好接地。若采用绝缘材料管道，且能产生静电时，管外应采取可靠的接地措施。

2）输送管道直径要尽量大些。管路弯曲和变径应平缓，弯曲和变径处要少。管内壁应平滑、不许装设网格之类的部件。

3）管道内风速不应超过规定值，输送量应平稳，不应有急剧的变化。

4）粉料不要堆积管内，要定期使用空气进行管壁清扫。

### 6.2.1.3 液态物料输送的危险性分析和安全技术

在化工生产中，液态物料可用管道输送，而且高处的物料可以由高处自流至低处。为将液态物料由低处输往高处，或由一地输往另一地（水平输送）；或由低压处输往高压处，以及为保证一定流量而克服阻力所需要的压头，便都要依靠物料输送泵来完成。

用各种泵类输送易燃可燃液体时，流速过快会产生静电积累，故其管内流速不应超过安全速度。

化工生产中需输送的液体物料种类繁多、性质各异（如高黏度溶液、悬浮液、腐蚀性溶液等），且温度、压强又有高低之分，因此，所需要输送泵的种类也较多。生产中常用的有往复泵、离心泵、旋转泵、流体作用泵四类。

（1）往复泵。往复泵主要由泵体、活塞（或活柱）和两个单向活门构成。它依靠活塞的往复运动将外能以静压力形式直接传给液态物料借以输送。往复泵按其吸入液体动作可分为单动、双动及差动三类往复泵。

蒸汽往复泵以蒸汽为驱动力，不用电和其他动力，可以避免产生火花，故而特别适用于输送易燃液体。当输送酸性和悬浮液时，选用隔膜往复泵则较为安全。

往复泵开动前，需对各运动部件进行检查。观其活塞、缸套是否磨损、汲液管上的垫片大小是否适合法兰，以防泄漏。各注油处应适当加油润滑。

开车时，将泵体内壳充满水，排除缸中空气。若在出口装有阀门时，须将出口阀门打开。

需要特别注意的是，对于往复泵等正位移泵，严禁用出口阀门调节流量，否则将造成设备或管道的损坏。

（2）离心泵。离心泵在开动前，泵内和吸入管必须用液体充满，如在吸液管一侧装一单向阀门，可使泵在停止工作时，泵内液体不致流空，或将泵置于吸入液面之下，或采用自灌式离心泵，都可将泵内空气排尽。

操作前应压紧填料函，但不要过紧或过松，以防磨损轴部或使物料喷出。停车时，应逐渐关闭泵出口阀门，使泵进入空转。使用后放净泵与管道内积液，以防冬季冻坏设备和管道。

在输送可燃液体时，管内流速不应大于安全流速，且管道应有可靠的接地措施以防静电。同时要避免吸入口产生负压，使空气进入系统而导致爆炸。

安装离心泵时，混凝土基础需稳固，且基础不应与墙壁、设备或房柱基础相连接，以免产生共振。为防止杂物进入泵体，吸入口应加滤网。泵与电动机的联轴节应加防护罩以防绞伤。

在生产中，若输送的液体物料不允许中断，则需要考虑配置备用泵和备用电源。

（3）旋转泵。旋转泵同往复泵一样，同属于正位移泵。它同往复泵的主要区别是泵中没有活门，只有在泵中旋转着的转子。旋转泵依靠转子旋转排送液体，排液后形成低压空间又将液体吸入，从而实现液体的连续吸入和排出。

因为旋转泵属正位移泵，故流量也不能用出口管道上的阀门进行调节，而应用改变转子转速或装回流支路调节流量。

（4）酸蛋和空气升液器。酸蛋、空气升液器等是以空气为动力的压力设备，因此应有足够的耐压强度。在输送有爆炸性或燃烧性物料时，要采用氮、二氧化碳等惰性气体代替空气，以防造成燃烧或爆炸。

对于易燃液体，不能采用压缩空气压送。因为空气与易燃液体蒸气混合，可形成爆炸性混合物，且有产生静电的可能。

对于闪点很低的易燃液体，应用氮或二氧化碳等惰性气体压送。闪点较高及沸点在130℃以上的可燃液体，如有良好的接地装置，可用空气压送。输送易燃液体采用蒸汽往复泵较为安全。如采用离心泵，则泵的叶轮应用有色金属或塑料制造，以防撞击发生火花。设备和管道应良好接地，以防静电引起火灾。

另外，虹吸和自流的输送方法比较安全，在工厂中应尽量采用。

### 6.2.1.4　气体物料输送的危险性分析和安全技术

输送可燃气体，采用液环泵比较安全。抽送或压送可燃性气体时，进气吸入口应该经常保持一定余压，以免造成负压吸入空气而形成爆炸性混合物（雾化的润滑油或其分解产物与压缩空气混合，同样会产生爆炸性混合物）。

为避免压缩机气缸、储气罐以及输送管路因压力增高而引起爆炸，要求这些部分应有足够的强度。此外，要安装经校验的压力表和安全阀（或爆破片）。安全阀泄压应能将危险气体导至安全的地方。还可安装压力超高报警器、自动调节装置或压力超高自动停车装置。

压缩机在运行中，冷却水不能进入汽缸，以防发生水锤。氧压机严禁与油类接触，一般可采用含10%以下甘油的蒸馏水作为润滑剂。其中水的含量应以汽缸壁充分润滑而不产生水锤为准（约每分钟80～100滴）。

气体抽送、压缩设备上的垫圈易损坏漏气，应经常检查和及时更换。

对于特殊压缩机，应根据压送气体物料的化学性质的不同，而有不同的安全要求。如乙炔压缩机同乙炔接触的部件，不允许用铜来制造，以防产生比较危险的乙炔铜等。

可燃气体的输送管道，应经常保持正压。并根据实际需要安装逆止阀、水封和阻火器等安全装置。易燃气体、液体管道不允许同电缆一起敷设。而可燃气体管道同氧气管道一同敷设时，氧气管道应设在旁边，并保持250mm的净距。

管内可燃气体流速不应过高。管道应良好接地，以防止静电引起事故。

对于易燃、易爆气体或蒸气的抽送、压缩设备的电动机部分，应全部采用防爆型。否则，应穿墙隔离设置。

## 6.2.2　物料破碎、混合操作

### 6.2.2.1　物料破（粉）碎操作简介

在化工生产中，为满足工艺要求，常常需将固体物料粉碎或研磨成粉末以增加其表面积，进而缩短化学反应时间。将大块物料变成小块物料的操作称为粉碎或破碎；而将小块变成粉末的操作则称为研磨。

### 6.2.2.2　物料破（粉）碎危险性分析和安全技术

物料破碎过程中，关键部分是破碎机。破碎机必须符合下列安全条件：

（1）加料、出料最好连续化、自动化；

（2）具有防止破碎机损坏的安全装置；

（3）产生粉末应尽可能少；

（4）发生事故能迅速停车。

对各类粉碎机，必须有紧急制动装置，必要时可迅速停车。运转中的破碎机严禁检查、清理、调节和检修。其安全技术参见2.2.2.3粉碎设备安全技术。

### 6.2.2.3 混合操作简介

凡使两种以上物料相互分散，达到浓度以及组成一致的操作，均称为混合。混合分液态与液态物料的混合、固态与液态物料的混合和固态与固态物料的混合。混合操作是用机械搅拌、气流搅拌或其他混合方法完成的。

### 6.2.2.4 混合操作危险性分析和安全技术

混合操作也是一个比较危险的过程。要根据物料性质（如腐蚀性、易燃易爆性、粒度、黏度等等）正确选用设备。

对于利用机械搅拌进行混合的操作过程，其桨叶的强度是非常重要的。首先桨叶制造要符合强度要求，安装要牢固，不允许产生摆动。在修理或改造桨叶时，应重新计算其牢固度。加长桨叶时，还应重新计算所需功率。因为桨叶消耗能量与其长度的5次方成正比。若忽视这一点，可能导致电动机超负荷以及桨叶折断等事故发生。

搅拌器不可随意提高转速，尤其当搅拌非常黏稠的物质时。随意提高转速也可造成电动机超负荷、桨叶断裂以及物料飞溅等。

因此，对于黏稠物料的搅拌，最好采用推进式及透平式搅拌机。为防止超负荷造成事故，应安装超负荷停车装置。对于混合操作的加料、出料，应实现机械化、自动化。

对于能产生易燃、易爆或有毒物质的混合，混合设备应很好密闭，并充入惰性气体加以保护。

当搅拌过程中物料产生热量时，如因故停止搅拌，会导致物料局部过热。因此，在安装机械搅拌的同时，还要辅以气流搅拌，或增设冷却装置。有危险的气流搅拌，尾气应加以回收处理。

对于可燃粉料的混合，设备应良好接地以导除静电，并应在设备上安装爆破片。

混合设备中不允许落入金属物件，以防卡住叶片，烧毁电动机。

## 6.2.3 筛分、过滤操作

### 6.2.3.1 筛分操作简介

在化工生产中，为满足生产工艺要求，常常将固体原材料、产品进行颗粒分级。通常用筛子将固体颗粒度（块度）分级，选取符合工艺要求的粒度，这一操作过程称为筛分。

物料粒度是通过筛网孔眼尺寸控制的。根据工艺要求还可进行多次筛分，去掉颗粒较大和较小部分而留取中间部分。

### 6.2.3.2 筛分操作危险性分析和安全技术

从安全技术角度出发，筛分操作要注意以下方面：

（1）在筛分操作过程中，粉尘如具有可燃性，须注意避免因碰撞和静电而引起粉尘燃烧、爆炸。如粉尘具有毒性、吸水性或腐蚀性，须注意呼吸器官及皮肤的保护，以防引起中毒或皮肤伤害。

（2）筛分操作是大量扬尘过程，在不妨碍操作、检查的前提下，应将筛分设备最大限度地进行密闭。

（3）要注意筛网的磨损和筛孔的堵塞、卡料，以防筛网损坏和混料，或降低筛分效率；

（4）筛分设备的运转部分应加防护罩以防绞伤人体。

（5）振动筛会产生高强度的噪声，严重时应采用隔离等消声措施。

### 6.2.3.3　过滤操作简介

在化工生产中，欲将悬浮液中的液体与固体分离，通常采取过滤的方法。过滤操作即是使悬浮液中的液体在重力、真空、加压或离心力的作用下，通过多细孔物体，而将固体截留下来。

工业上应用的过滤器称为过滤机。过滤机按操作方法的不同分为间歇式和连续式。按过滤推动力的不同分为重力过滤机、真空过滤机、加压过滤机和离心过滤机。

离心过滤机若依其操作方式可分为：（1）间歇式离心机，又有上悬式与下动式之分，其进料与卸料在减速停车时进行；（2）连续式离心机，物料的进、出均系连续操作，不需停车。

离心过滤机按其安装方式又可分为立式离心机与卧式离心机等。

总之，过滤设备种类繁多，生产中应根据过滤目的、滤饼与悬浮液性质和生产规模等因素进行选用。

### 6.2.3.4　过滤操作危险性分析和安全技术

过滤设备虽然种类较多，但从操作方式来看，连续式过滤较间歇式过滤更安全。连续式过滤机循环周期短，能自动洗涤和自动卸料，其过滤速度较间歇式过滤机高，且操作人员脱离了与有毒物料的接触，因而比较安全。

间歇式过滤机由于卸料、组装过滤机、加料等各项辅助操作经常重复，所以较连续式过滤周期长，且人工操作、劳动强度大、直接接触毒物，因此不够安全。

对于加压过滤机，当过滤中能散发有害或有爆炸性气体时，不能采用敞开式过滤机，而要采用密闭式过滤机，并以压缩空气或惰性气体保持压力。在取滤渣时，应先放压力，否则会发生事故。

对于离心过滤机，应注意其选材和焊接质量，并应限制其转鼓直径与转速，以防转鼓承受高压而引起爆炸。因此，在有爆炸危险的生产中，最好不使用离心机而采用转鼓式、带式等真空过滤机。

离心机超负荷、运转时间过长、转鼓磨损或腐蚀、转动速度过高等均有可能导致事故的发生。

对于上悬式离心机，当负荷不均匀时会发生剧烈振动，这不仅磨损轴承，而且能使转鼓因撞击外壳而发生事故。高速运转的转鼓也可能从外壳中飞出，造成重大事故。

当离心机无盖或防护装置不良时，工具或其他杂物有可能落入其中，并会以很大速度飞出伤人。即使杂物留在转鼓边缘，也可能引起转鼓振动而造成其他危险。

不停车或未停稳即清理器壁时，铲勺等会从手中脱飞，使人致伤。因此，在开停离心机时，不要用手帮助启动或帮助停止，以防发生事故。

当处理具有腐蚀性物料时，不应使用铜质转鼓而应采用钢质衬铅或衬硬橡胶的转鼓，并应经常检查衬里有无裂缝，以防腐蚀性物料由裂缝进入而腐蚀转鼓。

镀锌、陶瓷或铝制转鼓，只适用于速度较慢、负荷较低的情况。为安全起见，还应设置特殊的外壳加以保护。

此外，操作过程中加料不匀，也会导致剧烈振动，对此应引起注意。

综上所述，对于离心机操作应注意以下安全问题：

（1）转鼓、盖子、外壳及底座应用韧性金属制造。对于轻负荷转鼓（50kg 以内），可用铜制造，并要符合质量要求。

（2）处理腐蚀性物料，转鼓需有耐腐蚀衬里。

（3）盖子应与离心机启动联锁。盖子打开时，离心机不能启动。

（4）离心机转鼓，应有限速装置，在有爆炸危险的厂房中，其限速装置不得因摩擦、撞击而发热或产生火花。同时，注意不要选择临界速度操作。

（5）离心机开关应安装在近旁，并应有闭锁装置。

（6）在楼上安装离心机，应用工字钢或槽钢做成金属骨架，并在其上装设减振装置；注意其内、外壁间隙，转鼓与刮刀间隙，同时，还应防止离心机与建筑物产生共振。

（7）对离心机的内部及外部应定期进行检查。

# 6.3 物料分离类单元操作

物料分离类单元操作较为广泛，主要有沉降、过滤、蒸馏、精馏、蒸发、结晶、吸收、萃取、干燥等。本小节主要讨论吸收、结晶、萃取单元操作。

### 6.3.1 吸收操作简介

吸收操作是指气体混合物在溶剂中因选择溶解而实现气体混合物组分的分离操作。常用的吸收设备有喷雾塔、填料塔、板式塔等。除化学反应吸收过程外，吸收操作也常见于化工企业尾气吸收处理系统中，多为气液吸收。

### 6.3.2 萃取操作简介

工业上对液体混合物的分离，除了采用蒸馏的方法外，还广泛采用液—液萃取。萃取操作在石油化工、精细化工、湿法冶金（如稀有元素的提炼）、原子能化工和环境保护等方面已被广泛地应用。例如，在石油炼制工业的重整装置和石油化学工业的乙烯装置中都离不开抽提芳烃的过程，由于芳香族与链烷烃类化合物共存于石油馏分中，且它们的沸点因非常接近而成为共沸混合物，故用一般的蒸馏方法不能达到分离的目的，而需要采用液—液萃取的方法先提取出其中的芳烃，然后再将芳烃中各组分加以分离。

萃取操作是指在欲分离的液体混合物中加入一种适宜的溶剂，使其形成两液相系统，利用液体混合物中各组分在两液相中分配差异的性质，使易溶组分较多地进入溶剂相从而实现混合液的分离。在萃取过程中，所用的溶剂称为萃取剂，混合液体为原料，原料液中欲分离的组分称为溶质，其余组分称为稀释剂（或称原溶剂）。萃取操作中所得到的溶液称为萃取相，其成分主要是萃取剂和溶质，剩余的溶液称为萃余相，其成分主要是稀释剂，同时还含有残余的溶质等组分。

### 6.3.3 结晶操作简介

结晶操作是固体物质以晶体形态从蒸汽、溶液或熔融物中析出的过程，多伴有物料搅拌和晶种成长等过程。

### 6.3.4　吸收、萃取、结晶操作危险性分析和安全技术

吸收、萃取、结晶单元操作通常除了物料性质本身的危险外，其他固有危险一般较少。同时由于吸收、萃取、结晶单元操作中可能伴有加热、冷却、搅拌等操作，故这些操作的危险性分析和安全技术基本相同。

## 6.4　物料储存过程危险性分析和安全技术

在化工生产企业中，大至货场料堆、大型罐区、气柜、大型料仓、仓库，小至车间中转罐、料斗、小型料池等，物料储存的场所、形式多种多样，这正是由物料种类、环境条件及使用需求的多样性所决定的。

（1）许多储存场所中的易燃易爆物料数量巨大，存放集中，一旦着火爆炸，火势猛烈，极易蔓延扩大。特别是周边及内部防火间距不足、消防设施器材配置不当时，可能造成重大损失。

（2）多种性质相抵触的物品若不按禁忌规定混存，例如可燃物与强氧化剂、酸与碱等混放或间距不足，便可能发生激烈反应而起火爆炸。

（3）不少物品在存放时，因露天曝晒、库房漏雨、地面积水、通风不良等，未能满足一定的温度、压力、湿度等必要的储存条件，就可能出现受潮、变质、发热、自燃等危险。

（4）储存危险化学品的容器破坏、包装不合要求，就可能发生泄漏，引发火灾或爆炸事故。故可燃危化品应设置专门的储罐区，并设置防火堤、消防灭火系统等安全设施。

（5）周边烟囱飞火、机动车辆排气管火星、明火作业，储存场所电气系统不合要求、静电、雷击等，都可能形成火源。这些火源与可燃危化品罐（库）区应保持符合相关技术标准规定的防火间距。

（6）在储存场所装卸、搬运过程中，违规使用铁器工具、开密封容器时撞击摩擦、违规堆垛、野蛮装卸、可燃粉尘飞扬等，都可能引发火灾或爆炸。

（7）易燃液体储罐应采用浮顶式储罐，必要时可充装惰性气体以保证安全。

（8）危险化学品仓库周边应设置环形消防通道。易燃液体、有毒物质的储罐区和仓库中应设置可燃（或有毒）气体报警装置。

### 思 考 题

6-1　化工单元操作的定义是什么？

6-2　对反应温度较为敏感的化工反应过程应注意的安全措施有哪些？

6-3　粉态物料气力输送的安全注意事项有哪些？

6-4　干燥单元操作的安全措施有哪些？

6-5　物料输送的主要设备有哪些？

# 7 化工职业健康卫生技术

在化工生产过程中存在诸多危害劳动者身体健康的因素，在一定条件下，这些因素作用于人体，就会对劳动者的健康造成不良影响，严重时甚至危及生命安全。因此，掌握化工职业健康卫生技术，深入开展化工职业卫生实践，对于保障劳动者健康、建立安全卫生工作环境、提高经济效益和促进社会和谐发展，具有十分重要的意义。

## 7.1 化工职业健康卫生概述

职业卫生是识别并评估不良的劳动条件对劳动者健康的影响以及研究改善劳动条件、保护劳动者健康的一门科学。职业卫生工作不仅承担着保护劳动者健康的神圣职责，同时也起着保护国家劳动力资源、维持社会劳动力资源可持续发展的作用。根据发达国家防治职业危害的经验与我国职业卫生实践的结果，职业卫生工作应更注重治理和改善不良的劳动条件（包括生产过程、劳动过程和生产环境），控制职业危害因素，有效预防各种职业病和职业性损害的发生。

长期以来，世界各国关于职业健康卫生的认识与原则有如下几方面：

（1）所有关于职业事故和职业病的危险都可以通过有效的措施予以预防和控制。

（2）对生命、劳动能力和健康的损害是一种道义上的罪恶，对事故不采取预防措施就负有道义上的责任。

（3）事故会产生深远的社会性损害。

（4）事故限制工作效率和劳动生产率。

（5）对职业伤害的受害者及其亲属应当进行充分而迅速的经济补偿。

（6）职业健康安全投入是绝对必要的，且这种投入所避免的支出是投入费用的好几倍。

（7）职业健康安全是企业或事业单位全部业务工作中不可分割的一部分。

（8）采取立法、管理、技术、教育等方面的措施能有效地避免职业伤害，提高劳动生产率。

（9）为预防事故和职业病进行的努力还未达到极限，应继续努力。

以上九个方面要求生产单位必须遵循的方针为：在合理和切实可行的范围内，把工作环境中的危险减少到最低限度，预防事故的发生。《职业健康安全管理体系规范》对职业健康安全的定义是："影响作业场所内员工、临时工、订约人员（承包人员）、访问者和其他人员的健康安全的条件和因素。"这些条件和因素影响作业场所内人员的健康安全，是因为其会导致事故的发生。上述规范对事故的定义是："造成死亡、职业相关病症、伤害、财产损失或其他损失的不期望事件。"

化工生产特点决定了职业健康安全在化工生产中的地位与作用。安全生产法规定的五大高危行业（矿山、建筑施工单位和危险物品的生产、经营、储存单位）中有三类（危险物品的生产、经营、储存单位）与化学品有关，而化学品的事故不仅影响从业人员的身心健康与安全，更会给企业和社会带来巨大的损失，甚至还会影响社会稳定与经济的持续发展。

### 7.1.1 化工职业健康卫生的危害因素分析

在化工生产中，危险因素按其来源主要可以概括为三类。

（1）生产过程的职业性危害因素，主要包括：

1）化学因素，包括生产性粉尘、化工毒物等。化学工业是我国工业的支柱产业之一，目前已有 3000 余种化学品列入危险货物品名编号。中国国家标准《危险货物分类和品名编号》（GB 6944—2005），从运输的角度给危险货物（含物质和其制成品及物品）下的定义是："具有爆炸、易燃、毒害、感染、腐蚀、放射性等危险特性，在运输、储存、生产、经营、使用和处置中，容易造成人身伤亡、财产损毁或环境污染而需要特别防护的物质和物品。"危险化学品分为有毒性物质、刺激性物质、腐蚀性物质、强过敏性物质、可燃性及爆炸性物质。这些危险化学品由于生产工艺的需要以及所进行的加工工艺，例如加热、加压、粉碎、破碎、筛分、溶解等操作，使化工毒物常以气体、蒸气、烟雾、烟尘、粉尘等形式存在。这些化工毒物本身的特性决定了化学工业生产事故的多发性和严重性。

2）物理因素，包括噪声、振动、辐射等。化学工业的某些生产过程，如固体的输送、粉碎和研磨，气体的压缩与传送，气体的喷射等都能产生相当强烈的噪声。现代工业越来越多地应用各种电磁辐射能，从高频变压器、耦合电容器到无线通讯设备、感应加热设备，包括化工过程中的测量和控制、无损探伤等，都是利用电磁场产生的能量来工作的；电磁辐射波在给人们的生产、生活带来进步的同时，也不可避免地带来电磁污染。电磁污染是继水、大气、噪声之后的第四大环境污染，能对人体造成电磁辐射危害。生产过程中的生产设备、工具产生的振动称为生产性振动。产生振动的机械有锻造机、冲压机、压缩机、振动筛送风机、振动传送带、打夯机等。在生产中，振动对手臂所造成的危害较为明显和严重。

（2）劳动过程的职业性危害因素，如劳动制度与劳动组织不合理，如加班加点、时间过长等。

（3）作业环境的职业性危害因素，如不良的气象条件（包括不良的温度、湿度、气压、车间通风及空气质量等）、生产场所设计不合理、缺乏安全卫生防护设施等。

此外还有与劳动过程有关的劳动心理、劳动生理方面的因素。

### 7.1.2 化工职业健康卫生的控制分析

随着现代化工工业的发展，预防和控制职业健康危害的安全技术有了很大进步，特别是在防尘、防毒、照明采光、通风采暖、振动消除、噪声治理、高频和射频辐射防护、放射性防护、现场急救等方面都取得了很大进展。

对化工企业的职业健康卫生的控制，主要应从以下几个方面考虑。

（1）厂区的总体布局。首先考虑厂址的选择，要符合《工业企业设计卫生标准》

（GBZ 1—2010）要求。工程的总体布局包括总平面布局和竖向布置。厂区总平面布置应因地制宜，统筹规划，合理设置功能分区，要力求做到生产流畅顺捷，并有充分发展余地。在竖向布局上考虑生产线厂房、原料仓库、精加工区生产线、成品仓等的空间合理安排。

（2）生产工艺及设备布局。尽量采用先进的生产技术，以使生产过程自动化程度提高，并且不断完善生产管理制度。对于毒性较大的物质，其在生产过程中的运输、储存、加料等尽可能选择在密闭管道或储罐中进行，以减少化学毒物的逸散。

（3）化工企业建筑的卫生学。根据生产的原料、产品等的不同性质决定建筑的框架结构以及屋面是否需要保温层及绝热材料等。考虑工程厂房的照明情况，参照《工业企业设计卫生标准》（GBZ 1—2010）、《工业企业照明设计卫生标准》（GB/T 50034—92）、《建筑采光企业设计卫生标准》（GB/T 50033—2001）来设计各场所的照度。一般生产车间的照明照度为 150~200lx，办公室和值班室的照度为 200~300lx，一般作业的一般照明照度范围为 75~150lx，精细作业的一般照明照度范围为 150~300lx。

（4）职业病危害防护措施。主要为化工毒物的预防和控制，包括：替代或排除有毒或高毒物料，采用危害小的工艺和密闭化、机械化、连续化措施，隔离操作和自动控制；除此之外，化工行业还要注意预防和控制噪声、辐射、振动等。具体的内容见 7.2、7.3 和 7.4 节。

（5）卫生设施。不同的化工企业需要根据其不同的生产特点、实际需要和方便的原则，设置一系列的卫生设施，比如生产卫生室、生活室等。这些卫生设施应远离生产区，以免受有害因素的影响。

（6）应急救援设施与事故应急预案。大部分化工企业的原料或产品都或多或少具有毒性，属于风险度较高的工业企业，故其应该按照上级部门规定设置应急救援设施，建立事故应急预案，有条件的企业可以定期进行紧急事故预演。

（7）个人防护用品。个人防护工作是防止职业性伤害的最后一道屏障，因此要特别重视。每个化工企业对职工使用的防护用品的种类、使用范围、保管、检查等都要有明确的规定。定期发放与本企业职业危害相符的个人防护用品，数量和质量都要符合《工业企业设计卫生标准》（GBZ 1—2010）的要求。

（8）警示标识。为了使工作人员对工作场所中的职业危害因素产生警觉，并方便采取必要的个人防护措施，应根据工作场所各工作岗位的生产特点，按照《工作场所职业病危害警示标识》（GBZ 158—2003）的要求，在工作场所中可能产生职业病危害因素的设备上或其前方醒目位置设置相应的图形标识、警示线、警示语句和文字等警示标识。如在生产粉尘的作业场所设置"注意防尘"警告标识和"戴防尘口罩"指令标识；在噪声作业场所设置"噪声有害"警告标识和"戴防尘口罩"指令标识；在可能产生职业性灼伤和腐蚀的作业场所，设置"当心腐蚀"警告标识和"穿防护服"、"戴防护手套"、"穿防护鞋"等指令标识。在使用有毒物品作业场所设置"当心中毒"或者"当心有毒气体"警告标识。

（9）职业卫生管理。《职业病防治法》中规定用人单位应设置或者指定职业卫生管理机构或者组织、配备专职或者兼职的职业卫生专业人员，负责本单位的职业病防治工作。结合本企业的具体情况建立、健全职业卫生管理制度和操作规程，并定期组织检查实施情况。

（10）职业卫生经费。每个企业对于职业卫生经费要做到专款专用，如投入相应经费用于个人防护用品、现场急救设施、毒物、粉尘和噪声、振动、辐射等防护、空调通风系统及其他设施。这些经费为职业病防治工作提供资金保障，也符合职业卫生的有关法规要求。如发现有职业病或疑似职业病的员工应当按规定向所在地卫生行政部门报告，并对该作业岗位严格执行防护规定，同时加强个人防护。

（11）职业性健康监护。企业需要对有关接触职业病危害因素的员工进行上岗中的职业健康检查，要建立健康监护档案。职业性健康检查项目要符合实际接触有害因素的应检项目，委托体检的单位要具有职业性健康检查资质，体检设备齐全、职业健康检查结果可信，符合有关的职业卫生法规要求。

对于职业病危害因素，各企业要做到定期进行现场检测，及时掌握职业病危害因素的浓度和强度，预防职业病和意外事故的发生。根据《使用有毒物品作业场所劳动保护条例》（国务院 2002 年第 352 号发布）第 26 条，从事使用高毒物品作业的用人单位应当至少每一个月对高毒作业场所进行一次职业中毒危害因素检测，至少每半年进行一次职业中毒危害控制效果评价。

## 7.2 化工车间通风

通风是利用技术手段，合理组织气流，以通风换气的方法，稀释、控制或排除作业场所空气中的有毒有害气体、粉尘、余热和余湿，调节和改善作业场所的空气条件，创造适宜的生产环境，给作业者一个良好的气候条件，达到保护工人身心健康的目的。同时，通过对排气的处理还可防止大气污染，回收原料。

### 7.2.1 化工车间通风的方式与基本要求

按照使空气流动的动力不同，通风分为自然通风和机械通风两大类；按组织车间内的换气原则又可分为局部通风、全面通风和混合通风。机械通风是利用通风机产生的压力，克服沿程的流体阻力，使气流沿风道主、支网路流动，从而使新鲜空气进入劳动场所，使污浊空气从劳动场所排出。机械通风的优点是能对空气进行加热、冷却、加湿和净化处理。机械通风系统就是将空气处理设备用风道连接起来，即组成一个通风系统。化工行业除尘排毒多采用机械通风系统，这里也着重介绍机械通风除尘与排毒。通风风量是指在单位时间内向房间输送（或排出）的空气体积，常用单位为 m³/s 或 m³/h。对工业通风的基本要求是合理设计通风除尘与排毒系统，正确安装，维持良好的运行。

（1）局部通风。局部通风是指毒物比较集中或工作人员经常活动的局部地区的通风。其作用是从源头上将生产性有害因素排出或控制在一定范围内。局部通风有局部排风、局部送风和局部送、排风三种类型。

1）局部排风。局部排风用于减少工艺设备毒物泄漏对环境的直接影响，采用各种局部排气罩或通风橱等设备。局部排风的目的是在有害物产生源处将有害物就地排走或控制在一定范围内（即有害物产生时，会立即随空气排至室外），以保证工作地点的卫生条件，常用于车间防尘、防毒及防暑降温。为了防止污染环境或损害风机，有害物质应经过净化、除尘或回收处理后方能向大气排放。局部排气净化系统的组成主要有吸尘（毒）罩（排气罩）、风道、除尘或净化设备、风机、烟囱。

2）局部送风。对于厂房面积很大，工作地点比较固定的作业场所，在改善整个厂房的空气环境有困难时，可采用局部送风的方法，使工作场所的温度、湿度、清洁度等局部空气环境条件合于卫生要求。其目的是起到改善作业点微小气候的作用，常用于高温车间作业点吹风或隔离室的送风。隔离操作室的局部送风可以将风送入室内，以免通风效果不显著。一般距送风口三倍直径远处 70% 是混入的周围空气，五倍直径远处 80% 是混入的周围空气，所以空气污染的程度会随操作室空间的增加而增大。

3）局部送、排风。有时采用既有送风又有排风的通风设施，即既有新鲜空气的送入，又有污染空气的排出。这样可以在局部地区形成一片风幕，阻止有害气体进入室内。这是一种比单纯排风更有效的通风方式。

（2）全面通风。全面通风是用大量新鲜空气将作业场所的有毒气体冲淡至符合卫生要求的通风方式。全面通风多用于污染源不固定，毒物扩散面积较大，或虽实行了局部通风，但仍有毒物散逸的车间或场所。全面通风的气流组织原则是为保证送入车间的空气少受污染，尽快达到工作地点，使操作人员能呼吸到较为新鲜的空气，要求供给车间的空气直接送到工作地点，然后再与生产过程散发的有害物质混合排出。全面通风的送风口应设在有害物浓度较小的区域，排风口应尽量设在有害物产生源附近或有害物浓度最高区，在整个通风房间内使送风气流均匀分布，减少涡流。全面通风只适用于低毒有害气体、有害气体散发量不大或操作人员离毒源比较远的情形。全面通风不适用于产生粉尘、烟尘、烟雾的场所。

1）全面排风。为了使室内产生的有害气体和粉尘尽可能不扩散到邻室或其他区域而污染周围环境，可以在毒物集中产生区域或房间采用全面排风，送风量小于排风量，保持室内负压，较清洁的空气从外部补充进来，从而冲淡有毒气体。

2）全面送风。为了防止外部污染空气进入室内，同时又能使室内有害气体得到送入的经过滤处理的空气的冲淡，可采用全面送风的方法，送风量应大于排风量，保持室内处于正压，室内空气通过门窗被压出室外。

3）全面送、排风。在不少情况下，还可采用全面送风与全面排风相结合的通风系统。这往往用在门窗密闭、自行排风、进风比较困难的场所。

（3）混合通风。混合通风是既有局部通风又有全面通风的通风方式。如，局部排风，室内空气是靠门窗大量补入的。但在冬季大量补入冷空气，会使房间过冷，故往往还要采用一套空气预热的全面送风系统。

### 7.2.2　化工车间气态污染物的控制技术

目前能对环境和人类产生危害的大气污染物约有 100 种左右，除了颗粒等固相物质，还有二氧化硫、氮氧化物、碳氧化物、碳氢化物等气相物质。颗粒物有各种各样的固体、液体和气溶胶等形态，主要有一些硅、铝、铁、镍、钙等氧化物，还有浮游物质。现在处理气态污染物的方法，主要有吸收、吸附、催化转化、冷凝和燃烧等。

（1）燃烧净化方法。有害气体、蒸气或烟尘，通过焚烧使之变为无害物质，称为燃烧净化方法。燃烧净化方法仅适用于可燃或在高温下可分解的有害气体或烟尘。该法的主要化学反应是燃烧氧化，少数是热反应。燃烧净化法广泛用于碳氢化合物和有机溶剂蒸气的净化处理。这些物质在燃烧过程中被氧化为二氧化碳和水蒸气。常用的燃烧净化法有直接燃烧、热力燃烧及催化燃烧等。

1）直接燃烧。直接燃烧又称直接火焰燃烧，是用可燃有害废气当作燃料来燃烧的方法。对于有害废气中可燃组分浓度较高的情形，可采用直接燃烧的方法做净化处理。直接燃烧的温度一般在1100℃以上。完全燃烧的产物是二氧化碳、水蒸气和氮气等。

直接燃烧的条件是有害废气中可燃组分的浓度应在燃烧极限浓度范围之内。如果有害废气中可燃组分浓度高于燃烧上限，则需另外补充空气再燃烧；如果可燃组分浓度低于燃烧下限，则需补充一定数量的其他辅助燃料，以维持燃烧。

2）热力燃烧。经常碰到的需采用燃烧法处理的工业废气，通常是可燃物含量低或不能维持燃烧的气体，这时应用热力燃烧法处理。

在热力燃烧中，被处理的废气不是直接燃烧的燃料，而是作为助燃气体（在废气含氧足够多时）或燃烧对象（废气含氧很低时）来处理。热力燃烧主要依靠辅助燃料燃烧产生的热力，提高废气的温度，使废气中烃及其他污染物迅速氧化，转变为无害的二氧化碳和水蒸气。在热力燃烧中，多数物质的反应温度为760～820℃。热力燃烧中辅助燃料的消耗量，就是把全部废气升温至反应温度所需的辅助燃料量。

热力燃烧需要辅助燃料燃烧提供热量，这就需要部分废气作为助燃气体，而其余部分废气则称为旁通废气。旁通废气与高温燃气湍流混合，以达到反应温度。为了使废气完全燃烧，废气在此高温下，要有一定的驻留时间。如果把全部废气与所需辅助燃料混合，辅助燃料的燃烧热得不到充分利用。所以，务必需要分流出旁通废气，使之与高温燃气混合。

3）催化燃烧。催化燃烧是利用催化剂使废气中可燃组分在较低的温度（250～450℃）下发生氧化分解的方法，它所需要的辅助燃料仅为热力燃烧的40%～60%。催化燃烧法起燃温度低，含烃类物质的废气在通过催化剂床层时，碳氢分子和氧分子分别被吸附在催化剂表面并被活化，因而能在较低温度下被迅速氧化分解成 $CO_2$ 和 $H_2O$。与直接燃烧法相比（其起始温度为600～800℃），它的能耗要小得多，甚至在有些情况下，达到起燃温度后，便无须外界供热，并且还能回收净化后废气带走的热量。催化燃烧可以适用于几乎所有的含烃类有机废气及恶臭气体的治理，即它适用于浓度范围广、成分复杂的有机化工等行业，并基本上不会造成二次污染。

（2）冷凝净化方法。冷凝净化方法是利用有毒气体不同蒸气压的特性，用冷却的方法使它从空气中凝结出来，予以回收。冷凝回收法分为直接冷凝和间接冷凝，但冷凝原理是一样的。目前经常将冷凝回收法作为净化措施的前处理过程，即将有毒气体先冷凝回收一部分，然后再送去燃烧或吸附。

直接法采用接触冷凝器，冷却剂和有毒气体直接接触，冷却剂、蒸气、冷凝液混合在一起。冷却剂通常是冷水，即用冷水来洗涤空气和有毒气体的混合物。如果回收的冷凝液是不溶于水的油品，可在冷凝后的油水分离器中分离回收。但其用水量大，存在废水处理的问题。间接法采用表面冷凝器。表面冷凝器常用的有列管冷凝器、螺旋板冷凝器、淋洒式冷凝器等。表面冷凝器处理量比接触冷凝器小，但耗能小，回收的凝液也纯净。

（3）吸收和吸附净化方法。吸收法在治理气态污染物上技术比较成熟，实用性较强，气体吸收分为物理吸收和化学吸收。此法是在化学工业中用得较多的单元操作，在防毒技术中也有重要应用。气相混合物主要由不溶的"惰性气体"和溶质所组成，其中的溶质不同程度地溶解于液体，从而被液体所吸收，这样就可以实现气相混合物各组分的选择性溶解。液体溶剂与气相基本上不混溶，即液体挥发性较小，气化到气相中的量很少。废气的吸收净化，是应用吸收操作除去废气中的一种或几种有害组分，以防危害人体及污染环境。

吸附操作是利用多孔性的固体处理流体混合物，使其中一种或数种组分被吸附在固体表面上，达到流体中各组分分离的目的。吸附分离可用于气体的干燥、溶剂蒸气的回收、废气中某些有害组分的清除、产品的脱色、水的净化等。该方法处理气体混合物时称为气体吸附，具有分离效率高、能回收有效组分、设备简单、操作方便、易于实现自动化控制等优点。在大气污染控制中，吸附法可用于中低浓度废气的净化。在实际应用中，为了进一步提高空气净化质量，经常采用多个吸附联用。

(4) 催化转化。催化法净化气态污染物是利用催化剂的催化作用，将废气中的气体污染物转化为无害物质排放，或转化为其他易于去除的物质的一种废气治理技术。催化法与吸收和吸附不同，应用催化法治理污染物过程中，无须将污染物与主气流分离，可直接将有害物质转变为无害物，这不仅可避免产生二次污染，而且可简化操作过程。催化法的缺点是催化剂价格较高，废气预热需要一定的能量。

催化法分为催化氧化法和催化还原法。催化氧化法是使有害气体在催化剂作用下，与空气中的氧气发生化学反应而转化为无害气体的方法，如废气中的 $SO_2$ 在催化剂（$V_2O_5$）作用下可氧化为 $SO_3$，用水吸收变成硫酸而回收，再如各种含烃类、恶臭物的有机化合物的废气均可通过催化燃烧的氧化过程分解为 $H_2O$ 与 $CO_2$。催化还原法是使有害气体在催化剂的作用下，和还原性气体发生化学反应，变为无害气体的方法，如废气中的 $NO_x$ 在催化剂（铜铬）作用下与 $NH_3$ 反应生成无害气体 $N_2$。催化还原法的绝大多数催化剂是金属盐类或金属，主要有铂、钯、钌、铑等贵金属和锰、铁、铜等的氧化物，根据活性组分不同可分为贵金属催化剂和非贵金属催化剂。

## 7.3　粉尘、化工毒物的危害及预防

粉尘是指能够较长时间悬浮于空气中的固体微（尘）粒。

化工毒物是指工业生产中的有毒化学物质。毒性物质的来源是多方面的，如原料、某些中间产品或产品可能具有毒性，有些甚至是剧毒物质，如甲苯、二硫化碳、汞等。对化工毒物的来源做全面调查，明确主要毒物，有利于解决化工毒物的污染和确定防毒措施。毒物存在的形式直接关系到接触时中毒的危险性。毒性物质按其生物作用可分为刺激性、腐蚀性、窒息性、麻醉性、溶血性、致敏性、致癌性、致突变性、致畸胎性九种类型。按其损害的系统类别可分为神经毒性、血液毒性、肝脏毒性、肾脏毒性、全身毒性五种类型。

### 7.3.1　工作场所粉尘、化工毒物的分类

在生产过程中产生的粉尘称为生产性粉尘。生产性粉尘按成分性质分为无机性粉尘、

有机性粉尘和混合性粉尘。无机性粉尘主要有矿物粉尘、金属粉尘、人工无机粉尘等。有机性粉尘主要有动物粉尘、植物粉尘和人工有机粉尘等。混合性粉尘为上述两种或多种粉尘的混合物。化工作业场所常见的为混合性粉尘。

化工毒物按照其存在状态可分为粉尘、烟尘、烟雾、蒸气、气体等类型。对于毒性物质的分类，目前最常用的是把化学性质、用途和生物作用结合起来的分类方法。这种方法把毒性物质分为以下类型：（1）金属、类金属及其化合物，这是毒物数量最多的一类；（2）卤素及其无机化合物；（3）强酸和碱性物质；（4）氧、氮、碳的无机化合物；（5）窒息性惰性气体；（6）有机毒物，按化学结构可进一步分为脂肪烃类、芳香烃类、脂环烃类、卤代烃类、氨基及硝基烃化合物、醇类、醚类、醛类、酮类、酰类、酸类、腈类、杂环类、羰基化合物等；（7）农药类毒物，包括有机磷、有机氯、有机氟、有机氮、有机硫、有机汞、有机锡等；（8）染料及中间体、合成树脂、橡胶、纤维等。

### 7.3.2　工作场所粉尘、化工毒物的危害

#### 7.3.2.1　生产性粉尘的危害

粉尘爆炸多发生于煤矿井下或隧道，其往往造成摧毁性破坏和重大人员伤亡。化工作业场所也可能发生粉尘爆炸，其后果同样惨重。粉尘影响正常生产，主要表现在其对产品质量、设备磨损、工场能见度及环境卫生的不利影响上。粉尘影响人体健康，严重时能引起肺尘埃沉着病（尘肺，下文简称尘肺病）。本节主要介绍生产性粉尘的职业危害。

粉尘可随人的呼吸进入呼吸道，部分沉积在从鼻腔到肺泡的呼吸道内，其余进入肺泡。粉尘在呼吸系统的沉积可分为三个区域：（1）上呼吸道区（包括鼻、咽、喉部）；（2）气管、支气管区；（3）肺泡区（无纤毛的细支气管及肺泡）。一般，吸入性粉尘是指从鼻、口吸入到整个呼吸道的粉尘，其中粒径在 $10\mu m$ 以上的粉尘（肉眼可见粉尘），大部分沉积在鼻咽部；$10\mu m$ 以下的粉尘进入呼吸道深部；在肺泡内沉积的大多是 $5\mu m$ 以下的粉尘，称呼吸性粉尘，它是引起尘肺的病因。生产性粉尘由于种类和性质的不同，对人体的危害也不同。通常，粉尘引起的疾病主要是呼吸系统疾病，其中尘肺病最为严重。

（1）尘肺——肺尘埃沉着病。肺尘埃沉着病简称尘肺，是指由于吸入较高浓度的粉尘而引起的疾病，该病以肺组织弥漫性纤维化病变为主要特征。目前，确认能引起尘肺的粉尘有硅尘、煤尘、铝尘等13种以上的粉尘。尘肺病的发病不仅与粉尘种类、粒径、浓度、形态和表面活性等有关，还与接尘剂量（即粉尘浓度和接尘时间的乘积）以及人体抵抗力有关。常见的尘肺病按其病理成因有以下四种。

1）硅肺——硅沉着病。硅肺（矽肺）是尘肺中最严重的一种，又称硅沉着病，是因吸入含有游离二氧化硅的粉尘所引起。自然界中游离的二氧化硅分布很广，几乎95%的硅石中均含有数量不等的游离二氧化硅。在石粉厂、玻璃厂、水泥厂、氮肥厂的原料破碎、碾磨、筛分、配料等工序，均可产生大量粉尘。这些生产场所如果长期粉尘浓度超标，就可能使人患上硅肺病。硅肺病是一种慢性进行性疾病，发病比较缓慢，发病工龄一般在 5~10 年，有的可长达 15~20 年。

早期硅肺病人在体力劳动或上坡走路时就会感到气短；多数病人随病情发展或有并发症时，出现胸闷、胸痛、咳嗽、咳痰等症状，严重时即出现肺组织纤维化。

2）硅酸盐肺。硅酸盐肺是由于长期吸入含有结合二氧化硅（即硅酸盐）的粉尘所引起的尘肺病。其中常见的有石棉肺、滑石肺、水泥肺、云母肺等。

3）碳素尘肺。碳素尘肺是由于长期吸入碳素粉尘所引起的尘肺病，包括煤尘肺、炭黑尘肺、石墨尘肺、活性炭尘肺等。

4）金属尘肺。长期吸入某些金属粉尘也可引起尘肺病，如铝尘肺。由于铝尘种类和性质的不同，引起人体病变的程度也有所不同，金属铝尘与合金铝尘的致病作用比氧化铝尘强。

（2）肺粉尘沉着病。人体吸入铁尘、锡尘、钡尘等粉尘并不引起肺尘埃沉着病，而是引起肺粉尘沉着病。铁、锡、钡等粉尘，长期吸入后可沉积在肺组织中，主要产生一般的异物反应，也可继发轻微的纤维化病变，对人体的危害比硅肺、硅酸盐肺小。在脱离这些粉尘作业后，有些病人的病变会有逐渐减轻的趋势。

（3）其他疾患。

1）有机粉尘引起的肺部疾患。许多有机性粉尘被吸入肺泡后可引起过敏反应，长期吸入棉尘、亚麻粉尘等可引起棉尘病。有些有机粉尘如烟草、茶叶、皮毛、棉花等粉尘中常混有砂土及其他无机杂质，长期吸入这类粉尘可引起肺组织的间质纤维化，叫做混合性尘肺。

2）中毒、哮喘及眼睛、皮肤病变。吸入铅、砷、锰等粉尘，会在呼吸道中溶解进入血液循环而引起中毒。吸入茶、麻、咖啡、羽毛、皮毛、对苯二胺等粉尘，能引起变态反应性疾病如支气管哮喘、偏头痛等。在阳光下接触沥青粉尘可引起光感性结膜炎和皮炎。有些纤维状矿物性粉尘如玻璃纤维、矿渣棉粉尘等，长期接触可引起皮炎。接触砷、铬、石灰等粉尘，可引起某些皮肤病变或溃疡性皮炎。

### 7.3.2.2　化工毒物的危害

化工毒物常见于化工产品的生产过程，它包括原料、辅料、中间体、成品、废弃物和夹杂物中的有毒物质，并以不同形态存在于生产环境中。化工毒物对人体的危害主要体现在以下方面。

（1）职业中毒。劳动者在从事生产劳动及其他职业活动的过程中，由于接触毒性物质而发生的中毒称为职业中毒。职业中毒是化工行业典型的职业危害之一。工业毒物大多为化学物质，所引起的职业中毒按其发病状态可分为急性中毒、慢性中毒、亚急性中毒。急性中毒是由毒物一次性或短时间内大剂量进入人体所致，多数因生产事故或违规操作引起；慢性中毒是小剂量毒物长期进入人体所致，绝大多数是因毒物的蓄积作用引起；亚急性中毒介于这两者之间。有些毒物一般只引起慢性中毒，只有在浓度很大时，才引起急性中毒，如铅、锰等金属；而有些毒物一般只引起急性中毒，如一氧化碳、氯气等气体。

生产性毒物进入人体的途径有三种，即呼吸道、消化道和皮肤。其中最主要的途径是呼吸道，其次是皮肤，只有特殊情况下才会出现消化道摄入（如误服或发生事故时毒物喷入口腔等）。呼吸道吸入是人体摄入化工毒物的最主要和最危险的途径，约占职业中毒数的95%。皮肤的吸收发生在与毒物接触的过程中，对于脂溶性或类脂溶性物质，如芳香族的硝基、氨基化合物，金属有机铅及有机磷化合物等，在与皮肤接触过程中通过溶解于脂肪而进入人体。对于具有腐蚀性物质，如强酸、强碱、酚类及黄磷等，则是通过破坏人体皮肤的保护屏障作用而进入人体。

根据化工毒物引起人体伤害部位表现不同又可分为对神经系统、血液系统、呼吸系统、肾脏、皮肤等不同的损害，具体如表7-1所示。

表7-1　常见化工毒物中毒危害表现

| 毒害部位 | 化工毒物中毒症状及表现 | | 中毒例子 |
|---|---|---|---|
| | 症状 | 表现 | |
| 神经系统 | 神经衰弱症 | 无力、易疲劳、记忆力减退、头晕 | 砷、铅中毒 |
| | 多发性神经炎 | 损害周围神经，动作不灵活 | 二硫化碳、铅中毒 |
| | 神经症状 | 狂躁、欣快、忧郁、消沉、兴奋多话 | 二硫化碳、汞中毒 |
| 血液系统 | 血细胞减少 | 头晕、无力、牙龈出血、鼻出血等 | 慢性苯中毒、放射病 |
| | 血红蛋白变性 | 出现胸闷、气急、紫绀等 | 苯胺、一氧化碳中毒 |
| | 溶血性贫血 | 胸闷、气急 | 急性砷化氢中毒 |
| 呼吸系统 | 窒息 | 咳嗽、胸痛、胸闷、气急、喉头痉挛 | 有机磷 |
| | 中毒性水肿 | 改变了肺泡壁毛细血管的通透性 | 氮氧化物、光气等 |
| | 支气管炎、肺炎 | 气体作用于气管、肺泡引起炎症 | 汽油 |
| | 支气管哮喘 | 多为过敏性反应 | 苯二胺、乙二胺 |
| | 肺纤维化 | 某些毒物慢性作用 | 铍中毒 |
| 消化系统 | 直接接触腐蚀 | 恶心、呕吐、食欲不振等症状 | 四氯化碳、硝基苯、砷、磷中毒 |
| 肾脏 | 肾脏损害 | 蛋白尿、血尿、管型尿、浮肿等 | 砷化氢、四氯化碳、汞 |
| 皮肤 | 刺激变态反应 | 瘙痒、刺痛、瘫丘疹、皮炎和湿疹 | 沥青、石油、铬酸雾等 |

（2）带毒状态。人体接触工业毒物，但无中毒症状和体征，而尿检所含毒物量（或代谢产物）超过正常值上限，或驱除试验（如驱铅、驱汞）呈阳性时，称带毒状态或毒物吸收状态。

（3）致畸形、致突变、致癌。有的毒物可引起人体遗传的变异，如对胚胎有毒性作用的致畸物可引起胎儿畸形；致突变物会对人体产生基因突变作用而影响下一代。有的毒物可使人患癌，如苯就是典型的致癌物。致畸形、致突变、致癌是工业毒物对人体最严重的危害。

### 7.3.3　工作场所粉尘、毒物的检测

化学工业是涉及毒物种类最多、数量最大的行业，而各生产车间是毒物最为集中而又易于泄漏的场所，它们在空气中均以气体、蒸气、烟雾、烟尘、粉尘等形态存在。车间空气中毒物的测定，是指对上述形态存在的有害物质的测定。

#### 7.3.3.1　粉尘、毒物样品的采集

空气样品的采集直接关系到测定结果的可靠性，正确采集有代表性的空气样品是保证空气监测质量的重要因素。车间有害物在空气中的浓度和分布情况随着生产工艺、气象条件等因素的不同而经常发生变化。为了正确反映生产现场空气污染的真实情况，不仅要选

择准确的分析方法，还必须掌握采样的基本原则和操作技巧。所以，必须根据不同的测定目的，正确选择采样方法、分析方法、采样点、采样时机和采样数量，必要时可进行预采样。《工作场所空气中有害物质监测的采样规范》（GBZ 159—2004）规定了工作场所空气中有害物质（粉尘和有毒物质）监测的采样方法和技术要求。

（1）含尘空气样品的采集。选择采样点是测尘工作的基础。选择有代表性的工作地点，其中应包括空气中有害物质浓度最高、劳动者接触时间最长的工作地点。采样点应设在工作地点的下风口。个体采样时，需将空气收集器佩带在采样对象的前胸上部，其进气口尽量接近呼吸带所处高度。采样装置的装配和测定程序是：用胶管把采样器、流量计、吸尘器连接起来，并检查装置装配是否正确严密；取出滤膜夹，放入采样器中；根据测定要求，调整采样器进气口方向；打开固定在胶管上的螺旋夹，并开动吸尘器；调整流量，用秒表计时。含尘浓度较高，采样时间可短些；浓度较低，抽气量可大些，时间也可延长些。短时间采样一般不超过15min，长时间采样一般在1h以上。

（2）含毒空气样品的采集。含毒空气样品采集前，首先要了解生产过程中毒物的品种和散发情况，以及在空气中的存在形式，以便确定采样方法和分析方法。而后根据测定目的选择采样点。

1）欲评价劳动环境有害物的污染程度，采样点应设在操作人员经常停留的作业地点和活动场所，并选在呼吸带高度处。采样点应有代表性，其数量要大于车间内的岗位数。

2）欲评价劳动环境污染物的分布，应在平面图的纵横方向以3m间隔等距离划线，在各纵横线的交点处设置采样点，采样点的高度仍是操作者呼吸带的高度。

3）欲评价劳动环境有害物对操作者个体的影响，个体采样器应佩带在操作者的胸前，累积采集操作者在一个工作日接受的毒物。

4）欲评价排毒除尘装置的效果，应在通风系统停车时，在操作点的呼吸带高度处取样对比。必要时，可在毒物排出口、密闭设备内外以及可能逸散毒物的缝隙附近选点采样。

（3）采样时段的选择。所采样品应能反映整个工作日中毒物浓度的变化情况，即最高浓度多少，最低浓度多少。因此必须选择恰当的时机采样。采样必须在正常状态和环境下进行，避免人为因素的影响。空气中有害物质随季节变化的工作场所。应将空气中有害物质浓度最高的季节选择为重点采样季节。采样的持续时间则取决于有毒物质的排放情况。在生产过程中，如果毒物的逸散呈连续的、微量的，采样就需要持续较长的时间。如果是间歇式生产，需要测定加料、出料的瞬间逸散的毒物浓度，就应在很短的时间内完成采样。

（4）采样注意事项。采样前应将吸收液或滤膜装好；在易燃易爆工作场所采样时，应采用防爆型空气采样器；采样时应保持流量稳定，并应在专用的采样记录表上，边采样边记录；采样后，样品应尽快送检，避免因放置过久引起变化，并注意防止样品的污染。此外，采样者应做好个人的防护工作，确保采样安全。

### 7.3.3.2　空气样品测定方法。

（1）紫外-可见分光光度法（UV－vis）。物质对光具有选择性吸收的性质，一定波长的光通过被测溶液后光强度会减弱，从入射光强度减弱的程度即可确定被测物质的含量。其定量关系遵循朗伯-比尔定律，即入射光波长一定时，溶液的吸光度与液层厚度和溶液浓度之积成正比。测定仪器为分光光度计，它由光源、单色器、吸收池（或比色皿）、光电池、检流计等五部分组成，可测金属、非金属、无机化合物和有机化合物的浓度。

（2）红外吸收光谱法（IR）。利用物质的分子对红外辐射的吸收，得到与分子结构相应的红外光谱图，从而来鉴别分子结构的方法，称为红外吸收光谱法。此法与紫外-可见分光光度法相比，其红外光谱形状不同，图形复杂。有机物的红外吸收光谱是特定的，没有两种化合物具有相同的吸收光谱（除光学异构体外），所以红外光谱被广泛用于有机化合物的鉴定。该法可测气体、液体、固体的浓度。

（3）原子吸收分光光度法（AAS）。待测元素溶液，在高温下转变为待测元素的基态原子蒸气，基态原子蒸气对特定波长光的吸收程度与蒸气中基态原子数成正比，即与原子浓度成正比。原子吸收分光光度计主要由光源、原子化器、分光系统、检测系统四部分组成，主要用于金属元素，如镉、锰、锌、铅、钴、镍、铬等的浓度的测定。

（4）紫外荧光分析法（UVF）。某些物质受到紫外线照射后，能立即放出比入射光波长稍长（能量亦低）的光，当光照停止后该物质放射的光在 $10^{-8} \sim 10^{-4}$ s 内停止。这种光称之为荧光。当一定波长的紫外光照射于试样上，可对试样发出的荧光光谱及荧光强度进行定性和定量分析。荧光计包括光源、第一滤光片或单色器、样品池、第二滤光片或单色器及检测器五部分。在激发光作用下能产生一定荧光强度的物质，才能用此法测定，如沥青烟气、多环芳烃、维生素、机油雾等具有共轭不饱和结构的有机化合物。无机物不能直接测定，而需要与某些有机物生成荧光物质后再测其荧光强度或荧光熄灭，如铍、铅、硼、锆、硒等的测定。

（5）色谱法。色谱分析包括流动相色谱分析和固定相色谱分析。固定相可以是固体吸附剂，也可以是固定液浸渍在担体上的固定相。流动相可以是气体，也可以是液体，分别称为气相色谱和液相色谱。利用各种物质在两相中具有不同的分配系数，当两相做相对运动时，试样的各组分在两相中经多次反复分配，使得分配系数只有微小差别的各组分得到有效分离。

气相色谱仪主要由分析单元和控制记录单元两大部分组成。分析单元包括气路系统、进样系统、色谱柱、检测器。控制记录单元包括温度控制系统、信号放大系统、数据处理系统及信号显示记录系统。气相色谱仪主要用于分析沸点在400℃以下的有机化合物。在空气中有害物质的测定中，其可测定：气体，如一氧化碳等；有机蒸气，如有机溶剂等；某些固态、液态有机物质，如卤代烃、有机磷农药等；以及某些金属有机化合物，如羰基镍、四乙基铅等。

（6）离子选择电极法（ISE）。离子选择电极是一类具有薄膜的电极，基于薄膜的特性，电极的电位对溶液中某种离子有选择性的响应。用它作指示电极，再与参比电极组成原电池。通过测定原电池的电动势，可确定被指示电极响应的离子活度。测量仪器由离子计、离子选择电极、参比电极和搅拌器组成，主要测定一价的金属或非金属离子，也可测二价离子，但误差较大。

（7）快速测定法。使用简便的方法或用可携带式简易仪器现场测定有害物浓度的方法称为快速测定法。如检气管法、试纸法、溶液快速比色法等。快速测定可直接抽取空气样品进行现场分析，分析速度快，虽然准确度稍差，但能及时给出测定结果。

### 7.3.3.3 有毒有害物的安全卫生标准

我国卫生部2010年颁布的《工业企业设计卫生标准》（GBZ 1—2010）是劳动环境评价的重要依据。《工作场所有害因素职业接触限值》（GBZ 2.1—2007）规定了职业场所化学有害因素的职业接触限值。职业接触限值是指工作人员在职业活动中长期反复接触车间内有毒有害物质时，其对绝大多数接触者的健康不引起有害作用的容许接触水平。化学有害因素的职业接触限值包括时间加权平均容许浓度（PC－TWA）、短时间接触容许浓度（PC－STEL）和最高容许浓度（MAC）三类。

时间加权平均容许浓度（PC－TWA）指以时间为权数规定的8h工作日、40h工作周的平均容许接触浓度；短时间接触容许浓度（PC－STEL）指在遵守PC－TWA前提下容许短时间（15min）接触的浓度；最高容许浓度（MAC）指在一个工作日内任何时间有害化学物质均不应超过的浓度。一般作业环境可能接触的部分有害物质的限值见表7-2和表7-3。其中表7-2列出了工作场所空气中粉尘的容许浓度。表7-3则列出了工作场所空气中化学物质的容许浓度。

**表7-2　工作场所空气中粉尘的容许浓度**

| 物质名称 | PC－TWA/mg·m⁻³ | | 物质名称 | PC－TWA/mg·m⁻³ | | 物质名称 | PC－TWA/mg·m⁻³ | |
|---|---|---|---|---|---|---|---|---|
| | 总尘 | 呼尘 | | 总尘 | 呼尘 | | 总尘 | 呼尘 |
| 大理石粉尘 | 8 | 4 | 水泥粉尘（游离 $SiO_2$ 含量小于10%） | 4 | 1.5 | 玻璃棉和矿渣棉粉尘 | 3 | — |
| 石棉粉尘（石棉含量大于10%） | 0.8 | — | 煤尘（游离 $SiO_2$ 含量小于10%） | 4 | 2.5 | 烟草及茶叶粉尘 | 2 | — |
| 滑石粉尘（游离 $SiO_2$ 含量小于10%） | 3 | 1 | 铝金属、铝合金粉尘 | 3 | — | 硅藻土粉尘（游离 $SiO_2$ 含量小于10%） | 6 | — |
| 活性炭粉尘 | 5 | — | 棉尘 | 1 | — | 石灰石粉尘 | 8 | 4 |

注：总尘为可进入到呼吸道（鼻、咽、喉、胸腔支气管、细支气管和肺泡）的粉尘；呼尘为按呼吸性粉尘标准测定方法所采集的可进入肺泡的粉尘粒子，其空气动力学直径均在7.07μm以下，空气动力学直径5μm粉尘粒子的采样效率为50%。

**表7-3　工作场所空气中化学物质的容许浓度**

| 物质名称 | OELs（职业接触限值）/mg·m⁻³ | | | 物质名称 | OELs（职业接触限值）/mg·m⁻³ | | |
|---|---|---|---|---|---|---|---|
| | MAC | PC－TWA | PC－STEL | | MAC | PC－TWA | PC－STEL |
| 氨 | — | 20 | 30 | 苯 | — | 6 | 10 |
| 二氧化氮 | — | 5 | 10 | 苯胺 | — | 3 | — |
| 二氧化硫 | — | 5 | 10 | 苯乙烯 | — | 50 | 100 |
| 二氧化氯 | — | 0.3 | 0.8 | 吡啶 | — | 4 | — |
| 二氧化碳 | — | 9000 | 18000 | 丙醇 | — | 200 | 300 |
| 五氧化二钒烟尘 | — | 0.05 | — | 丙酮 | — | 300 | 450 |
| 钒铁合金尘 | — | 1 | — | 草酸 | — | 1 | 2 |

| 物质名称 | OELs（职业接触限值）/ mg·m$^{-3}$ | | | 物质名称 | OELs（职业接触限值）/ mg·m$^{-3}$ | | |
|---|---|---|---|---|---|---|---|
| | MAC | PC-TWA | PC-STEL | | MAC | PC-TWA | PC-STEL |
| 酚（皮） | — | 10 | — | DDT | — | 0.2 | — |
| 镉及其化合物 | — | 0.01 | 0.02 | 敌百虫 | — | 0.5 | 1 |
| 锆及其化合物 | — | 5 | 10 | 碘 | 1 | — | — |
| 汞-金属汞蒸气 | — | 0.02 | 0.04 | 碘仿 | — | 10 | — |
| 汞-有机汞化合物 | — | 0.01 | 0.03 | 丁醇 | — | 100 | — |
| 过氧化氢 | — | 1.5 | — | 丁醛 | — | 5 | 10 |
| 环己胺 | — | 10 | 20 | 丁酮 | — | 300 | 600 |
| 环己醇 | — | 100 | — | 对苯二甲酸 | — | 8 | 15 |
| 环己酮 | — | 50 | — | 对硝基苯胺（皮） | — | 3 | — |
| 环己烷 | — | 250 | — | 二苯胺 | — | 10 | — |
| 黄磷 | — | 0.05 | 0.1 | 二甲胺 | — | 5 | 10 |
| 甲苯（皮） | — | 50 | 100 | 二硫化碳（皮） | — | 5 | 10 |
| 甲醇（皮） | — | 25 | 50 | 硫化氢 | 10 | — | — |
| 钼（可溶性化合物） | — | 4 | — | 镍（可溶性化合物） | — | 0.5 | — |
| 钼（不溶性化合物） | — | 6 | — | 镍（金属镍与难溶性化合物） | — | 1 | — |

注：1. 表中最高允许浓度是工作地点空气中有害物质浓度不应超过的数值。工作地点是指工人在生产过程中观察和操作经常或定时停留的地点，如整个车间均为工作地点。

2. 有（皮）标记者是指毒物除呼吸道吸收外，尚易经皮肤吸收。

3. 表中仅列部分物质，具体可参考《工作场所有害因素职业接触限值》（GBZ 2.1—2007）。

### 7.3.4 工作场所粉尘、毒物的预防

#### 7.3.4.1 工作场所粉尘的预防

A 工厂防尘综合措施

（1）厂房位置和朝向的选择。有尘车间在厂房的位置，应位于全年主导风向的下风侧。厂房主要进风面应与厂房纵轴成60°～90°角；对L、Ⅱ形平面的厂房，开口部分应朝向夏季主导风向，并在0°～45°角之间。车间内的主要操作点应位于通风良好和空气清洁的地方。

（2）工艺和设备的合理布置。在考虑工艺方法和设备布局时，尽量采用新工艺、新设备、新材料，提高机械化、自动化、电子化程度。生产中为达到消除尘源或减少粉尘的目的，首先应采用不产生或少产生粉尘的工艺和设备，这是防尘的根本措施；而对于有尘作业则应通过治理措施尽量减少其危害。例如，用石灰石砂代替石英砂制作型砂；用有气

力输送设备的密闭罐车储运粉粒状物料；在装卸、输送和分级过程中用风选代替筛选；用高效轮碾设备替代砂处理设备；用高压静电技术对开放性尘源实行就地抑制；粉料的称量、配料、混合等工序采用电子计算机控制等，都可以有效地防止粉尘的产生和扩散。同时，尽可能合理布置除尘系统，包括管道铺设、粉尘集送及污泥处理等，使其更好地发挥除尘作用。

（3）密闭装置控制粉尘逸散。为了将产尘设备的粉尘逸散控制在最小，常采用密闭控制，通常与通风除尘装置配套使用。所有粉碎、混碾、筛分设备和粉状物料的运输、装卸、储存过程均应尽量密闭，并根据不同的扬尘特点，采取不同的密闭方式和装置，一般有局部密闭、整体密闭和采用密闭小室三种。对于密闭装置，为避免其诱导空气造成逸尘，常采取消除正压即对密闭罩泄压的方法，包括从设备结构上降低落料高差、减少溜槽倾斜角、加导料槽缓冲箱、设溜槽隔流挡板等，使空气可以迅速排出，从而泄压避免逸尘。对于设备因转动、振动产生的空气扰动扬尘，不得把密闭装置的排风口设在直接扬尘处，而且密闭罩的气密性要好。

（4）作业场所粉尘监测。为了正确评价生产环境中粉尘对劳动者健康的影响，鉴定防尘技术设施的效果，需要定期对作业场所的生产性粉尘进行监测。根据对粉尘浓度、粒径分布、游离二氧化硅含量等进行检测的准确结果，按照《车间空气中呼吸性矽尘卫生标准》（GB 16225—1996）等国家标准进行综合分析，提出改善劳动条件的措施，进行防尘降尘科学管理，从而确保劳动者健康。

B　防尘技术方法

在防尘工作中，可以采用新工艺、新技术，降低车间空气中粉尘浓度，使生产过程中不产生或少产生粉尘；对粉尘比较多的岗位尽量采用机械化和自动化的操作，尽量减少工人直接接触尘源；将尘源安排在密闭的空间里，设法使内部形成负压防止粉尘向外扩散；有扬尘点的岗位应采用真空吸尘清扫；粉尘场地的工作人员必须严格执行劳保规定，要穿防护服、戴口罩、手套、防护面具、头盔，穿鞋盖等。对付粉尘，多种措施配合使用能收到较显著的效果。传统的工业防尘方法例如湿法降尘和通风除尘等，至今仍被广泛使用；新型防尘方法有静电消尘等。它们各有其特点，可在不同场合使用。

（1）湿法降尘。只要工艺条件允许，可以首先选用湿法降尘，一般采用喷水雾或喷蒸汽加湿，是比较简便和有效的降尘方法。因其防尘效果可靠，易于管理，故已被厂家广泛使用，如石粉厂的水磨石英，陶瓷厂、玻璃厂的原料水碾、湿法拌料、水力清砂、水瀑清砂等。水对大多数粉尘具有"亲和力"，比如将物料的干法破碎、筛分改为湿法操作，或在物料的装卸、转运过程中喷水，可以极大地减少粉尘的产生和飞扬。

喷水雾降尘是采用压力水经喷嘴雾化进行除尘。采用喷水雾降尘时，应注意喷水雾方向与物料流动方向顺向平行，喷嘴到物料层面的距离不小于0.3m，喷嘴和排风罩之间应安装橡皮挡帘。布置喷嘴时应注意防止水滴或水雾被吸到排风系统中，或溅到设备的运转部分上。喷水管可配置在物料加湿点，水阀应和生产设备的运行实行联锁。还要注意供水不应含有病原菌和腐蚀性物质，水中固体悬浮物不致堵塞喷嘴。对于物料加湿，一般采用丁字形多孔眼喷水管或砸扁了的鸭嘴形喷水管，其简单而不易堵塞。丁字形喷水管适用于固定加水点，其喷水管长度、孔眼数量和直径可根据加水宽度和用水量决定；鸭嘴形喷水管可用软胶管连接，作移动加湿之用。对于矿槽和露天堆放场等大面积产尘地点，可采用压气喷嘴。

喷蒸汽降尘是采用水蒸气为介质进行除尘。具体做法是将低压饱和蒸汽喷射到产尘点的密闭罩内，依靠蒸汽本身的扩散作用，一部分凝结在尘粒表面，增加尘粒间的凝聚力；一部分凝结成水滴与尘粒凝并，从而减少粉尘飞扬，加速粉尘沉降。蒸汽除尘的喷汽量可按物料质量的0.1%～0.2%计算，以采用$(1.6～2)×10^5$Pa（绝压）的饱和蒸汽为宜。喷蒸汽降尘一般采用多孔蒸汽喷管，喷管直径为20～25mm，喷孔直径为2～3mm，孔距为30～50mm。蒸汽喷管距物料表面一般要求为0.15～0.2m。喷蒸汽降尘适用于煤、焦炭等弱黏性粉尘的产尘点，但因受季节和地区气象条件影响较大，故一般不作为常年的独立降尘措施，而往往与其他除尘措施交替使用或作为辅助措施使用，如夏季用喷水雾除尘、冬季用喷蒸汽除尘等。另外，喷蒸汽除尘不宜与通风除尘同时使用。

（2）通风除尘。通风除尘是工业防尘常用的方法，主要针对干法生产。通常采取安装通风管、吸尘罩、除尘器等进行局部排风除尘，也有辅以机械的全面排风或自然排风。一般采用以下几种方式。

1）就地式通风除尘系统，是将除尘器或除尘机直接设置在产尘设备上，就地捕集和回收粉尘。这种系统布置紧凑、结构简单、维护方便，能同时达到防止粉尘外逸和净化含尘空气的双重目的，常用在混砂机、皮带运输机转运点或料仓上。

2）分散式通风除尘系统，是将一个或数个产尘点作为一个系统，除尘器和风机安装在产尘设备附近。这种系统具有管路短、布置简单、风量调节方便等优点，但粉尘后处理比较麻烦，适用于产尘设备比较分散且厂房可安装除尘设备的场所。

3）集中式通风除尘系统，是将多个产尘点或整个车间、甚至全厂的产尘点集中为一个系统，设专门除尘室，由专人负责管理。这种系统处理风量大，便于集中管理，粉尘后处理比较容易，但管路长而复杂，风量调节比较困难，适用于产尘设备比较集中并且有条件设置除尘室的场所。

（3）静电消尘。静电消尘装置主要包括高压供电设备和电收尘装置两部分。含尘气流通过电场，在高压（60～100kV）静电场中，气体被电离成正、负离子，这些离子碰到尘粒便使之带电。带正电的尘粒很快回到负极电晕线上，带负电的尘粒趋向正极密闭罩和排风管内，经简易振动或自行脱落，掉入皮带上或料仓中，而净化后的气体经排风管排出。静电消尘装置的特点是除尘效率高（一般都在99%以上），设备简单，运行可靠，且粉尘容易回收，适用于产尘点分散的场合。它无须管网复杂的除尘系统，但必须有一套整流升压的供电设备，造价较高。

（4）超声波消尘。超声波消尘是指在超声波的振动作用下，使粉尘凝集，进而将空气与粉尘分离。其原理就是超声波对悬浮粒子的凝聚作用。

C  个体防尘措施

在有尘环境中工作，作业人员应注意自我防护，具体防尘措施有：作业时带防尘口罩、防尘眼镜，穿防尘服、防尘鞋，使用防尘用具等，以阻挡粉尘侵入呼吸器官，并尽量使皮肤少接触粉尘，从而减少或避免粉尘的危害。

### 7.3.4.2  防毒措施

A  防止职业中毒的技术措施

所有防毒技术措施，都是基于根除毒物、控制毒物扩散、防止人体接触等几个方面来考虑的。

（1）采用无毒或低毒物料。在化工生产中，原料和辅助材料的选用应该尽量替代或排除有毒或高毒物料。用无毒物料代替有毒物料，用低毒物料代替高毒或剧毒物料，是消除毒性物料危害的有效措施。近些年来，化工行业在这方面取得了很大进展。但是，完全用无毒物料代替有毒物料，从根本上解决毒性物料对人体的危害，还存在相当大的技术难度。

例如在合成氨工业中，原料气的脱硫、脱碳以前多采用砷碱法。而砷碱液中的主要成分为毒性较大的 $As_2O_3$。现在改为 MDEA 法（甲基二乙醇胺）、苯菲尔特法脱碳或碳酸丙烯酯脱碳和蒽醌二磺酸钠法脱硫，都取得良好效果，并彻底消除了砷的危害。

在涂料工业和防腐工程中，用锌白或氧化钛代替铅白从而消除了重金属铅的职业危害；用乙醇、甲苯或石油副产品抽余油代替苯溶剂；用环己基环己醇酮代替刺激性较大的环己酮等，这些溶剂或稀料的毒性要比所代替的物料小得多。

为了消除或减轻毒物对人体的危害，生产企业比较多地采用了上述替代的方法。如以无汞仪表代替有汞仪表；用无毒或低毒的催化剂代替有毒或高毒的催化剂；焊接作业用无锰焊条代替有锰焊条等。需要注意的是，这些代替多是以低毒物代替高毒物，而并不是无毒操作，故在生产中仍然需要采取适当的防毒措施。

（2）采用危害性小的工艺。改进工艺流程，选择安全的危害性小的工艺代替危害性较大的工艺，是根除或减轻毒物对人体危害的根本性措施。零污染、无害化的绿色化学工艺是现代化工的发展方向，采用无毒或低毒的新工艺已是目前化工行业的共识，并得到积极的推广和应用。在我国的"十二五"减排规划中，要求工业行业特别是石油和化工行业必须走低碳发展道路，工业和信息化部提出了化工五行业齐推清洁生产技术，这五行业分别指钛白粉、涂料、黄磷、铬盐、碳酸钡。

在钛白粉生产中，过去以硫酸法钛白生产工艺为主，随着世界钛白产业的发展，目前多采用氯化钛白法。相对于硫酸法钛白生产而言，氯化法具有工艺流程短、操作易实现连续自动化、"三废"排放少，更易获得高质量金红石型钛白等优点，从而占据了全球钛白行业的主导地位。我国工业和信息化部要求钛白粉行业在 2014 年采用氯化法钛白粉生产技术的年产要达到 30 万吨，沸腾氯化生产技术的普及率要达到 60%。

涂料行业将重点发展以水性木器涂料为代表的环境友好型涂料技术，以及溶剂型涂料全密闭式一体化生产技术和氨基树脂清洁生产技术。黄磷行业将积极推广黄磷尾气深度净化及利用技术。铬盐行业要采用铬铁碱溶氧化制铬酸盐、气动流化塔式连续液相氧化生产铬酸钠、钾系亚熔盐液相氧化法及无钙焙烧等清洁生产工艺进行生产以达到节约标准煤、减排铬渣、减排废气的目的。碳酸钡行业将加强回转炉尾气余热锅炉利用技术、回转炉静电除尘器技术应用。

减少毒害的工艺可以是原料结构的改变或工艺条件的变迁。如硝基苯还原制苯胺的生产过程，过去国内多采用铁粉作还原剂，过程间歇操作，能耗大，而且在铁泥废渣和废水中含有对人体危害极大的硝基苯和苯胺。现在大多采用硝基苯流态化催化氢化制苯胺新工艺，新工艺实现了过程连续化，而且大大减少了毒物对人和环境的危害。

在炼油工业的润滑油精制中，以前在我国是糠醛精制工艺占主导地位，如今半数以上已采用 NMP（N-甲基吡咯烷酮）节能工艺，因为 NMP 具有毒性小、溶解力较高、选择性优良等优点，而且该工艺产品质量好、抽余油收率高。

（3）通风排毒和净化处理。按照《工作场所有害因素职业接触限值》（GBZ 2.1—2007）的标准，降低生产现场空气中的毒物浓度，使之符合国家规定的职业接触限值，是预防职业中毒的关键。预防职业中毒，首先是控制毒物不逸散，消除工人接触毒物的机会；其次是对已逸出的毒物要设法排除，常用的方法是安装通风设备和净化装置进行通风排毒和净化处理。化工作业场所大多采用机械通风，往往除尘与排毒共用。一般在毒物比较集中或人员经常活动区域采取局部通风，包括局部排风（用排气罩或通风橱排出有害气体）和局部送风（用风机或其他通风设施送入新鲜空气）；而在毒源不固定或低毒有害气体扩散面积较大的区域，则采取全面通风，用大量新鲜空气将作业场所的有害气体冲淡或置换，达到通风排毒的目的。

为了防止污染大气环境，作业场所排出的有毒气体须经过净化或回收处理才能排入大气。常用的方法有：冷凝净化法，即采用冷凝器回收空气中的有机溶剂蒸气，或对高湿废气进行净化处理；吸收净化法，即采用吸收塔对气体中的有害组分进行吸收，并将吸收液进行回收处理，例如用水吸收混合气中的氨以净化气体，再用蒸馏溶液的方法回收氨；吸附净化法，即通过气体吸附清除空气中浓度相当低的某些有害物质，常用吸附剂有活性炭、分子筛、硅胶等。

（4）密闭化、管道化、机械化、连续化生产。生产过程尽量采用无害化先进技术和工艺，使生产过程密闭化、管道化、机械化、连续化，控制毒物逸散，减少毒物危害。从事工业毒物作业人员，必须严格执行"先开防毒设备后开生产设备，先停生产设备后停防毒设备"的操作流程。

在化工生产中，敞开式加料、搅拌、反应、测温、取样、出料、存放等等，以及跑、冒、漏、滴和有毒物质的敞露存放等现象，均会造成有毒物质的散发、外逸，对外界环境造成毒化，同时也危害人体。控制有毒物质，使其不在生产过程中扩散出来造成危害，关键在于生产设备本身的密闭化，以及生产过程各个环节的密闭化。如尘毒物质的密封输送，固体投料的锁气装置，转轴的密封填料、机械密封，在密闭容器中进行反应等。

生产设备的密闭化，往往与减压操作和通风排毒措施互相结合使用，以提高设备密闭的效果，消除或减轻有毒物质的危害。设备的密闭化尚需辅以管道化、机械化的投料和出料，才能使设备完全密闭。对于气体、液体，多采用高位槽、管道、泵、风机等作为投料、输送设施。固体物料的投料、出料要做到密闭，存在许多困难。对于一些可熔化的固体物料，可采用液体加料法；对固体粉末，可采用软管真空投料法；也可把机械投料、出料装置密闭起来。当设备内装有机械搅拌或液下泵等转动装置时，为防止毒物散逸，必须保证转动装置的轴密封。

用机械化代替笨重的手工劳动，不仅可以减轻工人的劳动强度，而且可以减少工人与毒物的接触，从而减少危害。如以皮带、链斗等机械输送代替人工搬运；以破碎机、球磨机等机械设备代替人工破碎、球磨；以各种机械搅拌代替人工搅拌；以机械化包装代替手工包装等。

连续化已是一般大中型无机和有机化工生产的特征，但目前在精细化工如染料、涂料的生产中，还有一些间歇式操作。对于间歇式操作，生产间断进行，需要经常配料、加料，频繁地进行调节、分离、出料、干燥、粉碎和包装，几乎所有单元操作都要靠人工进行。反应设备很难做到系统密闭，尤其是对于危险性较大和使用大量有毒物料的工艺过程，操作人员会频繁接触毒性物料，这对人体的危害相当严重。采用连续化操作可以消除上述弊端。比如采用板框压滤机进行物料过滤，人机接触较近，并需频繁加料、取料和清装滤布，若采用连续操作的真空吸滤机，操作人员只需观察吸滤机运转情况，调整真空度即可，从而大大减少毒物对人体的不良影响。

（5）隔离操作和自动控制。在生产中尽管采用了许多防尘毒的有效措施，但在某些特殊条件下，如设备密闭难度大等情况，就免不了会有毒害物质的扩散，像这种由于条件限制而不能使毒物浓度降低至国家卫生标准时，就需要采用隔离操作。

隔离操作即是把操作人员与生产设备隔离开来。目前，常用的隔离方法有两种，一种是在操作方便的地方，设置一个密封性较好的小室，可以将全部或个别毒害严重的生产设备设置在室内，采用排风的方法使之呈负压状态，因此尘毒物质不能外逸；另一种是将操作人员的操作仪表、操作开关和自动化操作设备放在隔离室内，室内采用送风方法，输送新鲜空气，使室内呈正压状态，防止有害物质进入。

隔离操作、远距离自动控制是使劳动者免受尘毒危害的最有效方式。现代化工企业，其机械化、自动化程度已很高，可以运用各种机械替代人工操作，或采用遥控和程控方法进行生产。过程的自动控制不仅可以使工人从繁重的劳动中得到解放，而且极大地减少人与物料的直接接触，从而减轻或避免有毒物质对人体的危害。自动控制还可对生产现场的异常情况进行自动调控，比如安全阀一类的安全泄压和报警装置，给化工生产带来更大的安全系数。另外，采用自动控制的生产工艺，或采用防爆、防火、防漏气的储运过程，都对防止毒物扩散非常有利。

B　个体防毒措施

毒物对人体的致害程度，取决于毒物的性质、浓度以及作用方式、时间长短等因素，而且并不是有毒环境都一定使人中毒，其中毒程度还与个体差异有关。例如，接触同一毒物，不同个体会因年龄、性别、生理特性（如孕期）、健康状态、免疫功能的不同，对毒物有不同的反应敏感度。因此，从事有毒作业，不必盲目恐慌，只要遵守安全操作规程，注意个人劳动保护，职业中毒是可以避免的。在接触有毒物的生产场所作业，应注意以下个体防护。

（1）服装防护。应穿戴特殊质地和式样的防护服、鞋、手套、口罩；对毒物有可能溅入眼睛或有灼伤危险的作业，必须戴防护眼镜。在有刺激性气体的场所，为防止皮肤污染，可选用适宜的防护油膏，如防酸用3%氧化锌油膏，防碱用5%硼酸油膏等。

（2）面具防护。包括防毒口罩与防毒面具。应根据现场不同情况合理使用防毒面具：有毒物质呈气溶胶形态时，使用机械过滤式防毒口罩；呈气体、蒸气状态时，使用化学过滤式防毒口罩或防毒面具；在毒物浓度过高或氧气含量过低的特殊情况下，则采用隔离式防护面具；入釜、罐检修时应戴送风式防毒面具。有毒作业场所除必须配备防毒面具外，还应配备必要的冲洗设备及冲洗液等。

（3）个人卫生。生产作业场所内禁止进食、饮水、饮酒和吸烟；工作服、帽和手套应勤洗换；下班后要淋浴，且不得将工作服、帽带回家，等等。在使用和保管化学品和农药时，禁止其与食物或其他用品同处存放，防止有毒物质污染或不慎误食。

# 7.4 化工生产中噪声、振动、辐射的危害与预防

化学工业的某些生产过程，如固体的输送、粉碎和研磨，气体的压缩与传送，气体的喷射等都能产生相当强烈的噪声，这会对人员造成一定的危害。与此同时，现代工业应用的各种电磁辐射能，化工过程的测量和控制、无损探伤等，都是利用电磁场产生的能量来工作的；电磁辐射波在给人们的生产、生活带来进步的同时，也不可避免地带来电磁污染，从而对人体造成电磁辐射危害。还有，生产过程中的生产设备、工具产生的振动对工作人员的身体特别是手臂造成的危害较为明显和严重。本节就具体讨论化工生产中噪声、振动和辐射产生的危害及其预防措施。

## 7.4.1 噪声的危害与预防

### 7.4.1.1 噪声的危害

人们平常听到的声音大多是通过空气传播的。人耳感受声音的大小，主要与声频和声压、声强、响度、声功率等有关。声频即声音频率，表示音调的高低，单位是 Hz。为了方便对声音强弱的度量，声学上采用了声压级的概念，单位是 B（贝尔），通常以其值的 1/10 即 dB（分贝）来计量声音的大小。

由机器转动、气体排放、工件撞击、机械摩擦等产生的噪声，称为工业噪声或生产性噪声。噪声大小的测量，常用 A 声级表示，记作 dB（A）。生产性噪声又分为三类，即空气动力性噪声、机械性噪声和电磁性噪声。生产性噪声的危害有如下几个方面。

（1）职业性耳聋。噪声对人体的危害主要是损害听力，特别是工作场所长时间的噪声会使耳朵的敏感度下降，由听觉适应到听觉疲劳，最终导致职业性耳聋——噪声性耳聋，又称噪声聋。

噪声聋的发病原因与噪声强度、频率及噪声的作用时间有关，噪声强度越大，噪声频率越高，噪声作用时间越长，噪声聋的发病率越高。耳聋的划分有三个等级：语言频率听损在 25~40dB，属轻度聋；语言频率听损在 40~70dB，属中度聋；语言频率听损大于 70dB，属重度聋。化工作业场所受强烈噪声影响的工种有泵房操作工、风机（或压缩机）操作工、铆工、钻工等，这些工种还常常同时受到振动的影响。例如，风机操作工在工作一天之后，受噪声和振动的影响会感到头晕目眩，身心疲惫。一般来说，长期在 90dB（A）以上的强噪声环境中工作，极有可能发生噪声聋。除了上述慢性的噪声性耳聋外，还有一种突发性的爆震性耳聋，它是在突然听到极其强烈的爆炸、爆破或炸弹声（声压级高达 140dB 以上）时，人耳受到的极为强烈的震伤，可谓"震耳欲聋"，这种情况一次就可能使听觉器官发生病变，造成听力大幅度下降，甚至发生全聋。

（2）其他生理影响。噪声除了对人的听觉系统造成损坏外，还会对神经系统、心血管系统造成危害。如长期在噪声的刺激下，人的中枢神经系统会受到损害，造成大脑皮层兴奋和抑制平衡失调，进而形成牢固的兴奋灶，累及植物神经系统，引起神经衰弱综合征，使患者出现头晕、头痛、失眠、多梦、耳鸣、乏力、心悸、记忆力减退等症状。强噪声刺激中枢神经系统，还会造成消化不良、食欲减退、体质减弱等；特别强烈的噪声还能引起精神失常、休克乃至危及生命。

（3）心理影响。噪声会分散人的注意力，影响人的工作情绪，既会降低工作效率，又容易导致差错，特别是对那些要求注意力高度集中的作业影响更大，如车间行车工、起重工等，稍有不慎就可能发生工伤事故。

### 7.4.1.2　噪声的预防

噪声预防必须从噪声源、传播途径、接受者这三个构成因素综合考虑。第一，消除或降低声源噪声，控制产生源，使噪声降低到对人体无害的水平。可通过改进设备结构、改革工艺操作、改变传动装置，采用发声小的材料制造机件和提高机件加工精度和装配质量等措施，从源头上降低噪声。如将金属的铆接改为焊接，锤压成型改为液压成型，用喷气织机代替有梭织机等。第二，控制噪声传播。把生产噪声的机器设备或操作人员封闭在一个小的空间，使它与周围环境隔绝开来，或利用屏障将声源与人员隔开，从而减少或消除噪声的传播。第三，接收者加强自我防护。个体防护即要习惯使用耳塞、耳罩、防声棉、防噪声帽等，以阻挡噪声传入耳朵。这些都是预防及控制噪声的有效手段，下面具体介绍有关噪声预防及控制技术。

（1）吸声减噪。

1）吸声材料。生产中常用吸声材料，如玻璃棉、矿渣棉、泡沫塑料、石棉绒、毛毡、稻草板、软质纤维板以及微孔吸声砖等，进行吸声减噪。这些多孔材料的吸声历程，是在声波进入材料的纵横交错的孔隙中完成的。吸声材料与隔声材料不同，常用的吸声材料能够吸收大部分入射声能，因为其多孔、透气，但隔声性能很差；而隔声材料是密实性的（不透气）。多孔吸声材料具有价廉、吸声性能好的特点，其主要有以下几类：无机纤维类，玻璃丝、玻璃棉、岩棉和矿渣棉等；有机纤维类，稻草、海草、椰衣、棕丝、纺织棉（麻）下脚料，用边角木料、甘蔗渣、麻丝、纸浆制成的软质纤维板，用木丝、水泥、水玻璃压成的木丝板等；建筑材料类，泡沫微孔吸声砖、泡沫吸声混凝土等；泡沫塑料类，聚氨酯泡沫塑料。

2）消声器。消声器是一种允许气流通过但能阻止或减弱声能传播的装置。它是解决空气动力性噪声的主要技术措施，常用于降低通风机、压缩机等设备产生的气流噪声。消声器的种类和结构形式很多，根据消声原理和用途，主要有阻性消声器、抗性消声器、阻抗复合消声器、微穿孔板消声器、排气喷流消声器以及电子消声器等。化工工业中高速气流的排放产生的放空排气噪声是一个突出的噪声源，由于放空排气噪声的发生机理及传播规律与一般的气流噪声有所不同，所以控制放空排气噪声需要使用特殊的排空消声器。

3）降噪措施选择。为达到吸声降噪实效，需合理选择降噪技术措施。常用的噪声控制技术措施的适用场合及降噪效果见表7-4。

表7-4　常用噪声控制技术措施的适用场合及降噪效果

| 适 用 场 合 | 合理的控制技术措施 | 降噪效果/dB（A） |
| --- | --- | --- |
| 车间噪声设备多且分散 | 吸声处理 | 4～12 |
| 车间工人多噪声设备少 | 隔声罩 | 20～30 |
| 车间工人少噪声设备多 | 隔声室（间） | 20～40 |
| 进气、排气噪声 | 消声器 | 10～30 |
| 机器或管道振动并辐射噪声 | 阻尼措施 | 5～15 |
| 车辆噪声 | 消声器、声屏障 | 15～25 |

（2）执行噪声卫生标准。有关噪声作业危害级别，我国《噪声作业分级》（LD80—1995）将其分为 5 级，分别是：0 级——安全作业；Ⅰ级——轻度危害；Ⅱ级——中度危害；Ⅲ级——重度危害；Ⅳ级——极度危害。国际标准化组织（ISO）提出的听力保护标准是每天工作 8h，允许等效连续 A 声级是 85～90dB(A)；工作时间减半，允许声级提高 3dB(A)，见表 7-5。我国《工业企业设计卫生标准》（GBZ 1—2010）规定的工作场所噪声声级卫生限值为 85dB(A)，这是以操作人员每个工作日连续接触噪声 8h 计的允许值；同样，若工作时间依次减半，则依次提高允许值 3dB(A)，但最高不得超过 115dB(A)。工业企业的有噪声作业均应按此标准执行。

表 7-5  ISO 听力保护标准

| 连续噪声暴露时间/h | 8 | 4 | 2 | 1 | 1/2 |
|---|---|---|---|---|---|
| 允许等效连续 A 声级/dB(A) | 85～90 | 88～93 | 91～96 | 94～99 | 97～102 |

## 7.4.2  振动的危害与预防

### 7.4.2.1  振动的危害

生产设备、工具产生的振动可通过结构传播作用于人体，使人产生局部或全身振动。全身振动是由振动源（振动机械、车辆、活动的工作平台）通过身体的支持部分（足部和臀部），将振动沿下肢或躯干传布全身引起接振动为主，局部振动是振动通过振动工具、振动机械或振动工件传向操作者的手和臂。振动会使人产生振动病，振动病分为局部振动病和全身振动病。在生产过程中接触振动设备、工具的手臂所受到的伤害较为明显和严重，典型的现象是发作性手指发白（白指病）。局部振动病为法定的职业病。存在手臂振动的生产作业主要有四类：操作捶打工具，如操作凿岩机、空气锤和铆钉机等；手持转动工具，如操作电钻、风钻、喷砂机和钻孔机等；使用固定轮转工具，如使用砂轮机、抛光机、球磨机、电锯等；驾驶交通运输车辆与使用农业机械，如驾驶汽车、使用脱粒机等。

振动对人的影响的容许标准中常采用振动速度或振动速度级。不同频率的振动所容许的振动速度是不同的。人体是一个弹性体，各器官都有它的固有频率，当外来振动的频率与人体某器官的固有频率一致时，会引起共振，因而对那个器官的影响也最大。全身受振的共振频率为 3～14Hz，在该种条件下全身受振作用最强。接触强烈的全身振动可能导致内脏器官的损伤或位移，周围神经和血管功能的改变，可造成各种类型的、组织的、生物化学的改变，导致组织营养不良，产生足部疼痛、下肢疲劳、足背脉搏动减弱、皮肤温度降低。一般人可发生性机能下降、气体代谢增加。振动加速度还可使人出现前庭功能障碍，导致内耳调节平衡功能失调，出现脸色苍白、恶心、呕吐、出冷汗、头疼头晕、呼吸浅表、心率和血压降低等症状。全身振动还可造成腰椎损伤等运动系统病症。

局部接触强烈振动主要以手接触振动工具的方式为主，由于工作状态的不同，振动可传给一侧或双侧手臂，有时可传到肩部。长期持续使用振动工具能引起末梢循环、末梢神经和骨关节肌肉运动系统的障碍，严重时可患局部振动病。

### 7.4.2.2  振动的预防

（1）控制振动源。改革工艺设备和方法，在设备的设计、制造过程中尽可能采取减振措施，以达到减振的目的。从生产工艺上控制或消除振动源是振动控制的最根本措施。比如，为了防止地板和墙壁的振动，机器设备不可直接安装在地板上，而应装在与地面隔绝的特殊基座上，并利用空气层、橡皮、软木、砂石等与房屋地基隔开。

（2）改革工艺。可以采取自动化、半自动化控制装置，减少接振；改进振动设备与工具，降低振动强度，或减少手持振动工具的重量，以减轻肌肉负荷和静力紧张等；改革风动工具，改变排风口方向，固定工具；在地板及设备地基上采取隔振措施（橡胶减振层、软木减振垫层、玻璃纤维毡减振垫层、复合式隔振装置）；在机器机座下面安装隔振装置（例如金属弹簧隔振器、橡胶隔振器等）。

（3）合理发放个人防护用品，如防振保暖手套等。另外，像吊车、拖拉机司机等，可以使用良好的弹簧坐垫，以减少振动对人体的影响。

（4）建立合理劳动制度，按接触振动的强度，订立工间休息及定期轮换制度，并对日接触振动时间给予一定限制。坚持工间休息及定期轮换工作制度，以利于各器官系统功能的恢复。坚持就业前和工作后定期体检，及时发现和治疗受振动损伤的作业人员。

### 7.4.3　辐射的危害与预防

现代化工工业越来越多地应用各种电磁辐射能，从高频变压器、耦合电容器到无线通讯设备、感应加热设备，都是利用电磁场产生的能量来工作的。电磁辐射波在给人们的生产、生活带来进步的同时，也不可避免地带来电磁污染，电磁污染是继水、大气、噪声之后的第四大环境污染。本节将从非电离辐射和电离辐射两个方面介绍电磁辐射的危害及预防。

#### 7.4.3.1　非电离辐射的危害及防护

非电离辐射是指不能引起物质的原子或分子电离的辐射，如紫外线、红外线、射频电磁波、激光等，其存在于灭菌、电气焊、高频熔炼、微波干燥、激光切割等不同场合。

（1）紫外线。紫外线在电磁波谱中是介于 X 射线和可见光之间的频带。自然界中的紫外线主要来自太阳辐射，而生产场所的火焰、电弧光、紫外线灯也是紫外线发生源。凡温度超过 1200℃以上的炽热体如冶炼炉、煤气炉、电炉等，辐射光谱中均可出现紫外线。紫外线可直接伤害人体皮肤，也可直接伤害眼睛，当眼睛暴露于强烈的短波紫外线时，能引起结膜炎和角膜溃疡。长期受小剂量紫外线照射，亦可发生慢性结膜炎。在电焊、气焊、氩弧焊、等离子焊接作业时，强烈的紫外线辐射可致焊工患电光性皮炎和电光性眼炎。长期在杀菌消毒用紫外线灯光下工作，或在室外作业受日光过度照射，也可能发生电光性眼炎。

对紫外线危害的防护措施有：

1）在从事有强紫外线照射的作业时，必须佩戴专用防护面罩、手套及眼镜，如使用黄绿色镜片或贴上金属薄膜，均有较好的防护效果；

2）在紫外线发生源附近设立屏障，或在室内墙壁和屏障上涂以黑色，可吸收部分紫外线，减少辐射危害。

（2）射频电磁波。在化工生产场所，会接触到诸如高频焊接、微波加热以及多种电气设备产生的射频电磁波危害，这些高频设备使用的频率多为 $3.0 \times 10^2 \sim 3.0 \times 10^3 \text{kHz}$。高频设备的辐射源常是作业区的主要辐射源，其与微波作业中的微波能量外泄同属射频辐射污染。高频电磁波与微波的辐射危害在本质上没有区别，只有程度上的不同。一般，在高频辐射作用下，人的体温会明显升高，出现神经衰弱、神经功能紊乱症状，表现为头痛、头晕、失眠、嗜睡、心悸、记忆力衰退等；而微波属于特高频电磁波，其波长很短，对人体的危害更为明显，除有表面致热作用外，对机体还有较大的穿透性，导致组织深部发热和记忆力、视力、嗅觉衰退。微波还对人体心血管系统有影响，主要表现为血管痉挛、张力障碍和血压不正常等。长期受高强度微波辐射，会造成眼睛晶体"老化"及视网膜病变。

对射频电磁波危害的防护措施有：

1）采用金属屏蔽（屏蔽罩或屏蔽室），减少高频、微波辐射源的直接辐射；

2）采用自动化远距离操作，工作地点安置在辐射强度最小位置；

3）采用安全联锁装置，如微波炉的炉门安全联锁开关，能确保炉门打开微波炉即不工作，而当炉门关上微波炉才能工作；

4）微波作业时，应穿戴专用防护衣、帽和防护眼镜。

#### 7.4.3.2　电离辐射的危害及防护

长期受红外线辐射的作业者如焊工、司炉工，可引发职业性白内障，一般发病工龄较长，往往双眼同时发生，患者晶体损伤，出现进行性视力减退，晚期仅有光感。对红外线辐射的防护，重点是保护眼睛，作业时应戴绿色玻璃防护镜，严禁裸眼直视强光源。另外，激光作业如激光焊接、切割，会对作业者皮肤、眼睛造成损伤，尤其会使眼部出现眩光感或视力模糊，严重时丧失视觉。因此，作业时应穿戴专门的防护服、手套和防护眼镜。

（1）电离辐射的危害。电离辐射是指能引起物质的原子或分子电离的辐射，如 α 粒子、β 粒子、X 射线、γ 射线、中子射线等。电离辐射物质主要指放射性物质，利用放射线照射原理，医学上可进行透视检查、肿瘤放疗，工业上可进行管道焊接、铸件探伤等。

电离辐射的危害主要是指超过允许剂量的放射线作用于人体造成的危害，分为体外危害和体内危害。体外危害是放射线由体外穿入人体造成的危害，X 射线、γ 射线、β 粒子和中子射线都能造成体外危害；体内危害是由于吞食、吸入放射性物质，或通过受伤的皮肤直接侵入体内造成的危害。放射性物质可导致的职业病多达 11 种，有外照射急性放射病、慢性放射病；内照射放射病；放射性肿瘤；放射性白内障、骨损伤、甲状腺、皮肤和性腺病变等。

电离辐射对人体的伤害主要表现在阻碍和损伤细胞的活动机能乃至使细胞死亡。人在短期内受到超过允许剂量的放射线照射，会引发急性放射病，开始时出现头晕、乏力、食欲下降等症状，随后出现造血、消化功能破坏和脑损伤，甚至死亡；而人长期或反复受到低于或接近允许剂量的放射线照射，也能使细胞改变机能，出现眼球晶体浑浊、皮肤干燥、毛发脱落和内分泌失调等症状，引起慢性放射病，严重时出现贫血、白细胞减少、白内障、胃肠道溃疡、皮肤坏死等病变。另外，电离辐射损伤对于孕妇来说，还会危及胎儿，造成畸形、死胎或新生儿死亡。

（2）电离辐射的防护。由于人体组织在受到照射时能发生电离，当照射剂量低于一定的数值时，射线对人体没有伤害，但如果人体受到射线的过量照射，便可产生不同程度的损伤。其主要防护措施有以下几个方面。

1）控制辐射源的质和量。在不影响效果的前提下，尽量减少辐射源的活度（强度）、能量和毒性，以减少受照剂量。常采用"三防护"技术，即时间防护、距离防护和屏蔽防护，目的都是减少人体受放射线照射的时间和剂量。

时间防护——缩短接触时间。在有电离辐射的作业场所，人体受到放射线照射的累计剂量与接触时间成正比，即受照射的时间越长，累计的照射剂量越大。所以，应合理安排作业方式，缩短作业人员与放射性物质的接触时间，特别在照射剂量较大、防护条件较差的情况下，应采取分批轮流作业，减少个体照射时间，并禁止在作业场所做不必要的停留，避免照射累计剂量超过允许剂量。

距离防护——加大操作距离。电离辐射强度与距离的平方成反比，所以加大操作人员与辐射源之间的距离十分有效，人体在一定时间内所受到的照射剂量会随距离的增大而明显减少。加大操作距离的方法很多，例如在拆卸同位素液位计的探测器（辐射源）时，使用长臂夹钳就是一种加大距离的操作。先进的距离防护方式是实行遥控操作，它能更大程度地减少甚至消除辐射的危害。

屏蔽防护——遮蔽放射物质。在从事放射作业（如 X 射线探伤作业）时，在有放射源或储存放射物质的场所，必须设置屏蔽，以减少或消除放射性危害。屏蔽的形式、材质和厚度，应根据放射线的性质和活度确定。比如：屏蔽 γ 射线常用铅、铁、水泥、砖、石等材料；屏蔽 β 射线常用有机玻璃、塑胶、铝板等，对强 β 放射性物质（如磷35），须用1cm 厚的塑胶或玻璃板遮蔽；γ 射线和 X 射线的放射源要在有铅或混凝土屏蔽的条件下储存，如放射性同位素仪表的辐射源就要放在铅罐内，仪表工作时只有一束射线射到被测物上，操作人员在距放射源1m 远的屏蔽外便无伤害；水、石蜡等物质，对遮蔽中子射线有效，而遮蔽中子可产生二次 γ 射线，在计算屏蔽厚度时，应一并考虑。

2）个体防护措施。严格执行辐射作业场所的安全操作规程和卫生防护制度。定期进行职业医学检查，建立个人辐射剂量档案和健康档案，认真进行剂量监督，做好自我防护。坚持良好的卫生习惯，减少放射性物质的伤害。即：进入任何有辐射污染的场所，必须穿戴防辐射的工作服、手套、鞋套、口罩和目镜，若辐射污染严重则应戴防护面罩或穿气衣（充空气的衣套）；在有吸入放射性粒子危险的场所，要携带氧气呼吸器；在有辐射的作业场所，禁止吸烟、饮水、进食等，离开时应彻底清洗身体的暴露部分，特别是手，要用肥皂洗净，杜绝一切放射性物质侵入人体的可能。

3）信号和报警装置。在辐射区域，或在搬运、储存、使用超过规定量的放射性物质时，都应严格按照规定设置明显的警告标志或标签。在所有高辐射区域，都应设置控制设施，以使进入者可能接触的剂量保持在安全允许范围内。应设置明显的警戒信号和自动报警装置，当发生意外时，所有人员都能听到撤离警报并能立即撤离。

## 思　考　题

7-1　生产性粉尘的来源与危害有哪些，工业除尘主要有哪几类技术措施？

7-2　简述尘肺类型及其防治方法。

7-3　工业毒物如何分类，毒物侵入人体的途径有哪些？

7-4　化工常见中毒类型及其临床表现有哪些，职业中毒如何预防？

7-5　生产性噪声的主要危害是什么，如何预防噪声聋？

7-6　电磁辐射的危害有哪些，如何对电离和非电离辐射进行技术防护？

# 8 化工生产安全管理技术

化工生产安全管理技术是针对化工生产过程中的安全问题，运用有效的资源，通过人们的努力，进行有关决策、计划、组织和控制等活动，实现化工生产过程中人与机器设备、物料、环境的和谐，最终达到安全生产目标的科学。

## 8.1 概　　述

### 8.1.1　化工生产安全管理的主要内容

化工生产安全管理的基本对象是化工生产系统，管理范围涉及企业中的所有人员、设备设施、物料、环境、财务、信息等各个方面，其主要内容包括以下几个方面：

（1）安全制度的建设，包括安全规章制度的建设，标准化的制定，生产前的安全评价和管理（如设计安全等），员工的系统培训教育，安全技术措施计划的制定和实施，安全检查方案的制定和实施，管理方式、方法和手段的改进研究，以及有关安全情报资料的收集分析，研究课题的提出等。安全制度建设的一个重要任务就是实现安全管理的法制化、标准化、规范化、系统化。

（2）生产过程的安全管理，指生产活动过程中的动态安全管理，包括生产过程、检修过程、施工过程以及设备等的安全保证管理。生产过程的安全，主要是工艺安全和操作安全，这是生产企业安全管理的重点。检修过程安全，包括全厂停车大修、车间停车大修、单机检修以及意外情况下的抢修等，其事故发生率往往更高，因此，必须列为安全管理的重要内容。施工过程安全，包括企业扩建、改造等工程施工，由于这些工程施工往往是在不停止生产的情况下进行的，故同样存在安全问题，因此也必须列为安全管理的重要内容。设备安全，包括设备本身的安全可靠性和正确合理的使用，直接关系生产过程的正常运行，所以保证设备安全运行也是安全管理的重要内容。

（3）信息、预测和监督事故管理，实质上起着信息的收集、整理、分析和反馈作用。安全分析和预测，可以通过分析发现和掌握安全生产的个别规律及倾向，作出预测预报，有利于预防和消除隐患。安全监督，主要是监督检查安全规章制度的执行情况，检查发现安全生产责任制执行中的问题，为加强管理提供动态情况。

### 8.1.2　化工生产安全管理的主要特点

随着现代化生产的飞速发展和新技术的不断涌现，生产安全管理工作也呈现出新的特点：

（1）以预防事故为中心，进行预先安全检查、分析与评价。即要预先对工程项目、生产系统和作业中固有的及潜在的危险进行检查、分析、测定和评价，为确定基本的防灾对策提供依据。

（2）从总体出发，实行系统安全管理。把安全管理引申到工程计划的安全论证、安全设计、安全审核、设备制造、试车、生产运行、维修以及产品的使用等全部过程。

（3）对安全进行数量分析，运用数学方法和计算技术研究安全同影响因素之间的数量关系，对危险性等级及可能导致损伤的严重程度进行客观的评定，从而划定安全与危险的界限和可行与不可行的界限。

（4）应用现代科学技术，结合安全系统工程学、人机工程学、安全心理学，综合制定管理、技术和教育对策，防止事故的发生。

## 8.2　化工生产预防性检查

化工生产预防性检查，是指针对企业危险源的具体情况，以消除各类安全隐患、预防各类事故为目的而进行的持续、全面、系统的安全检查工作。

### 8.2.1　管道、阀门、安全附件的检查

#### 8.2.1.1　管道的检查

新安装的管道应按规定进行管道系统强度及严密性试验和系统吹扫与清洗等工作。在用管道要定期进行检查和正常维护，以确保安全生产。

（1）管道系统强度与严密性试验。强度与严密性试验一般采用液压（基本上用清洁水）进行。如不宜进行液压强度试验时，可用气压强度试验代替。气压强度试验压力为设计压力的 1.15 倍；真空管道为 0.2MPa。但当管道公称直径等于或小于 300mm 时，试验压力不得超过 1.6MPa；管道公称直径大于 300mm 时，不得超过 0.6MPa。

严密性试验在液压强度试验合格后进行，利用空气或惰性气体进行实验，其压力不宜超过 25MPa。气压试验压力按设计压力进行，但真空管道不得小于 0.1MPa。用涂刷肥皂水的方法检查，如无泄漏，稳压半小时，压力不降为严密性试验合格。

真空管道还应作真空度试验。即在严密性试验合格后，在联动试运时，按设计压力进行真空度试验，时间为 24 小时，增压率不大于 5% 为合格。

对于剧毒及甲、乙类火灾危险的管道系统，除做强度试验和严密性试验外，还应作泄漏量试验。即在设计压力下，24 小时内测定全系统每小时的平均泄漏率，不超过下列允许值为合格：剧毒介质管道，室内及地沟中为 0.15%，室外为 0.30%；甲、乙类火灾危险性介质，室内及地沟中为 0.25%，室外为 0.5%。

（2）管道吹扫与清洗。管道系统强度试验合格后，或气密性试验前，应分段进行吹扫与清洗（简称吹洗）。吹洗前应将仪表、孔板、滤网、阀门等不宜吹洗的系统隔离和保护，待吹洗后复位。吹扫用的空气或惰性气体应有足够的流量，压力不得超过设计压力，流速不得低于 20m/s。

工作介质为液体的管道，一般应用水冲洗，不能用水冲洗的可用空气进行吹扫。冲洗水的水质要清洁，流速不小于 1.5m/s。

蒸汽管线应用蒸汽吹扫。应先暖管，并在恒温一小时后再进行吹扫，然后自然降温至环境温度，再升温、暖管、恒温，进行第二次吹扫。如此反复，一般不少于 3 次。

中高压蒸汽管道、蒸汽透平入口管道的吹扫效果，应以装于排汽管的铝靶板的检查为准。靶板表面光洁，宽度为排汽管内径的 5% ~ 8%，长度等于管子内径。连续两次更换靶板检查，如靶板上肉眼可见的冲击斑痕不多于 10 点，每点不大于 1mm，即为合格。一般蒸汽管道可将刨光木板置于排气口处进行检查，板上应无铁锈、脏物。

润滑、密封及控制油管道应在管道吹洗合格后，进行油清洗。忌油管道（如氧气管道）应在吹洗合格后用有机溶剂（二氯乙烷、三氯乙烯、四氯化碳、工业酒精等）进行脱脂。

（3）定期检查。在用管道都要进行定期检查。定期检查的项目分为外检查、重点检查和全部检查。检查周期应根据管道的技术状况和使用条件，由使用单位自行确定。但每季度至少应进行一次外部检查；Ⅰ、Ⅱ、Ⅲ类管道每年至少进行一次重点检查；Ⅳ、Ⅴ类管道每两年至少进行一次重点检查；各类管道每六年至少进行一次全面检查。

### 8.2.1.2  阀门的检查

为了使阀门使用长久，开关灵活，保证生产与安全，在使用前和使用中应对阀门进行以下检查。

（1）阀门安装前，应检查是否有产品合格证，外观有无砂眼、气孔或裂纹，填料压盖压得是否平整，阀门开关是否灵活等。

（2）检查阀门的压力、温度等级和管路工作条件是否一致，不能将低压阀门装在高压管路上。

（3）检查阀门的安装方向，不能装反。

（4）检查阀门填料、大盖、法兰、丝口等连接和密封部位是否有渗漏，若发现问题应及时紧固或更换填料、垫片。

（5）关键部位阀门应同设备或装置一起检修，每年清洗、检查、试压一次。

（6）用于水、蒸汽、重油线上的阀门，冬天检查时注意防止阀门冻凝，阀体冻裂。

（7）检查阀体和手轮是否符合工艺设备管理要求，并做好刷漆防腐。系统管线上的阀门应按工艺要求编号，开关阀门应对号挂牌，防止误操作。

### 8.2.1.3  安全附件的检查

安全附件，又称为安全装置，是指为使压力容器能够安全运行而装设在设备上的附属装置。压力容器的安全附件按使用性能或用途来分，一般包括联锁装置、警报装置、计量装置、泄压装置四大类型。

（1）安全阀的检查。安全阀的特点是它仅排泄压力容器内高于规定部分的压力，而一旦容器内的压力降至正常操作压力时，它即自动关闭。安全阀可避免容器因出现超压就得把全部气体排出而造成浪费和生产中断，因而被广泛应用。日常生产中，应加强安全阀的检查和维护保养，使其保持洁净，防止腐蚀和被油垢、脏物堵塞。

1）新装安全阀，应检查是否附有产品合格证。安装前，应由安装单位负责进行复校，加以铅封并出具安全阀校验报告。

2）检查安全阀是否铅直安装。安全阀应装设在容器或管道气相界面位置上，并且安全阀的出口应无阻力或避免产生背压现象。

3）安全阀与锅炉压力容器之间的连接短管的截面积，不得小于安全阀流通截面。

4）经常检查铅封，防止他人随意移动杠杆式安全阀的重锤或拧动弹簧式安全阀的调节螺丝。

5）为防止阀芯和阀座粘牢，应根据压力容器的实际情况定期检查工作压力，并制定手拉（或手抬）排放制度，如蒸汽锅炉、锅筒安全阀一般应每天人为排放一次，排放时的压力最好在规定最高工作压力的80%以上，发现泄漏时应及时调换或检修，严禁用加大载荷（如杠杆式安全阀将重锤外移或弹簧式安全阀过分拧紧调节螺丝）的办法来消除泄漏。

6）安全阀每年至少做一次定期检验。定期检验内容一般包括动态检查和解体检查。如果安全阀在运行中已发现泄漏等异常情况，或动态检查不合格，则应作解体检查。解体后，应对阀芯、阀座、阀杆、弹簧、调节螺丝、锁紧螺母、阀体等逐一仔细检查，主要检查有无裂纹、伤痕、腐蚀、磨损、变形等缺陷。

（2）爆破片的检查。爆破片的特点是密封性能较好，泄压反应较快以及气体内所含的污物对它的影响较小等，但是由于在完成泄压作用以后爆破片即不能继续使用，而且容器也得停止运行，所以一般只被用于超压可能性较小而且又不宜装设阀型安全泄压装置的容器中，图8-1为爆破片示意图。

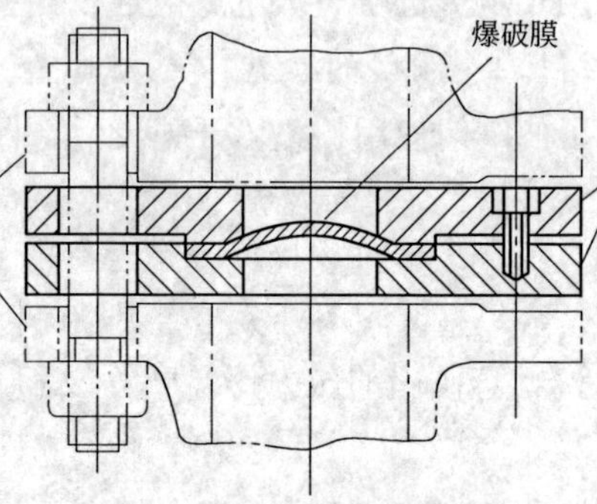

图 8-1  爆破片示意图

1）安装前，检查爆破片与容器的连接管是否为直管，并且阻力要小，管路通道截面积不得小于爆破片泄放面积。

2）检查爆破片与容器气相空间连接情况，装夹应牢固，夹紧装置和密封垫圈表面不得有油污，夹持螺栓应拧紧。

3）运行中应经常检查爆破片装置有无渗漏和异常。

4）爆破片满6个月或12个月更换一次。容器超压后未破裂的爆破片以及正常运行中有明显变形的爆破片应立即更换。

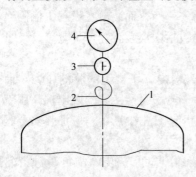

图 8-2  压力表安装示意图
1—承压设备；2—存水弯管；
3—三通旋塞；4—压力表

（3）压力表的检查。测量容器内压力的压力表，普遍采用的是由无缝磷铜管（氨压表则用无缝钢管）制成的弹簧椭圆形弯管式压力表。弯管一端连通介质，另一端是自由端，与连杆相接，再由扇形齿轮、小齿轮（上、下游丝）及指针显示（见图8-2）。压力表的种类较多，按它的作用原理和结构，可分为液柱式、弹性元件式、活塞式和电量式四大类。压力容器大多使用弹性元件式的单弹簧管压力表。

压力表的检查内容主要有：

1）安装前检查压力表表盘刻度极限值是否为容器最高工作压力的1.5～3倍，最好为2倍。

2）运行中应经常检查压力表表面玻璃是否清晰，应进行定期吹洗，以防堵塞。

3）压力表一般应半年进行一次校验，合格的应加封印。若无压时出现指针不回零位或表面玻璃破碎、表盘刻度模糊、封印损坏、超期未检验、表内漏气或指针跳动等，发生上述情况之一者，均应停用、修理或更换新表。

（4）液位计的检查。一般压力容器的液位显示多用玻璃板液位计。石油化工装置的压力容器，如各类石油气体的储存压力容器，可选用各种不同作用原理、构造和性能的液位指示仪表。介质为粉体物料的压力容器，多数选用放射性同位素料位仪表，可较好指示粉体的料位高度。但不论选用何种类型的液位计或仪表，均应符合有关的安全规定和要求，检查内容主要有以下几个方面。

1）是否根据压力容器的介质、最高工作压力和温度正确选用了压力表。

2）安装使用前，是否进行了液压试验。低、中压容器用液位计，应进行 1.5 倍液位计公称压力的液压试验；高压容器的液位计，应进行 1.25 倍液位计公称压力的液压试验。

3）用于易燃、毒性程度为极度、高度危害介质的液化气体压力容器上时，应检查压力表的类型是否是板式或自动液位指示计，并应有防止泄漏的保护装置。

4）运行中压力容器操作人员应经常检查压力表是否完好和清晰。

5）使用单位应对液位计实行定期检修制度，可根据运行实际情况，规定检修周期，但不应超过压力容器内外部检验周期。

### 8.2.2 泵、压缩机的检查

#### 8.2.2.1 泵的检查

泵是化工单元中的主要流体机械。泵的安全运行涉及流体的平衡、压力的平衡和物料的正常流动。保证泵的安全运行的关键是加强日常检查，包括：定时检查各部轴承温度；定时检查各出口阀压力、温度；定时检查润滑油压力，定期检验润滑油油质；检查填料密封泄漏情况，适当调整填料压盖螺栓松紧；检查各传动部件，应无松动和异常声音；检查各连接部件紧固情况，防止松动；泵在正常运行中不得有异常振动声响，各密封部位无滴漏，压力表、安全阀灵活好用。

#### 8.2.2.2 压缩机的检查

压缩机按结构形式可分为往复式压缩机、离心式压缩机和轴流式压缩机三个基本类型。这里主要对使用较广泛的往复式压缩机的日常检查进行介绍。

（1）机身。检查有无异常声响与异常震动；地脚螺栓、拉杆有无松动；轴承与十字导壁的温度有无异常；十字导壁的给油量是否适当。

（2）气缸。检查各段压力、温度是否正常；气缸有无异响与异常震动；对气缸盖进行适当调整，气缸有无浮起；气缸盖是否漏气；活塞杆有无异常震动；金属填料是否漏气，温度是否异常；对气缸、金属填料等注油量是否适当，注油止回阀有无异常；冷却水出口温度有无异常，有无气泡。

（3）阀。进排气阀运转和阀箱内有无异响；阀盖、紧固螺栓用的盖形螺帽等气密部是否漏气；安全阀、旁通阀、通风阀是否漏气；自动放泄阀是否准确运转。

（4）冷却器、分离器。冷却器出入口气体温度有无异常；冷却器、分离器有无异常声响和异常震动；法兰、安装管子的根部等是否漏气；冷却器、冷却管湿润情况和水垢附着情况等。

（5）配管。气体配管有无异常声响和异常震动；各种配管是否互相接触；地脚螺栓、台架用螺栓等是否松动；法兰和焊接部分是否漏气；压力表异常和排泄配管等有无震动、互相接触或漏气处；水和油配管有无泄漏。

（6）注油装置。油泵和减速机有无异常声响和异常震动；油泵出口压力有无异常；油泵、减速机、注油器等是否漏油；油冷却器出入口水温和油温有无异常；注油器运转是否准确，注油量是否适当；油品种是否正确，槽内油位是否正常。

（7）操作台。各段气体压力和油压有无异常；泄水量和颜色有无异常。

（8）电动机。电动机负荷是否正常；有无异常声响和异常震动。

### 8.2.3　反应器、容器、换热器的检查

#### 8.2.3.1　反应器的检查

化工生产中使用最广泛的反应器是釜式反应器。对釜式反应器的主要检查内容有：

（1）釜体及封头。检查釜体及封头是否能够提供足够的反应体积以保证反应物达到规定转化率所需的时间；釜体及封头是否有足够的强度、刚度和稳定性及耐腐蚀能力以保证运行可靠。

（2）搅拌器。生产前，检查搅拌器是否能够符合反应的要求，因为若选择不当，可能发生中断或突然失效，造成物料反应停滞、分层、局部过热等，以至发生各种事故。

（3）轴密封装置。检查密封装置选择是否科学合理，因为密封装置可以防止反应釜的跑、冒、滴、漏，特别是防止有毒害、易燃介质的泄漏；密封填料若选择错误，还可能与反应物反应而导致反应器爆炸。

#### 8.2.3.2　容器的检查

化工生产中需要存储的有原料、中间产品、成品、副产品以及废液和废气等。常见的存储容器有储槽、罐、塔、桶、池等，有敞开的也有密封的，有常压的也有高压的。对容器检查的内容与方法主要有：

（1）内部腐蚀。可用超声波厚度测定器、腐蚀测定器等仪器检查容器内流体冲击部位和焊接部分的腐蚀情况。

（2）外部腐蚀。用肉眼或铱192射线检查容器外部的腐蚀情况。

（3）裂缝。通过肉眼、渗透探伤、磁粉探伤、敲打等方式检查容器内部和外部是否有裂缝。

（4）内部部件异常。通过听声音、钴60射线等方式检查容器是否有震动和异常声响，判断容器的使用运行情况。

（5）泄漏。用发泡剂、气体检测器检测容器是否有泄漏。

（6）外部附属品有无异常。用肉眼检查支架的变形和劣化、法兰类的紧固螺栓的腐蚀变形等情况。

#### 8.2.3.3　换热器的检查

换热器是一种实现物料之间热量传递的节能设备。换热器在工业中应用非常普遍，是石油、化工、电力、冶金等行业不可缺少的工艺设备之一。因此，加强换热器的检查和维护是石油、化工、电力、冶金等工业安全运行的保证。

在检查过程中，除了查看换热器的运转记录外，主要还应通过目视外观检查来弄清是否有异状，其要点如下：

（1）温度的变动情况。测定和调查换热器各流体出入口温度变动及传热量降低的推移量，借以推定污染的情况。

（2）压力损失情况。查清因管内、外附着的生成物而使流体压力损失增大的推移量。

（3）内部泄漏。换热器的内部泄漏有：管子腐蚀、磨损所引起的减薄和穿孔；因龟裂、腐蚀、震动而使扩管部分松脱；因与挡板接触而引起的磨损、穿孔；浮动头盖的紧固螺栓松动、折断以及这些部分的密封垫片劣化等。由于换热器内部泄漏而使两种流体混合，从安全方面考虑应立即对装置进行拆开检查，因为在一般情况下，可能会因发生染色、杂质混入而使产品不符合规格，质量降低，甚至发生装置停车，所以通过对换热器低压流体出口的取样和分析来及早发现其内部泄漏是很重要的。

（4）外部情况。对运转中换热器的外部情况检查是以目视来进行的，其项目有：

1）接头部分的检查。检查从主体的焊接部分、法兰接头、配管连接部向外泄漏的情况或螺栓是否松动。

2）基础、支脚架的检查。检查地脚螺栓是否松动，水泥基础是否开裂、脱落，钢支脚架是否异常变形、损伤劣化；

3）保温、保冷装置的检查。检查保温、保冷装置的外部有无损伤，特别是覆在外部的防水层以及支脚容易损伤，所以要注意检查。

4）涂料检查。检查外面涂料的劣化情况。

5）震动检查。检查主体及连接配管有无发生异常震动和异响。如发生异常，则要查明原因并采取必要的措施。

（5）厚度检查。长期连续运转的换热器，要注意其异常腐蚀，所以可按照需要从外部来测定其壳体的厚度并推算腐蚀的推移量。测定时，要使用超声波等非破坏性的厚度测定器。

（6）拆开检查。为了判明各部分的全面腐蚀、劣化情况，可进行拆开检查，拆开后要立即检查污染的程度和水锈的附着情况，并根据需要进行取样分析实验。

拆开后的内外侧检查以肉眼检查为主。对腐蚀部分，可用深度计或超声波测厚仪进行壁厚测定，判明是否超出允许范围。通道、隔板往往由于使用中水垢堵塞和压力变化等而弯曲，或因垫圈装配不良流体从内隔板前端漏出引起腐蚀。另外，管板由于扩管时的应力、管子堵塞和压力变化等影响而容易弯曲，所以必须进行抗拉等项目的测定。

## 8.2.4 燃烧炉与锅炉的检查

（1）燃烧炉的检查。燃烧炉检查的主要内容是：

1）检查燃烧室是否防爆，是否有列管故障保护。

2）检查燃烧炉的燃料气系统是否有防液体保护和液体燃烧系统故障保护。

（2）锅炉的检查。锅炉的检验检查，应按《锅炉压力容器安全监察暂行条例》规定，实行定期检验。在用锅炉的定期检验包括每年一次的外部检查，每两年一次的内部检验和每六年一次的水压试验。

锅炉外部检验的内容包括：

1）锅炉运行管理制度是否齐全，管理情况是否良好，操作人员是否持证上岗。

2）检查安全附件是否齐全、灵敏。对安全阀进行排气性能试验。

3）汽、水阀门和管道的状况检查。

4）人孔、手孔、检查孔是否漏水、漏气。

5）检查风机、水泵等辅助设备的运行情况。

6）炉墙、钢架及炉膛燃烧情况。

锅炉内（外）部检查每两年进行一次，主要内容包括：

1）上次检验有缺陷的部位。

2）锅炉承压部件的内、外表面状况检查，有无凹陷、弯曲、鼓包和过热，开孔、焊缝、扳边等处有无裂纹、腐蚀。

3）管壁状况检查，有无磨损和腐蚀，特别是处于烟气流速较高及吹灰器作用附近的管壁。

4）胀口是否严密，管端的受胀部分有无环形裂纹，拉撑以及与被拉部件的结合处有无断裂和腐蚀。

5）锅筒的支垫部位，特别是与垫砖接触处有无腐蚀。

6）给水管、排污管与锅筒的连接处有无腐蚀、裂纹，排污阀和排污管连接部分是否牢靠。

### 8.2.5　仪表、其他配件的检查

（1）仪表的检查。仪表检查的主要内容是：

1）检查确认涉及过程安全的关键仪表，并且列出它们的安全工作原理和报警点的设置。

2）检查在装置的整个设计过程中是否考虑了仪表的安全功能和控制功能的统一。

3）传感器、变送器、显示器、报警或记录装置是否有故障，如何发现故障。

4）检查仪表的安装、基础以及设计使用环境和电源等级。

5）仪表的防腐措施是否与管道、储槽及其他构筑物一致。

（2）其他配件的检查。配件检查的主要内容是：

1）检查在特殊工作条件下（如有毒、腐蚀、高或低温、高压、真空）的密封或封闭措施是否良好。

2）检查运转设备的主要部件是否有恰当的停放装置，避免设备产生重大破坏。

3）设备的最高转速和操作转速是否不同，并且当设备超速时是否能够跳闸。

4）单向阀的动作是否足够快，从而避免出现逆流以及泵、压缩机和驱动器反转。

5）有何规程可以保证液体溢流、冷却或润滑密封有合适的液位。

6）检查润滑油系统是否有过滤器，设备的机械强度是否满足要求。

7）基础、支架、吊钩是否满足要求。

（3）电力系统的检查。化工企业电力系统检查的主要内容包括：

1）所有的辅助配电系统（如变压器、断路器）是否处于安全位置（如远离危险物质、洪水）。

2）检查电源联锁和切断设备是否有失效保护。

3）检查电力系统与工艺过程是否完全匹配，是否有过载和短路保护装置。

4）在紧急情况下，操作工能否安全地打开或重置断路器。

5）电缆密封是否可以防止易燃蒸气侵入。

### 8.2.6 化学品仓库的检查

化学品仓库是储存易燃、易爆等化学品的场所。仓库选址必须适当，建筑物必须符合规范要求，做到科学管理，确保其储存、保管安全。

对化学品仓库的检查主要有以下几个方面：

（1）设计及施工。

1）评估化学品在正常和异常环境下的兼容性。

2）易燃品的储存是否符合标准。

3）爆炸品仓库是否符合要求。

4）爆炸品的储存及发放是否符合要求。

5）定期检查通风、排水系统效能。

6）仓库装备是否齐全（通风、货架、保安及防火系统）。

7）是否获得相应的许可证，并张贴。

8）对不用的或老化的爆炸品进行储存及处理。

（2）仓库整洁。

1）所有物品均有标签，并在货架上排列整齐。

2）所有容器为密闭状态。

3）仓库无其他可燃物料。

4）标明最大库容量。

（3）使用接地。根据标准使用接地电缆，接地状况良好。

（4）容器及包装。

1）所有产品/物品容器标注清楚、正确。

2）产品/物品存放在适合的容器内。

3）正确控制并安全处理空容器。

4）尽量减少容器数量，以降低风险。

5）员工是否了解标注内容。

6）容器的包装、储存及运输方法应尽量降低风险，减少损坏。

7）处理损坏的容器或包装时要考虑到相关的风险。

（5）大容量储罐。

1）根据要求加固储罐。

2）正常运行时，排放阀关闭。

3）认定满足监控和试验要求。

4）大容量储罐按要求加标签。

### 8.2.7 监测、预警、通讯网络等的检查

（1）独立的警报。

1）警报声音独特。

2）是否能在所有区域听到。

3）根据试验方案进行试验。

（2）后备报警。

1）备用报警独立于主电源。

2）定期按计划时间进行测试，记录偏差。

3）通过紧急按钮、寻呼机或双方无线电专线服务，与控制室联络。

（3）有关或受影响人员对报警的了解。

1）有关或受影响人员能正确识别警报并懂得如何应变。

2）急救队伍反应时间监测。

（4）其他通信系统。根据风险按需要引入其他方式的通信。

### 8.2.8　消防设施和管理的检查

（1）各区域提供适当类型及足够数量的消防器材。

1）各认定的风险区设置适当类型的消防器材。

2）适用于不同类型火警的器材：消防栓、灭火器、泡沫灭火点、喷淋系统。

3）根据风险大小，合理分布器材。

4）器材放置于容易拿取的位置。

（2）对防火/火灾蔓延遏制。

1）认定不准吸烟区并进行划分及落实执行。

2）提供及维护防火门。

3）有需要时，使用防火建筑。

4）维护火灾警报按钮。

5）由电力推动的防火设备要有备用电源。

6）按需要安装接地装置。

7）按需要安装及维护防爆墙。

（3）紧急出口。

1）所有紧急出口不能堵塞。

2）所有紧急出口要不上锁或提供适当的方法以能在紧急情况时打开。

3）要保持防火门的有效性能。

（4）区域标记。

1）若可行，在所有安装位置做标记（办公室除外）。

2）通过符号标记来指示位置。

3）标记器材类型如灭火器、消防水管绕盘等。

4）符号标记放在明显可见的位置。

（5）设备获取便捷性。

1）可拿到所有灭火器。

2）可拿到所有消防水管绕盘。

3）可接近所有消防栓。

4）可接近所有消防手推车及消防车。

5）可接近所有停止阀和控制屏。

（6）定期检查。

1）登记所有的消防器材，清楚标明位置、类型及容量。

2）按标准方法对整个区域及设备编号。

3）各类设备的检查项目在登记本或检查清单中注明。

4）检查负责人应经过培训且能胜任。

5）按标准进行检查。

（7）年度最少维护工作。

1）厂区设备主流状况的定期维护（由适合的服务商每年至少进行一次维护）。

2）对各类设备的维护要进行监察，确保采用正确的程序。

3）对承包商进行检查，确保维护工作符合合格标准。

4）有同类的备用设备替换维护中的设备。

5）根据标准对灭火器进行压力试验。

（8）控制中心/急救设备。

1）有专门的控制中心，若主控制中心无法运作，则有另一个可用。

2）控制中心配有必要的通信设备和急救设备、应急计划等。

3）有紧急备用电源供照明及设备运行。

4）有控制环境突变（如泄漏）的急救设备，且工作状况良好。

5）提供适当的泄漏物料的处置物质及设备，并确保容易获取且工作状况良好。

（9）紧急设备的维护。

1）不间断电源（UPS）。

2）后备紧急发电机。

3）紧急警报系统。

4）通信系统。

5）溢漏遏制设备。

# 8.3 化工生产安全操作规程

安全操作规程一般分为设备安全操作规程和岗位安全操作规程，它们分别从机器设备和人的角度来约束和规范操作人员的行为，最终目的都是保证企业能够安全正常地开展生产活动。

企业设备技术安全操作规程是安全操作各种设备的指导性文件，是安全生产的技术保障，是职工操作机械和调整仪器仪表以及从事其他作业时必须遵守的程序和注意事项。

生产岗位的安全操作规程是生产操作人员在不同岗位进行生产操作的行为准则，它从人的角度来制定规则，让每个操作岗位都能确保安全。

## 8.3.1 生产岗位安全操作规程

化工生产岗位安全操作规程是化工生产企业各岗位如何遵守有关规定完成本岗位工作任务的具体操作程序和要求，是职工必须遵守的企业规章。具体内容应包括：物料的危险特性及安全注意事项；设备操作的安全要求和注意事项；必要的个人防护要求和使用方法；岗位必须了解的防火防爆及灭火器使用方面的内容；职业卫生和环境保护对作业环境方面的基本要求；岗位操作的具体程序、动作等安全内容。制定生产岗位安全操作规程要注意下面几个问题。

（1）岗位安全操作规程首先须明确使用范围及条件，内容要具体，针对性、可操作性要强，并且要做到覆盖企业的全部生产操作岗位以及员工操作的全过程，不能有空白、疏漏。不能以采用约束人的行为的操作规程取代按国家安全生产法规规定应具备的安全生产条件。

（2）编制的依据主要有：国家、地方、行业有关标准、规范；技术部门提供的工艺规程中有关安全的内容；参照同类行业或岗位多年总结出的经验教训和曾经发生过的事故案例；设备技术说明书中规定必须遵守的操作注意事项。

（3）制定岗位安全操作规程时，要先对操作的全过程进行危险辨识，再制定防止事故的措施，然后把防止事故的措施中有关规范、约束操作者行为的措施整理成为安全操作规程。岗位安全操作规程的制定是一个科学严谨的过程，必须符合岗位的具体要求和实际情况，不切实际的操作规程只是一种摆设，根本不能保证岗位员工的安全和健康。

（4）岗位安全操作规程的内容不能只明确"不准干什么、不准怎样干"，而不明确"应该怎么干"，不能留有让作业人员"想当然、自由发挥"的余地。应该具体明确操作前对设备、场地的安全检查，并确认安全操作的内容，作业中巡检的内容，操作中必须操作的步骤、方法，操作注意事项、安全禁忌事项和正确使用劳动防护用品的要求，出现故障时的排除方法和发现事故时的应急措施等。

由于化工生产企业的产品种类、生产条件、生产场所及工艺流程千差万别，因此各企业可根据本单位的具体情况、管理模式来编制岗位安全技术操作规程，也可以采用作业指导书的形式，这里不作一一赘述。

### 8.3.2　动火作业的安全操作规程

在化工装置中，凡是动用明火或可能产生火种的作业都属于动火作业。例如：电焊、气焊、切割、熬沥青、烘砂、喷灯等明火作业；凿水泥基础、打墙眼、电气设备的耐压试验、电烙铁、锡焊等易产生火花或高温的作业。凡检修动火部位和地区时，必须按动火要求，采取措施，办理审批手续。

#### 8.3.2.1　动火作业的分类

动火作业分为特殊危险动火作业、一级动火作业和二级动火作业三类。

特殊危险动火作业是指在生产运行状态下的易燃易爆物品生产装置、输送管道、储罐、容器等部位上及其他特殊危险场所的动火作业。

一级动火作业是指在易燃易爆场所进行的动火作业。

二级动火作业是指除特殊危险动火作业和一级动火作业以外的动火作业。

#### 8.3.2.2　动火作业安全要点

（1）在禁火区内动火应办理动火证的申请、审核和批准手续，明确动火地点、时间、动火方案、安全措施、现场监护人等。审批动火作业应考虑两个问题：一是动火设备本身，二是动火的周围环境。要做到"三不动火"，即没有动火证不动火，防火措施不落实不动火，监护人不在现场不动火。

（2）联系。动火前要和生产车间、工段联系，明确动火的设备、位置。事先由专人负责做好动火设备的置换、清洗、吹扫、隔离等解除危险因素的工作，并落实其他安全措施。

（3）隔离。动火设备应与其他生产系统可靠隔离，以防止运行中设备、管道内的物料泄漏到动火设备中来；将动火地区与其他区域采取临时隔火墙等措施加以隔开，防止火星飞溅而引起事故。

（4）移去可燃物。将动火周围 10m 范围以内的一切可燃物，如溶剂、润滑油、未清洗的盛放过易燃液体的空桶等移到安全场所。

（5）灭火措施。动火期间动火地点附近的水源要保证充分，不能中断；动火场所准备好足够数量的灭火器具；在危险性大的重要地段动火，消防车和消防人员要到现场，做好充分准备。

（6）检查与监护。上述工作准备就绪后，根据动火制度的规定，厂、车间或安全、保卫部门的负责人应到现场检查，对照动火方案中提出的安全措施检查是否落实，并再次明确和落实现场监护人和动火现场指挥，交代安全注意事项。

（7）动火分析。动火分析不宜过早，一般不要早于动火前的半小时。如果动火中断半小时以上，应重做动火分析。分析试样要保留到动火之后，分析数据应做记录，分析人员应在分析化验报告单上签字。

（8）动火。动火应由经安全考核合格的人员执行，压力容器的焊补工作应由锅炉压力容器考试合格的工人担任。无合格证者不得独自从事焊接工作。动火作业出现异常时，监护人员或动火指挥应果断命令停止动火，待恢复正常、重新分析合格并经批准部门同意后，方可重新动火。高处动火作业应戴安全帽、系安全带，遵守高处作业的安全规定。氧气瓶和移动式乙炔瓶发生器不得有泄漏，应距明火 10m 以上，氧气瓶和乙炔发生器的间距不得小于 5m，有五级以上大风时不宜高处动火。电焊机应放在指定的地方，火线和接地线应完整无损、牢靠，禁止用铁棒等物代替接地线和固定接地点。电焊机的接地线应接在被焊设备上，接地点应靠近焊接处，不准采用远距离接地回路。

（9）善后处理。动火结束后应清理现场，熄灭余火，做到不遗漏任何火种，切断动火作业所用电源。

### 8.3.2.3 动火作业安全操作规程

我国早在 1999 年即制订了《厂区动火作业安全规程》（HG23011—1999），它规定了化工企业生产区域动火作业分类、安全防火要求、动火分析及合格标准、《动火安全作业证》的管理等。各化工企业可以在 HG23011—1999 的指导下，结合本企业的实际情况制订动火作业的安全操作规程，具体可见以下某涂料生产企业的动火作业安全操作规程。

【例】某涂料生产企业动火作业安全操作规程

（1）术语和定义。

1）动火作业：指在厂区内进行焊接、切割、加热、打磨以及在易燃易爆场所使用电钻、砂轮等可能产生火焰、火星、火花和赤热表面的临时性作业。

2）易燃易爆场所：主要指本公司涂装及喷砂场、油库、气站、危险品仓库、材料库、油品及油漆稀料、前处理剂等化学品储存及使用场所、液化气瓶储存室、变配电室、相互禁忌作业可能引起火灾的区域。

（2）职责。

1）担当部门：主要指在公司内进行维修、改造、施工等临时性作业的部门，如设备管理部、生产技术部等。负责动火申请，《安全作业许可书》办理，动火现场的清理及监护等；担当的承包方在公司区域内动火时，对其《安全作业许可书》进行初审及动火作业状况进行监督；

2）承包方：负责动火作业的申请，《安全作业许可书》办理，动火现场的清理及监护等；负责配合、落实担当部门、管理部提出的安全防范及整改、预防措施；

3）安全环保科：接受动火申请，负责批准《安全作业许可书》；检查动火作业的安全状况及督促现场改善。

（3）动火作业的分类。

动火作业分类：本公司内的动火作业分为 A 级、B 级、C 级三类。

A 级动火作业：在易燃易爆场所进行的动火作业，易燃易爆场所指本规程第一款第 2 条规定的区域。

B 级动火作业：在公司区域内除易燃易爆场所外，有关部门或承包方进行的临时性维修、改造、施工等动火作业。

C 级动火作业：主要指在公司焊接线区域内进行的固定的长期性动火作业。

遇节假日、双休日或特殊情况时，除 C 级动火作业外，公司内进行的其他动火作业一律按 A 级动火作业升级管理。

（4）安全操作规程。

1）C 级动火作业要求、B 级和 A 级动火作业基本要求：

① 动火作业必须符合国家有关法律法规及标准要求，遵守公司相关的安全生产管理制度和操作规程；焊割工必须具有特种作业人员操作证。

② 动火作业前，操作者必须对现场安全确认，明确高温熔渣、火星及其他火种可能或潜在喷溅的区域，该区域周围 10m 范围内严禁存在任何可燃品（化学品、纸箱、塑料、木头及其他可燃物等），确保动火区域整洁，无易燃可燃品。

③ 对确实无条件移走的可燃品，动火时可能影响或损害无条件移走的设备、工具时，操作者必须用严密的铁板、石棉瓦、防火屏风等将动火区域与外部区域、火种与需保护的设备有效地隔离、隔绝，现场备好灭火器材和水源，必要时可不定期将现场洒水浸湿。

④ 高处动火作业前，操作者必须辨识火种可能或潜在落下区域，明确周围环境是否放置可燃易燃品，按规定确认、清理现场，以防火种溅落引起火灾或爆炸事故；室外进行高处动火作业时，5 级以上大风应停止作业。

⑤ 凡盛装过油品、油漆稀料、可燃气体、其他可燃介质、有毒介质等化学品及带压、高温的容器、设备、管道，严禁盲目动火，凡是可动可不动的火一律不动，凡能拆下来的一定拆下来移到安全地方动火；特殊情况下必须动火时，要保证容器、设备、管道处于常温、常压状态，通过切断、加装符合要求的盲板等措施保证动火设备或管道与生产系统的物料彻底隔离；动火前必须检查分析容器、设备、管道中的化学品性质及周围环境，利用空气、惰性气体（氮气、氩气等）、水蒸气、水等进行充分的吹扫、清洗、置换，经反复确认无危险隐患后，方可动火；该动火作业属于 A 级动火，担当部门必须办理《安全作

业许可书》，并派人监火，现场备好灭火器材和水源，必要时可不定期将现场洒水浸湿。

⑥ 使用气焊割动火作业时，氧气瓶与乙炔、丙烷气瓶间距不小于 5m，二者与动火作业点须保持不少于 10m 的安全距离，气瓶严禁在阳光下曝晒，氧气瓶口及减压阀、阀门处不得沾染油脂、油污，乙炔瓶严禁横躺卧放；运输、储存、使用气瓶时，严禁碰撞、敲击、剧烈滚动，且气瓶要放置牢固，防止气瓶倾倒。

⑦ 动火作业前应检查电焊机、气瓶（减压阀、胶管、割炬等）、砂轮、修整工具、电缆线、切割机等器具，确保其处于完好状态，电线无破损、漏电、卡压、乱拽等不安全因素；电焊机的地线应直接搭接在焊件上，不可乱搭乱接，以防接触不良、发热、打火引发火灾或漏电致人伤亡。

⑧ 动火作业结束后，操作人员必须对周围现场进行安全确认，整理现场，在确认无任何火源隐患的情况下，方可离开现场。

2）A 级和 B 级动火作业特殊要求：

① A 级和 B 级动火作业时，担当部门必须按规定负责组织办理《安全作业许可书》，严格落实"三不动火"原则，即没有经批准的《安全作业许可书》不动火，防火安全措施不落实不动火，现场无人监护不动火；担当部门负责组织落实动火监护人，动火监护人要严格履行看火职责，及时处理、消除火灾隐患。

② B 级动火作业由担当部门或操作人员进行作业前安全确认，安全环保科根据情况确定是否派人协助确认；A 级动火作业必须经安全环保科进行作业前安全确认，担当部门或操作人员协助确认，经安全环保科确认许可，落实《安全作业许可书》要求及有关防范措施后，操作人员方可进行动火作业。

③ A 级和 B 级动火作业时，必须按规定清理现场，动火区域周围 10m 严禁放置任何油漆稀料、油品、气瓶、其他化学品等易燃品及包装材料、木料等可燃品，明确监火人，现场备好灭火器材及水源，必要时应在动火区域洒水浸湿。动火作业中，火种可能进入涂装室、油库及其他高危区域时，应将该区域洒水浸湿。

④ A 级动火作业时，担当部门应组织操作人员（外协承包方）进行危害辨识，制定安全动火方案，落实防火安全措施；A 级动火作业现场的通风设施要保持良好，尤其是涂装场所、油库、气站等；在易燃易爆场所挥发性气体气味较浓时，严禁动火，应打开门窗，保持良好的通风置换，在无明显气味时方可动火。

3）安全作业许可书：

①《安全作业许可书》由担当部门负责组织操作人员、外协承包方提出动火申请，经担当部门初审后，到安全环保科办理。安全环保科终审批准《安全作业许可书》。

②《安全作业许可书》一式两份，办证人员一份，安全环保科一份；办证人员持《安全作业许可书》到现场，检查动火作业安全措施落实情况，确认安全措施可靠后向动火人、监火人交代安全注意事项，并将《安全作业许可书》交动火人；动火作业完毕后，《安全作业许可书》要交给担当部门存档保存。

③《安全作业许可书》不准转让，涂改，不准异地使用或扩大使用范围；一份《安全作业许可书》只准在一个动火点使用；《安全作业许可书》的有效时间以安全环保科批准的为准，当超出有效期限时，必须重新申请办理。

### 8.3.3　检修作业的安全操作规程

化工检修可分为计划检修和计划外检修。企业根据设备管理的经验和设备实际状况，制订设备检修计划，按计划进行的检修称为计划检修。根据检修的内容、周期和要求不同，计划检修又可分为小修、中修和大修。

运行中设备突然发生故障或事故，必须进行不停工或临时停工的检修和抢修称为计划外检修。这种计划外检修随着日常维护保养、检查检测管理和预测技术的不断完善和发展，必将日趋减少。

#### 8.3.3.1　化工检修的特点

(1) 频繁性。化工生产具有高温、高压、腐蚀性强等特点，因而化工设备及其管道、阀门等附件在运行中腐蚀、磨损严重，化工检修任务繁重。除了计划小修、中修和大修外，计划外小修和临时停工抢修的作业也不少，使得检修作业极为频繁。

(2) 复杂性。化工设备种类繁多，规格不一，要求从事检修作业的人员必须具有丰富的知识和技术，熟悉掌握不同设备的结构、性能和特点。化工检修频繁，而计划外检修又无法预测，即便是计划检修，人员的作业形式和作业人数也在经常变动，不易管理。检修时往往上下立体交错，设备内外同时并进，加上化工设备不少是露天或半露天布置，检修工作受到环境、气候的制约。另外，临时人员进入检修现场机会就多，化工装置检修具有复杂性特点等。

(3) 危险性。化工生产的危险性决定了化工装置检修的危险性。化工设备和管道中大多残存着易燃易爆有毒的物质，化工检修又离不开动火、动土、进罐入塔等作业，故客观上具备了发生火灾、爆炸、中毒、化工灼烧等事故的条件，稍有疏忽就会发生重大事故。

化工装置检修所具有的频繁性、复杂性和危险性大的特点，决定了化工安全检修的重要地位。实现化工安全检修不仅可以确保检修中的安全，防止重大事故发生，保护职工的安全和健康，而且可以促进检修工作按质按量按时完成，确保设备的检修质量，使设备投入运行后操作稳定，运转效率高，杜绝事故和环境污染，为安全生产创造良好条件。

#### 8.3.3.2　化工检修作业的安全操作规程

**A　检修前的准备**

(1) 设置检修指挥部。大修、中修时，为了加强停车检修工作的集中领导和统一计划，确保停车检修的安全顺利进行，检修前要成立以企业主要负责人为总指挥，主管设备、生产技术、人事保卫、物资供应及后勤服务等的负责人为副总指挥和机动、生产、劳资、供应、安全、环保、后勤等部门代表参加的指挥部。针对装置检修项目及特点，明确分工，分片包干，各司其职，各负其责。

(2) 制定检修方案。无论是全厂性停车大检修、系统或车间的检修，还是单项工程或单个设备的检修，在检修前均须制定装置停车、检修、开车方案及其安全措施。

安全检修方案主要内容应包括：检修时间、设备名称、检修内容、质量标准、工作程序、施工方法、起重方案、采取的安全技术措施；并明确施工负责人、检修项目安全员、安全措施的落实人等。方案中还应包括设备的置换、吹洗、盲板流程示意图等。尤其要制定合理工期，确保检修质量。检修方案及检修任务书必须得到审批：全厂性停车大检修、系统或车间的大、中修，以及生产过程中的抢修，应由总工程师（或副总工程师）或厂长（或主管机动设备部门）审批；单项工程或单个设备的检修，由机动设备部门审批，各审批部门必须同时对检修过程中的安全负全面责任。

（3）检修前的安全教育。检修前，检修指挥部负责向参加检修的全体人员（包括外单位人员、临时工作人员等）进行检修方案技术交底，使其明确检修内容、步骤、方法、质量标准、人员分工、注意事项、存在的危险因素和由此而采取的安全技术措施等，达到分工明确、责任到人。同时还要组织检修人员到检修现场，了解和熟悉现场环境，进一步核实安全措施的可靠性。检修人员经安全教育并考试合格取得《安全（作业）合格证》后才能准许持证参加检修。

（4）检修前检查。装置停车检修前，应由检修指挥部统一组织，对停车前的准备工作进行一次全面的检查。检查内容主要包括检修方案、检修项目及相应的安全措施、检修机具和检修现场等。

B 装置停车及停车后的安全操作

装置停车及停车后设备的清洗、置换、交出，由设备所在单位负责。设备清洗、置换后应有分析报告。检修项目负责人应会同设备技术人员、工艺技术人员检查并确认设备、工艺处理及盲板抽堵等安全处理合格，使之符合检修安全要求。

（1）停车操作及注意事项。停车方案一经确定，应严格按停车方案确定的停车时间、停车程序以及各项安全措施有秩序地进行。停车操作及应注意问题如下：

1）卸压。系统卸压要缓慢由高压降至低压，应注意压力不得降至零，更不能造成负压，一般要求系统内保持微弱正压。在未做好卸压前，不得拆动设备。

2）降温。降温应按规定的降温速率进行降温，须保证达到规定要求。高温设备不能急骤降温，避免造成设备损伤，以切断热源后强制通风或自然冷却为宜，一般要求设备内介质温度要小于60℃。

3）排净。排净生产系统（设备、管道）内储存的气、液、固体物料。如物料确实不能完全排净，应在"安全检修交接书"中详细记录，并进一步采取安全措施，排放残留物必须严格按规定地点和方法进行，不得随意放空或排入下水道，以免污染环境或发生事故。

4）停车操作期间，装置周围应杜绝一切火源。

5）停车过程中，对发生的异常情况和处理方法，要随时做好记录；对关键装置和要害部位的关键性操作，要采取监护制度。

（2）停车后的安全处理。

1）隔绝。由于隔绝不可靠致使有毒、易燃易爆、有腐蚀、窒息和高温介质进入检修设备而造成的重大事故时有发生，因此，检修设备必须进行可靠隔绝。

视具体情况最安全可靠的隔绝办法是拆除管线或抽插盲板。拆除管线是将与检修设备相连接的管道、管道上的阀门、伸缩接头等可拆卸部分拆下，然后在管路侧的法兰上装置盲板。如果无可拆卸部分或拆卸十分困难时，则应关严阀门，在和检修设备相连的管道法兰连接处插入盲板，这种方法操作方便，安全可靠，多被采用。抽插盲板属于危险作业，应办理《抽插盲板作业许可证》并同时落实各项安全措施。

2）置换和中和。为保证检修动火和罐内作业的安全，设备检修前内部的易燃、有毒气体应进行置换，酸、碱等腐蚀性液体应该中和，还有经酸洗或碱洗后的设备，为保证罐内作业安全和防止设备腐蚀，也应进行中和处理。

易燃、有毒有害气体的置换，大多采用蒸汽、氮气等惰性气体作为置换介质，也可采用"注水排气"法将易燃，有害气体压出，达到置换要求。设备经惰性气体置换后，若需要进入其内部工作，则事先必须用空气置换惰性气体，以防窒息。

3）清扫和清洗。对可能积附易燃，有毒介质残渣、油垢或沉积物的设备，这些杂质用置换方法一般是清除不尽的，故经气体置换后还应进行清扫和清洗。因为这些杂质在冷态时可能不分解、不挥发，在取样分析时符合动火要求或符合卫生要求，但当动火时，遇到高温这些杂质会迅速分解或很快挥发，使空气中可燃物质或有毒有害物质浓度大大增加而发生燃烧爆炸事故或中毒事故。

检修设备和管道内的易燃、有毒的液体一般是用扫线的方法来清除，扫线的介质通常用蒸汽。置换和扫线无法清除的沉积物，应用蒸汽、热水或碱液等进行蒸煮、溶解、中和等将沉积的可燃、有毒物质清除干净。

C　检修阶段的安全操作

检修阶段，常常涉及电工作业、拆除作业、动火作业、动土作业、高处作业、设备内作业等及压力容器、管道、电气仪表等化工装置的检修。检修应严格执行各有关规定，以保证检修工作顺利进行。以下仅介绍设备内作业的安全操作规程。

（1）设备内作业及其危险性。凡进入石油及化工生产区域的罐、塔、釜、槽、球、炉膛、锅筒、管道、容器等以及地下室、阴井、地坑、下水道或其他封闭场所内进行的作业称为设备内作业。

设备内危险性介质可能潜在中毒、窒息、燃烧爆炸、腐蚀性等危险；有些设备内作业在系统不停车情况下进行，也增加了设备内作业危险性。由于危险因素的存在，加之照明差、作业区窄小、操作不便、容易疲劳等，更增加了中毒、窒息、触电等危险性，因此，设备内作业是一项危险性很大的作业。

（2）设备内作业安全要点。

1）设备内作业必须办理《设备内安全作业证》，并要严格履行审批手续。

2）进设备内作业前，必须将该设备与其他设备进行安全隔离（加盲板或拆除一段管线，不允许采用其他方法代替），并清洗、置换干净。

3）在进入设备前30min必须取样分析，严格控制可燃气体、有毒气体浓度及氧含量在安全指标范围内，分析合格后才允许进入设备内作业。如在设备内作业时间长，至少每隔2h取样分析一次，如发现超标，应立即停止作业，迅速撤出人员。

4）采取适当的正压通风措施，确保设备内空气良好流通。

5）应有足够的照明，设备内照明电压应不大于36V，在潮湿容器、狭小容器内作业电压应不大于12V，灯具及电动工具必须符合防潮、防爆等安全要求。

6）进入有腐蚀、窒息、易燃易爆、有毒物料的设备内作业时，必须按规定佩戴适用的个体防护用品、器具。

7）在设备内动火，必须按规定同时办理动火证和履行规定的手续。

8）设备内作业必须设专人监护，并与设备内作业人员保持有效的联系。

9）在检修作业条件发生变化，并有可能危及作业人员安全时，必须立即撤出；若需继续作业，必须重新办理进入设备内作业审批手续。

10）检修作业完工后，经检修人、监护人与使用部门负责人共同检查设备内部，确认设备内无人员和工具、杂物后，方可封闭设备孔。

D 检修后的安全操作

检修完工后的主要安全要求为：

（1）检修项目负责人应会同有关检修人员检查检修项目是否有遗漏，工器具和材料等是否遗漏在设备内。

（2）检修项目负责人应会同设备技术人员、工艺技术人员根据生产工艺要求检查盲板抽堵情况。

（3）因检修需要而拆移的盖板、扶手、栏杆、防护罩等安全设施应恢复正常。

（4）检修所用的工器具应搬走，脚手架、临时电源、临时照明设备等应及时拆除。

（5）设备、屋顶、地面上的杂物、垃圾等应清理干净。

（6）检修单位应会同设备所在单位和有关部门对设备等进行试压、试漏，调校安全阀、仪表和连锁装置，并做好记录。

（7）检修单位应会同设备所在单位和有关部门，对检修的设备进行单体和联动试车，验收交接。

# 8.4 化工生产安全管理制度

## 8.4.1 概述

化工生产企业必须严格执行国家和行业安全监督和管理部门颁布的有关安全生产的法律、法规和规程、标准，同时必须建立健全符合本单位特点的安全管理制度。根据国家推行的安全、环境与健康一体化管理体系，加强行业监督管理，化工企业的安全生产管理制度可按安全管理所面向的对象分为以下三类。

（1）综合安全生产管理制度。包括：安全生产管理总则、安全生产责任制、安全教育培训制度、安全生产检查制度、安全生产奖惩制度、安全技术措施管理制度、安全生产设施管理制度、危险作业安全管理制度、危险点安全管理制度、劳动防护用品发放管理制度、事故隐患管理制度、事故管理制度、"三同时"管理制度、发包（承包）安全生产管理制度、出租（承租）安全生产管理制度、防火安全管理制度、安全生产会议制度、安全生产值班制度、特种作业人员安全管理制度和厂内道路交通安全管理制度等。

（2）安全技术管理制度。包括：生产工艺规程（安全技术规程）、各种生产设备（设施）的安全技术标准、特种设备安全管理制度、易燃易爆、有毒有害物品安全生产管理制度。

（3）职业健康管理制度。包括：女工保护制度、未成年工保护制度、控制加班加点管理制度、防暑降温管理制度、防寒保暖管理制度、有毒有害作业场所环境监测制度、从事有毒有害作业人员体检制度、保健食品发放管理制度、防止职业中毒管理制度和职业病管理制度等。

这些制度是多年来安全生产经验教训的积累和总结，是化工生产必须遵守的法规。同时，在不断发展的生产过程中，这些规章制度也会不断地完善和充实，从而不断提高化工生产的安全生产技术和管理水平。下面就几个主要的管理制度作些较详细的说明。

### 8.4.2   安全生产责任制度

安全生产责任制是按照职业安全健康工作方针"安全第一，预防为主，综合治理"和"管生产的同时必须管安全"的原则，将各级负责人员、各职能部门及其工作人员和各岗位生产工人在职业安全健康方面应做的事情和应负的责任加以明确规定的一种制度。

《中华人民共和国安全生产法》（简称《安全生产法》）明确规定生产经营单位必须建立、健全安全生产责任制。安全生产责任制是生产经营单位各项安全生产规章制度的核心，是生产经营单位行政岗位责任制和经济责任制度的重要组成部分，也是最基本的职业安全健康管理制度。

安全生产责任制由各级各类人员安全生产职责构成。各级领导、各类人员是指企业主要负责人、主管安全生产副厂级及其他副厂级负责人、安全生产管理人员、车间主任、班组长及职工。企业各级各类人员安全生产责任制具体如下。

（1）企业主要负责人安全职责。企业主要负责人是指对生产经营活动具有指挥权、决策权的人，企业主要负责人要依法履行安全生产职责。企业主要负责人是本单位安全生产的第一责任人，其主要职责如下：

1）建立、健全并督促落实安全生产责任制。

2）组织制定并督促落实安全生产规章制度和操作规程。

3）保证安全生产投入的有效实施。

4）定期主持研究安全生产问题。

5）督促检查安全生产工作，及时消除生产安全事故隐患。

6）组织制定并实施生产安全事故应急救援预案。

7）及时、如实报告生产安全事故。

（2）主管安全生产副厂长（副经理）安全职责。

1）协助总经理抓好安全生产工作，贯彻落实安全生产方针、政策，对本单位安全生产负直接领导责任。

2）认真组织好生产经营活动中的生产安全工作，负责研究、协调、处理有关安全生产问题。

3）负责安排编制安全生产劳动保护措施计划并组织实施。

4）负责对本单位干部、职工的安全教育的监督、检查与考核。

5）组织安全生产检查，落实整改措施及经费的使用。

6）组织落实事故隐患的整改工作，确保安全生产。

（3）其他副厂长（副经理）安全职责。

1）根据本单位职责分工对主管范围内安全生产工作人员负领导责任。

2）做好分管部门安全教育工作。

3）负责督促检查分管部门岗位责任制的落实和事故隐患的排查与消除。

4）负责落实安全技术部门的安全技术措施。

5）负责检查分管部门的设备、设施的维修工作，严格控制危险部位动火操作，组织完成分管部门安全生产计划的落实。

（4）安全生产管理人员的安全职责。

1）认真贯彻落实安全技术标准和要求，对本单位的安全生产和技术管理方面负主要责任。

2）负责本单位安全技术知识的教育和培训工作。

3）负责本单位特种设备的安全技术管理，防止因设备缺陷而发生生产安全事故。

4）负责本单位新设备、新工艺、新产品、新配方、新材料的安全生产交底、指导工作。

5）负责组织查清生产安全事故的技术原因，做好防止重复发生同类事故的技术措施。

（5）车间主任（分公司经理）安全职责。

1）认真贯彻落实安全生产法律法规及本单位的规章制度，对本部门的职工在生产、经营过程中的安全负全面责任。

2）定期研究分析本部门的安全生产情况，制定事故隐患排查、解决办法。

3）组织并参加本部门的安全检查，及时消除事故隐患。

4）定期对职工进行安全教育，对新入厂职工、转岗职工进行上岗前的安全教育及三级教育中的车间教育。

5）及时发现、纠正、处理违章操作行为。

6）负责本部门生产流程的安全生产工作，落实安全整改措施，监督班组长岗位责任制的落实。

7）发生工伤事故，立即组织抢救，保护现场，及时上报安全主管部门，采取措施，防止事故进一步扩大。

8）负责监督检查职工劳动保护用品的使用情况。

（6）班组长安全职责。

1）负责领导本班组职工严格执行本单位的规章制度和操作规程，保证本班组职工的生产安全。

2）负责落实本班组职工"三级教育"中的班组教育内容，对新上岗的职工要做好安全技术交底，严格岗位责任制的落实。

3）对违反操作规程的职工有权制止，对查出的事故隐患要立即采取措施。

4）负责本班组设备、设施的安全巡视工作，发现问题及时上报。

5）发现工伤事故应立即上报，并立即采取措施保护现场。

（7）职工安全职责。

1）认真学习并严格遵守各项规章制度，不违章作业，严格遵守安全操作规程，对本岗位的安全生产负直接责任。

2）正确操作，精心维护和使用设备。

3）及时、正确判断和处理各种事故隐患，采取有效消除措施。

4）正确使用各种防护用品和灭火器材。

5）积极参加各种安全活动、岗位练兵和事故预案演练。

6）有权拒绝违章作业指挥，有权向上级报告违章作业行为，有权向监督管理部门报告本单位的重大事故隐患和生产安全事故。

7）特种作业人员必须持有特种作业证件上岗，无证人员不准进行操作。

### 8.4.3　安全教育培训制度

企业的安全教育培训工作是贯彻落实单位方针、目标，实现安全生产，提高员工安全意识和安全素质，防止产生不安全行为、减少人为失误的重要方法。安全生产教育培训制度作为加强生产管理、进行事故预防的重要而且有效的手段，其重要性首先是提高经营单位管理者及员工做好安全生产管理的责任感和自觉性，帮助其正确认识和学习职业安全健康法律法规、基本知识；其次是能够普及和提高员工的安全技术知识，增强安全操作技能，从而保护自己和他人的安全与健康。

《安全生产法》对安全生产教育培训做出了明确规定，相关条款如下：

第二十条　生产经营单位的主要负责人和安全生产管理人员必须具备与本单位所从事的生产经营活动相应的安全生产知识和管理能力。

危险物品的生产、经营、储存单位以及矿山、建筑施工单位的主要负责人和安全生产管理人员，应当由有关主管部门对其安全生产知识和管理能力考核合格后方可任职。

第二十一条　生产经营单位应当对从业人员进行安全生产教育和培训，保证从业人员具备必要的安全生产知识，熟悉有关的安全生产规章制度和安全操作规程，掌握本岗位的安全操作技能。未经安全生产教育和培训合格的从业人员，不得上岗作业。

第二十二条　生产经营单位采用新工艺、新技术、新材料或者使用新设备，必须了解、掌握其安全技术特性，采取有效的安全防护措施，并对从业人员进行专门的安全教育和培训。

第二十三条　生产经营单位的特种作业人员必须按照国家有关规定经专门的安全作业培训，取得特种作业操作资格证书，方可上岗作业。

特种作业人员的范围由国务院负责安全生产监督管理的部门会同国务院有关部门确定。

第三十六条　生产经营单位应当教育和督促从业人员严格执行本单位的安全生产规章制度和安全操作规程；并向从业人员如实告知作业场所和工作岗位存在的危险因素、防范措施以及事故应急措施。

第五十条　从业人员应当接受安全生产教育和培训，掌握本职工作所需的安全生产知识，提高安全生产技能，增强事故预防和应急处理能力。

#### 8.4.3.1　安全教育培训的形式和方法

（1）安全教育培训的方法。安全教育培训方法具体有：1）讲授法，这是常用的方法，具有科学性、思想性、严密的计划性、系统性和逻辑性；2）谈话法，指通过对话的方式传授知识的方法，一般分为启发式谈话和问答式谈话；3）读书指导法，是通过指定教科书或阅读资料的学习来获取知识的方法，这是一种自学方式，需要学习者具有一定的自学能力；4）访问法，是对当事人进行访问，现身说法，获得知识和见闻；5）练习与复习法，涉及操作技能方面的知识往往需要通过练习来加以掌握；复习是防止遗忘的主要手段；6）研讨法，通过研讨的方式，相互启发、取长补短，达到深入消化、理解和增长新知识的目的；7）宣传娱乐法，通过宣传媒体，寓教于乐，使安全的知识和信息通过潜移默化的方式深入职工思想之中。

（2）安全教育培训的形式。安全教育培训的形式主要有：每天的班前、班后会上说明安全注意事项；安全活动日；安全生产会议；各类安全生产业务培训班；事故现场会；张贴安全生产宣传画和宣传标语、标志；安全文化知识竞赛等。

### 8.4.3.2 安全教育培训的对象和内容

**A 企业主要负责人的教育培训**

主要负责人的安全培训教育根据所从事行业的危险性分为两类，即危险物品的生产、经营、储存单位、矿山、建筑施工单位主要负责人的培训以及其他单位主要负责人的培训，具体规定为：前者单位主要负责人必须进行安全资格培训，经安全生产监督管理部门或法律法规规定的有关主管部门考核合格并取得安全资格证书后方可任职，安全资格培训时间不得少于48学时，每年再培训时间不得少于16学时；后者单位主要负责人必须按照国家有关规定进行安全生产培训，安全生产管理培训时间不得少于24学时，每年再培训时间不得少于8学时。特别应注意的是，所有单位主要负责人每年都应进行安全生产再培训。

企业主要负责人的培训主要内容包括：

（1）国家有关安全生产的方针、政策、法律和法规及有关行业的规章、规程、规范和标准。

（2）安全生产管理的基本知识、方法与安全生产技术，有关行业安全生产管理专业知识。

（3）重大事故防范、应急救援措施及调查处理方法，重大危险源管理与应急救援预案编制原则。

（4）国内外先进的安全生产管理经验。

（5）典型事故案例分析。

**B 安全管理人员的教育培训**

危险物品的生产、经营、储存单位、矿山、建筑施工单位安全生产管理人员必须进行安全资格培训，经安全生产监督管理部门或法律法规规定的有关主管部门考核合格后并取得安全资格证书后方可任职，其安全资格培训时间不得少于48学时，每年再培训时间不得少于16学时；其他单位安全生产管理人员必须按照国家有关规定进行安全生产培训，安全生产管理培训时间不得少于24学时，每年再培训时间不得少于8学时。所有单位的安全生产管理人员每年都应进行安全生产再培训。

单位安全管理人员安全培训的主要内容包括：

（1）国家有关安全生产的方针、政策、法律和法规及有关行业的规章、规程、规范和标准。

（2）安全生产管理知识、安全生产技术、劳动卫生知识和安全文化知识，有关行业安全生产管理专业知识。

（3）工伤保险的政策、法律、法规。

（4）伤亡事故和职业病统计、报告及调查处理方法。

（5）事故现场勘验技术，以及应急处理措施。

（6）重大危险源管理与应急救援预案编制。

（7）国内外先进的安全生产管理经验。

（8）典型事故案例分析。

单位安全管理人员安全再培训的主要内容是新知识、新技术和新本领，包括：

（1）有关安全生产的法律、法规、规章、规程、标准和政策。

（2）安全生产的新技术、新知识。

（3）安全生产管理经验。

（4）典型事故案例。

C　从业人员的教育培训

单位从业人员（简称"从业人员"）是指除主要负责人和安全生产管理人员以外，该单位从事生产经营活动的所有人员，包括其他负责人、管理人员、技术人员和各岗位的工人，以及临时聘用的人员。从业人员的安全教育培训可分为在岗普通从业人员的安全培训，新从业人员的安全培训以及调整工作岗位或离岗一年以上重新上岗的从业人员的安全培训。

（1）在岗普通从业人员。对在岗的从业人员应进行经常性的安全生产教育培训，其内容主要包括：安全生产新知识、新技术；安全生产法律法规；作业场所和工作岗位存在的危险因素、防范措施及事故应急措施；事故案例等。单位实施新工艺、新技术或使用新设备、新材料时应对从业人员进行有针对性的安全生产教育培训。

（2）新从业人员。新职工（包括新工人、合同工、临时工、外包工和培训、实习、外单位调入本企业人员等）均必须经过企业、车间（科）、班组（工段）三级安全教育。

1）企业安全教育（一级），由劳资部门组织，安全技术、职业卫生与防火（保卫）部门负责，教育内容包括：国家有关安全生产的法律、法规、规定和标准及安全生产重要意义；一般安全知识；本企业生产特点；重大事故案例；企业规章制度以及安全注意事项；职业卫生和职业病预防等知识。

2）车间安全教育（二级），由车间主任负责，教育内容包括：车间生产特点、工艺流程、主要设备的性能；安全技术规程和安全管理制度；主要危险和危害因素，事故教训；预防工伤事故和职业危害的主要措施及事故应急处理措施等。经考试合格，方准分配到工段、班组。

3）班组（工段）安全教育（三级），由班组（工段）长负责，教育内容包括：岗位生产任务、特点；主要设备结构原理、性能，操作注意事项，维护保养要求；岗位责任制，岗位安全技术规程，班组安全管理有关规定；事故案例及预防措施；安全装置和工（器）具、个体防护用品、防护器具和消防器材的使用方法等。经考试合格，方准到岗位学习。

新从业人员安全生产教育培训时间不得少于24学时。危险性较大的行业和岗位，教育培训时间不得少于48学时。

（3）调整工作岗位或离岗一年以上重新上岗的从业人员。从业人员调整工作岗位或离开工作岗位一年以上重新上岗时，应进行相应的车间（工段、区、队）级安全生产教育培训。

D 特种作业人员的教育培训

特种作业是指在劳动过程中容易发生伤亡事故,对操作者本人,尤其对他人和周围设施的安全有重大危害的作业。从事特种作业的人员称为特种作业人员。

特种作业的范围包括:电工作业,金属焊接、切割作业,起重机械(含电梯)作业,企业内机动车辆驾驶,登高架设作业,锅炉作业(含水质化验),压力容器作业,制冷作业,爆破作业,矿山通风作业,矿山排水作业,矿山安全检查作业,矿山提升运输作业,采掘(剥)作业,矿山救护作业,危险物品作业,经国家有关部门批准的其他的作业。

特种作业人员上岗作业前,必须进行专门的安全技术和操作技能的培训教育,增强其安全生产意识,获得证书后方可上岗。特种作业人员的培训推行全国统一培训大纲、统一考核教材、统一证件的制度。

特种作业人员安全技术考核包括安全技术理论考试与实际操作技能考核两部分,以实际操作技能考核为主。《特种作业人员操作证》由国家统一印制,地市级以上行政主管部门负责签发,全国通用。离开特种作业岗位达6个月以上的特种作业人员,应当重新进行现场实际操作考核,经确认合格后方可上岗作业。取得《特种作业人员操作证》者,每2年进行1次复审。连续从事本工种10年以上的,经用人单位进行知识更新教育后,每4年复审1次。复审的内容包括:健康检查、违章记录、安全新知识和事故案例教育、本工种安全知识考试。未按期复审或复审不合格者,其操作证自行失效。

## 8.4.4 安全检查制度

安全检查是对生产过程及安全管理中可能存在的隐患、有害与危险因素或缺陷等进行查证,以确定隐患、有害与危险因素或缺陷的存在状态,以及它们转化为事故的条件,以便制定整改措施,消除隐患和有害与危险因素,确保安全生产。

企业在生产过程中,必然会产生机械设备的消耗、磨损、腐蚀和性能改变。生产环境也会随着生产过程的进行而发生改变,如尘、毒、噪声的产生、逸散、滴漏。随着生产的延续,职工的疲劳程度增加,安全意识有所减弱,从而会产生不安全行为。为此,开展经常性的、突击性的、专业性的安全检查,不断地、及时地发现生产中的不安全因素,并予以消除,才能预防事故和职业病的发生。

《安全生产法》规定:"生产经营单位的安全管理人员应当根据本单位的生产经营特点,对安全状况进行经常性检查;对检查中发现的安全问题,应当立即处理;不能处理的,应当及时报告本单位的有关负责人。检查及处理情况应当记录在案。"

### 8.4.4.1 安全检查的内容

安全检查的内容根据不同企业、不同检查目的、不同时期各有侧重,概括起来可以分为以下几个方面。

(1)查思想认识。查思想认识是检查企业领导在思想上是否真正重视安全工作。检查企业领导对安全工作的认识是否正确,行动上是否真正关心职工的安全和健康;对国家和上级机关发布的方针、政策、法规是否认真贯彻并执行;企业领导是否向职工宣传国家劳动安全卫生的方针、政策。

(2)查现场、查隐患。深入生产现场,检查劳动条件、操作情况、生产设备以及相应的安全设施是否符合安全要求和劳动安全卫生的相关标准；检查生产装置和生产工艺是否存在事故隐患；检查企业安全生产各级组织对安全工作是否有正确认识，是否真正关心职工的安全、健康，是否认真贯彻执行安全方针以及各项劳动保护政策法令；检查职工"安全第一"的思想是否建立。

（3）查管理、查制度。检查企业的安全工作在计划、组织、控制、制度等方面是否按国家法律、法规、标准及上级要求认真执行，是否完成各项要求。

（4）查安全生产教育。检查对企业领导的安全法规教育和安全生产管理的资格教育（持证）是否达到要求；检查职工的安全生产思想教育、安全生产知识教育，以及特殊作业的安全技术知识教育是否达标。

（5）查安全生产技术措施。检查各项安全生产技术措施（改善劳动条件、防止伤亡事故、预防职业病和职业中毒等）是否落实，安全生产技术措施所需的设备、材料是否已列入物资、技术供应计划中，对于每项措施是否都确定了其实现的期限；检查其负责人以及企业负责人对安全技术措施计划的编制和贯彻执行负责的情况。

（6）查纪律。查生产领导、技术人员、企业职工是否违反了安全生产纪律；企业单位各生产小组是否设有不脱产的安全员，督促工人遵守安全操作规程和各种安全制度，教育工人正确使用个人防护用品以及及时报告生产中的不安全情况；企业单位的职工是否自觉遵守安全生产规章制度，不进行违章作业且能随时制止他人违章作业。

（7）查整改。对被检查单位上一次查出的问题，按当时登记的项目、整改措施和期限进行复查，检查是否进行了整改及整改的效果。如果没有整改或整改不力的，要重新提出要求，限期整改。对隐瞒事故隐患的，应根据不同情况进行查封或拆除。整改工作要采取定整改项目、定完成时间、定整改负责人的"三定"做法，确保彻底解决问题。

### 8.4.4.2　安全检查的类型

安全检查的频次、内容因实施检查的主体以及检查类型不同而有所差别。企业安全检查的类型主要有以下几种形式。

（1）综合性安全大检查。综合性安全大检查的内容是岗位责任制大检查，一般每年进行一次。检查要有安排、有组织、有总结、有考核、有评比，既要检查管理制度，又要检查现场。

（2）专业性安全检查。专业性安全检查主要对关键生产装置、要害部位，以及按行业部门规定的锅炉、压力容器、电气设备、机械设备、安全装置、监测仪表、危险物品、消防器材、防护器具、运输车辆、防尘防毒、液化气系统等分别进行检查。

这种检查应组织专业技术人员或委托有关专业检查单位来进行，这些单位应是有资质的，能开据有效检验证书的单位。

（3）季节性安全检查。季节性安全检查是根据季节特点和对企业安全生产工作的影响，由安全部门组织相关管理部门和专业技术人员来进行。如雨季防雷、防静电、防触电、防洪等，夏季以防暑降温为主要内容，冬季以防冻保温为主要内容的季节性安全检查。

此外，节假日前也要针对安全、消防、危险物品、防护器具及重点装置和设备等进行安全检查。

（4）日常安全检查。日常安全检查是指各级领导者、各职能处室的安全技术人员要经常深入现场进行岗位责任制、巡回检查制和交接班制的执行情况的检查。

（5）特殊安全检查。特殊安全检查指的是生产装置在停工检修前、检修开工前及新建、改建、扩建装置试车前，必须组织有关部门参加的安全检查。

安全检查人员在检查中有权制止违章指挥、违章操作和批评违反劳动纪律者。对情节严重者，有权下令停止工作，对违章施工、检修者，有权下令停工。对检查出的安全隐患及安全管理中的漏洞，必须要求限期整改。对严重违反国家安全生产法规，随时可能造成严重人身伤亡的装置、设备、设施，可立即查封，并通知责任单位处理。

### 8.4.4.3　安全检查的方法

（1）常规检查。常规检查是常见的一种检查方法。通常由安全管理人员作为检查工作的主体，到作业场所的现场，通过感官或借助一定的简单工具、仪表等，对作业人员的行为、作业场所的环境条件、生产设备设施等进行的定性检查。安全检查人员通过这一手段，可及时发现现场存在的安全隐患并采取措施予以消除，并纠正施工人员的不安全行为。

这种方法完全依靠安全检查人员的经验和能力，检查的结果直接受安全检查人员个人素质的影响。因此，对安全检查人员要求较高。

（2）安全检查表法。为使检查工作更加规范，使个人的行为对检查结果的影响减少到最小，常采用安全检查表法。

安全检查表（SCL）是为了全面找出系统中的不安全因素而事先把系统的组成顺序编制成表，以便进行检查或评审，这种表就叫做安全检查表。安全检查表是进行安全检查，发现和查明各种危险和隐患，监督各项安全规章制度的实施，及时发现事故隐患和违章行为的一个有力工具。

安全检查表应列举需查明的所有会导致事故的不安全因素。每个检查表均需写明检查时间、检查者、直接负责人等，以便分清责任。安全检查表的设计应做到系统、全面，检查项目应明确。

编制安全检查表的主要依据：

1）有关标准、规程、规范及规定。

2）国内外事故案件及本单位在安全管理及生产中的有关经验。

3）通过系统分析确定的危险部位及防范措施，都是安全检查表的内容。

4）新知识、新成果、新方法、新技术、新法规和标准。

在我国许多行业都编制并实施了适合行业特点的安全检查标准。如建筑、火电、机械、煤炭等行业都制定了适用于本行业的安全检查表。企业在实施安全检查工作时，可以根据行业颁布的安全检查标准，同时结合本单位情况制定更具有可操作性的检查表。

（3）仪器检查法。机器、设备内部的缺陷及作业环境条件的真实信息或定量数据，只有通过仪器检查法进行定量化的检验与测量，才能发现安全隐患，从而为后续整改提供信息。因此必要时应该实施仪器检查。由于被检查对象不同，检查所用的仪器和手段也不同。

### 8.4.4.4　安全检查的工作程序

安全检查的工作程序，就是安全检查工作发现问题、分析问题、整改问题、落实效果的过程方法。

（1）安全检查准备。准备内容包括：

1）确定检查对象、目的、任务。

2）查阅、掌握有关法规、标准、规程的要求。

3）了解检查对象的工艺流程、生产情况、可能出现危险、危害的情况。

4）制定检查计划，安排检查内容、方法、步骤。

5）编写安全检查表或检查提纲。

6）准备必要的检测工具、仪器、书写表格或记录本。

7）挑选和训练检查人员，并进行必要的分工等。

（2）实施安全检查。实施安全检查就是通过访谈、查阅文件和记录、现场检查、仪器测量的方式获取信息。

1）访谈。通过与有关人员谈话来了解相关部门、岗位执行规章制度的情况。

2）查阅文件和记录。检查设计文件、作业规程、安全措施、责任制度、操作规程等是否齐全，是否有效；查阅相应记录，判断上述文件是否被执行。

3）现场观察。到作业现场寻找不安全因素、事故隐患、事故征兆等。

4）仪器测量。利用一定的检测检验仪器设备，对在用的设施、设备、器材状况及作业环境条件等进行测量，以发现隐患。

（3）通过分析作出判断。掌握情况（获得信息）之后，就要进行分析和判断。可凭经验、技能进行分析、判断，必要时可以通过仪器、检验得出正确结论。

（4）及时作出决定进行处理。作出判断后应针对存在的问题作出采取措施的决定，即下达隐患整改意见和要求，包括要求信息的反馈。

（5）实现安全检查工作闭环。通过复查整改落实情况，获得整改效果的信息，以实现安全检查工作的闭环。

### 8.4.5　安全技术措施计划管理制度

为了有计划地改善劳动条件，保障职工在生产过程中的安全和健康，国家要求企业在编制生产、技术、财务计划的同时，必须编制安全技术措施计划。

安全技术措施计划分长期计划和年度计划，它的编制与企业生产、技术、财务计划的编制同步。年度计划是在企业编制下一年度生产、技术、财务计划时（一般在第三季度）进行，项目要求和方案先由车间提出，上报企业安全技术部门，安全技术部门加以汇总、审定，作为年度的安全技术措施项目，统一纳入企业的技术措施计划，经企业法人代表和职代会审议，通过后即可执行。

安全技术措施计划的核心是安全技术措施，它是指运用工程技术手段消除物的不安全因素，实现生产工艺和机械设备等生产条件本质安全的措施。所编制的各项措施项目，应该规定实现的期限和负责人，安全技术部门负责监督项目的实施，并参加竣工验收，验收合格后方可交付使用。

#### 8.4.5.1　安全技术措施项目的范围

（1）安全技术方面。以防止火灾、爆炸、中毒、工伤等为目的的各项措施，如防护装置、监测报警信号等。

（2）职业卫生方面。改善生产环境和操作条件，防止职业病和职业中毒的技术措施，如防尘、防毒、防暑降温、消除噪声、改善及治理环境污染的措施等。

（3）辅助设施方面。有关保证职业卫生所必需的设施及措施，如淋浴室、更衣室、卫生间、消毒间等。

（4）安全宣传和教育方面。编写安全技术教材，购置图书、仪器、音像设备、计算机，建立安全教育室，办安全展览，出版安全刊物等所需的材料和提供相关设备。

（5）安全技术科研方面。为了安全生产、职业卫生所开展的试验、研究和技术开发所需的设备、仪器、仪表、器材等。

8.4.5.2 安全技术措施计划的编制

（1）编制依据。安全技术措施计划的编制应以"安全第一、预防为主、综合治理"的方针为指导思想，以国家和地方政府发布的有关安全生产方面的法律、法规、规章及标准为主要依据，本着符合实际、讲求实效、统筹安排的原则来进行。主要考虑的内容应包括：影响安全生产的重大隐患；预防工伤、职业危害等要采取的措施；稳定和发展安全生产所需要的安全技术措施；职工提出的有关安全生产、职业卫生方面的合理化建议等。

（2）编制内容。编制内容按照《安全技术措施计划的项目总名称表》及其说明的规定执行，具体如下：

1）单位和工作场所。

2）措施名称。

3）措施内容与目的。

4）经费预算及来源。

5）负责设计、施工的单位及负责人。

6）措施使用方法及预期效果。

（3）计划编制及审批。企业领导应根据本单位具体情况向下属单位或职能部门提出具体要求，进行编制计划布置。下属单位确定本单位的安全技术措施计划项目，并编制具体的计划和方案，经群众讨论后，送上级安全部门审查。安全部门将上报计划进行审查、平衡、汇总后，再由安全、技术、计划部门联合会审，并确定计划项目、明确设计施工部门、负责人、完成期限，成文后报厂总工程师审批。厂长根据总工程师的意见，召集有关部门和下属单位负责人审查核定计划。根据审查、核定结果，与生产计划同时下达到有关部门贯彻执行。企业负责人应该对安全技术措施计划的编制和贯彻执行负责。

安全技术措施编制及审批遵循以下规定：

1）由车间或职能部门提出车间年度安全技术措施项目，指定专人编制计划、方案并报安全技术部门审查汇总。

2）安全技术部门负责编制企业年度安全技术措施计划，报总工程师或主管经理（院长、厂长）审核。

3）主管安全生产的经理（院长、厂长）或（总工程师），应召开工会、有关部门及车间负责人会议，研究确定以下项目：

① 年度安全技术措施项目。

② 项目的资金。

③ 设计单位及负责人。

④ 施工单位及负责人。

⑤ 竣工或投产使用日期。

4）经审核批准的安全技术措施项目，由生产计划部门在下达年度生产计划时一并下达。

5）企业每年应按时编制下一年度的安全技术措施计划，并报上级主管部门备案。

6）需有关主管部门审批或需请上级支持协调的安全技术措施项目，企业应办理报批手续，如削减已批准的安全技术措施项目，也必须办理报批手续。

（4）计划的实施验收。编制好的安全卫生措施项目计划要尽快组织实施，项目计划落实到各有关部门和下属单位后，计划部门应定期检查。企业领导在检查生产计划的同时，应检查安全技术措施计划的完成情况。安全管理与安全技术部门应经常了解安全技术措施计划项目的实施情况，协助解决实施中的问题，及时汇报并督促有关单位按期完成。

已完成的计划项目要按规定组织竣工验收。竣工验收时一般应注意：所有材料、成品等必须经检验部门检验；外购设备必须有质量证明书；安全技术措施计划项目完成后，负责单位应向安全技术部门填报交工验收单，由安全技术部门组织有关单位验收；验收合格后，由负责单位持交工验收单向计划部门报完工，并办理财务手续；使用单位应建立台账，并定期进行维护和管理。

### 8.4.6　事故隐患管理制度

事故隐患是指生产经营单位违反安全生产法律、法规、规章、标准、规程和安全生产管理制度的规定，或者因其他因素在生产经营活动中存在可能导致事故发生的物的危险状态、人的不安全行为和管理上的缺陷。

事故隐患分为一般事故隐患和重大事故隐患。一般事故隐患，是指危害和整改难度较小，发现后能够立即整改排除的隐患。重大事故隐患，是指危害和整改难度较大，应当局部或者全部停产停业，并经过一定时间整改治理方能排除的隐患，或者因外部因素影响致使生产经营单位自身难以排除的隐患。

为了防止和减少事故，保障生命财产安全，企业应建立事故隐患管理制度，并且企业在对事故隐患管理的过程中须做到以下几点：

（1）建立健全事故隐患排查治理和建档监控等制度，逐级建立并落实从主要负责人到每个从业人员的隐患排查治理和监控责任制，并建立资金使用专项制度，保证事故隐患排查治理所需的资金。

（2）定期组织安全生产管理人员、工程技术人员和其他相关人员排查本单位的事故隐患。对排查出的事故隐患，应当按照事故隐患的等级进行登记，建立事故隐患信息档案，并按照职责分工实施监控治理。

（3）建立事故隐患报告和举报奖励制度，鼓励、发动职工发现和排除事故隐患，鼓励社会公众举报。对发现、排除和举报事故隐患的有功人员，应当给予物质奖励和表彰。

（4）企业将生产经营项目、场所和设备发包、出租的，应当与承包、承租单位签订安全生产管理协议，并在协议中明确各方对事故隐患排查、治理和防控的管理职责。生产经营单位对承包、承租单位的事故隐患排查治理负有统一协调和监督管理的职责。

（5）每季、每年对本单位事故隐患排查治理情况进行统计分析，并分别于下一季度15日前和下一年1月31日前向安全监督管理部门和有关部门报送书面统计分析表。统计分析表应当由企业主要负责人签字。

对于重大事故隐患，企业除按规定报送外，还应当及时向安全监督管理部门和有关部门报告。重大事故隐患报告内容应当包括：

1）隐患的现状及其产生原因。

2）隐患的危害程度和整改难易程度分析。

3）隐患的治理方案。

（6）对于一般事故隐患，由企业（车间、分厂、区队等）负责人或者有关人员立即组织整改。对于重大事故隐患，由企业主要负责人组织制定并实施事故隐患治理方案。重大事故隐患治理方案应当包括以下内容：

1）治理的目标和任务。

2）采取的方法和措施。

3）经费和物资的落实。

4）负责治理的机构和人员。

5）治理的时限和要求。

6）安全措施和应急预案。

（7）企业在事故隐患治理过程中，应当采取相应的安全防范措施，防止事故发生。事故隐患排除前或者排除过程中无法保证安全的，应当从危险区域内撤出作业人员，并疏散可能危及到的其他人员，设置警戒标志，暂时停产停业或者停止使用；对暂时难以停产或者停止使用的相关生产储存装置、设施、设备，应当加强维护和保养，防止事故发生。

（8）加强对自然灾害的预防。对于因自然灾害可能导致事故的隐患，应当按照有关法律、法规、标准和本规定的要求排查治理，采取可靠的预防措施，制订应急预案。在接到有关自然灾害预报时，应当及时向下属单位发出预警通知。发生自然灾害可能危及生产经营单位和人员安全的情况时，应当采取撤离人员、停止作业、加强监测等安全措施，并及时向当地人民政府及其有关部门报告。

## 思 考 题

8-1 什么是化工生产预防性检查，管道、反应器的预防性检查主要有哪些内容？

8-2 什么是安全操作规程，安全操作规程的内容包括哪几个方面？

8-3 生产岗位安全操作规程包括哪些具体内容，制定生产岗位安全操作规程需要注意哪些问题？

8-4 如何根据化工检修作业的作业程序编制安全操作规程？

8-5 化工生产安全管理制度是如何分类的，各类制度主要包括哪些管理制度？

8-6 什么是安全生产责任制，化工企业各类人员的安全生产职责分别是什么？

8-7 试分析职业安全健康管理体系的运行原理。

8-8 职业安全健康管理体系包括哪些要素，建立和实施职业安全健康管理体系的步骤和主要过程有哪些？

# 9 化工事故应急救援技术

应急救援是化工安全工程的重要组成部分。国务院颁布的《危险化学品安全管理条例》规定："县级以上各级人民政府负责危险化学品安全监督综合工作的部门应当会同同级其他有关部门制定危险化学品事故应急救援预案，报经本级人民政府批准后实施。危险化学品单位应当制定本单位事故应急救援预案，配备应急救援人员和必要的应急救援器材、设备，并定期组织演练。危险化学品事故应急救援预案应报设区的市级人民政府负责危险化学品安全监督综合工作的部门备案。"化工生产企业一般都属于危险化学品单位，必须严格执行上述规定。

## 9.1 应急救援系统概述

### 9.1.1 事故应急救援的意义

20 世纪以来，随着工业化进程的迅猛发展，特别是第二次世界大战以后，危险化学品使用种类和数量急剧增加，各种工业事故呈不断上升的趋势，危及到社会安全的多人伤亡重大事故时有发生，对人民生命安全、国家财产和环境构成重大威胁。重大工业事故的应急救援是近年来国内外开展的一项社会性减灾救灾工作。应急救援可以加强对重大工业事故的处理能力，根据预先制定的应急处理的方法和措施，一旦重大事故发生，做到临危不乱，高效、迅速做出应急反应，尽可能缩小事故危害，减小事故对生命、财产和环境造成的危害。

事故应急救援工作在预防为主的前提下，贯彻统一指挥、分级负责、区域为主、单位自救和社会救援相结合的原则。其中预防工作是事故应急救援工作的基础，除了平时做好事故的预防工作，避免或减少事故的发生外，还应落实好救援工作的各项准备措施，做到预有准备，一旦发生事故就能及时实施救援。重大事故所具有的发生突然、扩散迅速、危害范围广的特点，也决定了救援行动必须迅速、准确和有效。因此，救援工作只能实行统一指挥下的分级负责制，以区域为主，并根据事故的发展情况，采取单位自救和社会救援相结合的形式，充分发挥事故单位及所处地区的优势和作用。

事故应急救援又是一项涉及面广、专业性很强的工作，靠某一个部门很难完成，必须把各方面的力量组织起来，形成统一的救援指挥部，在指挥部的统一指挥下，安全、救护、公安、消防、环保、卫生、质检等部门密切配合，协同作战，迅速、有效地组织和实施应急救援，才能尽可能地避免和减少损失。

事故应急救援的基本任务包括下述几个方面：

（1）及时组织营救受害人员，组织撤离或者采取其他措施保护危害区域内的其他人员。抢救受害人员是应急救援的首要任务，在应急救援行动中，快速、有序、有效地实施现场急救与安全转送伤员是降低伤亡率，减少事故损失的关键。由于重大事故发生突然、扩散迅速、涉及范围广、危害大，应及时指导和组织群众采取各种措施进行自身防护，并迅速撤离出危险区或可能受到危害的区域。在撤离过程中，应积极组织群众开展自救和互救工作。

（2）迅速控制危险源，并对事故造成的危害进行检验、监测，测定事故的危害区域、危害性质及危害程度。及时控制造成事故的危险源是应急救援工作的重要任务，只有及时控制住危险源，防止事故的继续扩展，才能更有效地进行救援。特别对发生在城市或人口稠密地区的化学事故，应尽快组织工程抢险队与事故单位技术人员一起控制事故继续扩展。

（3）做好现场清洁，消除危害后果。针对事故对人体、动植物、土壤、水源、空气造成的现实危害和可能的危害，迅速采取封闭、隔离、洗消等措施。对事故外溢的有毒有害物质和可能对人和环境继续造成危害的物质，应及时组织人员予以清除，消除危害后果，防止对人的继续危害和对环境的污染。对危险化学品事故造成的危害进行监测、处置，直至符合国家环境保护标准。

（4）查清事故原因，评估危害程度。事故发生后应及时调查事故发生的原因和事故性质，评估事故的危害范围和危险程度，查明人员伤亡情况，做好事故调查报告。

### 9.1.2 相关的技术术语

（1）应急预案。又称应急计划，指针对可能发生的事故，为迅速、有序地开展应急行动而预先制定的行动方案。

（2）应急准备。针对可能发生的事故，为迅速、有序地开展应急行动而预先进行的组织准备和应急保障。

（3）应急响应。事故发生后，有关组织或人员采取的应急行动。

（4）应急救援。在应急响应过程中，为消除、减少事故危害，防止事故扩大或恶化，最大限度地降低事故造成的损失或危害而采取的救援措施或行动。

（5）应急恢复。事故的影响得到初步控制后，为使生产、工作、生活和生态环境尽快恢复到正常状态而采取的措施或行动。

### 9.1.3 应急救援系统的组成

由于潜在的重大事故风险多种多样，所以各类事故应急救援的具体措施可能千差万别，但其基本应急模式是一致的。构建应急救援体系，应贯彻顶层设计和系统论的思想，以时间为中线，以功能为基础，分析和明确应急救援工作的各项需求，在应急能力评估和应急支援系统统筹安排的基础上，科学地建立规范化、标准化的应急救援体系，保障各级应急救援体系的统一和协调。

一个完整的应急体系应由组织体制、运作机制、法制基础和保障系统四个部分构成，如图9-1所示。

（1）组织体制。应急救援体系的组织体制中，管理机构是指维持应急日常管理的责任部门；功能部门包括与应急活动有关的各类组织机构，如消防、医疗机构等；应急指挥是在应急预案启动后，负责应急救援活动的场外与场内指挥系统；而救援队伍则由专业人员和志愿人员组成。

（2）运作机制。应急救援活动一般划分为应急准备，初级反应、扩大应急和应急恢

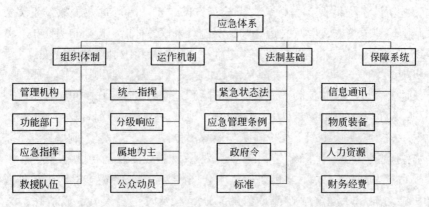

图 9-1　应急救援体系基本框架结构

复四个阶段，应急机制与这四个阶段的应急活动密切相关。应急运作机制主要由统一指挥、分级响应，属地为主和公众动员四个基本机制组成。

统一指挥是应急活动的基本原则。应急指挥一般可分为集中指挥与现场指挥，或场外指挥与场内指挥等。无论采用哪一种指挥系统，都应实行统一的指挥模式，无论应急救援活动涉及单位的行政级别高低与隶属关系如何，都必须在应急指挥部的统一组织协调下行动，有令则行，有禁则止，统一号令，步调一致。

分级响应是指在初级反应到扩大应急的过程中实行的分级响应的机制。扩大或提高应急级别的主要依据是事故的危害程度、影响范围和控制事态能力。影响范围和控制事态能力是事故"升级"的级别条件。扩大应急救援主要是提高指挥级别、扩大应急范围等。

属地为主强调"第一反应"的思想和以现场应急、现场指挥为主的原则。

公众动员机制是应急机制的基础，也是这个应急体系的基础。

（3）法制基础。法制建设是应急体系的基础和保障，也是开展各项应急活动的依据。与应急活动有关的法规可分为四个层次：1）由立法机关通过的法律，如紧急状态法、公民知情权法和紧急动员法；2）由政府颁布的规章，如应急救援管理条例等；3）包括预案在内的以政府令形式颁布的政府法令、规定等；4）与应急救援活动直接有关的标准或管理办法等。

（4）保障系统。列于应急保障系统第一位的是信息与通讯系统，构筑集中管理的信息通讯平台是应急系统最重要的基础设施。应急信息通讯系统要保障所有预警、报警、警报、报告、指挥等活动的信息交流快速、顺畅、准确，并实现信息资源共享；物质与装备不但要保证有足够的资源，而且还要实现快速、及时供应到位；人力资源保障包括专业队伍的加强、志愿人员以及其他有关人员的培训教育；应急财务保障应建立专项应急科目，如应急基金等，以保障应急管理运行和应急反应中各项活动的开支。

## 9.2　应急救援系统的建立

### 9.2.1　应急救援系统的主要内容

由于自然灾害或人为原因，当事故或灾害不可避免的时候，有效的应急救援行动是唯一可以抵御事故或灾害蔓延并减缓危害后果的有力措施。因此，如果在事故或灾害发生前建立完善的应急救援系统，制订周密的救援计划，而在事故发生时采取及时有效的应急救援行动，以及事故后的开展系统恢复和善后处理，可以拯救生命、保护财产、保护环境。

应急救援系统应包括以下几个方面的主要内容：

（1）应急救援组织机构。

（2）应急救援预案（或称计划）。

（3）应急培训和演习。

（4）应急救援行动。

（5）现场清除与净化。

（6）事故后的恢复和善后处理。

### 9.2.2 应急救援系统的组织机构

应急救援系统的组织结构包括四个方面的运作机构。具体介绍如下。

（1）应急指挥机构，用以协调应急组织各个机构的运作和关系。

为了提高应急管理效率，保证应急响应活动的秩序，一般把应急指挥划分为两个层面，即现场外的联合指挥协调部和现场应急指挥部。在同一目标下，两个机构各自具有性质不同的职能。

联合指挥协调部主要是统一协调现场外部的支援行动，包括物资装备、人员、情报、联络和场外人员接待、安置和疏散等，它并不直接进入现场参加具体救援行动，仅为现场救援活动提供各类外部支援。联合指挥协调部的人员为来自各方面和不同层级的相关单位的代表，由上级或同级应急管理机构的代表做总协调员，统一负责、综合组织协调并对上级行政首长负责。

现场应急指挥部统一指挥现场内的应急救援与处置行动，全面负责制定救援行动计划，组织实施工程抢险、人员救护、安全保卫、信息管理。必要时，可向场外的联合指挥协调部提出资源需求以及决定是否结束应急状态等各项应急响应活动。现场应急指挥部总指挥对现场应急救援活动负总责，并对同级或上级行政首长负责。任何人不经授权，不可僭越指挥部下达的行动指令，严格区分行政级别和指挥岗位，上级行政领导的指示和命令须经指挥程序发挥作用，以便建立有序的指挥流程，保证所有应急救援活动的效率和质量。

（2）支持保障机构。支持保障机构是应急的后方力量，提供应急物质资源及人员支持、技术支持和医疗支持，全方位保证应急行动的顺利完成。

（3）媒体机构。负责与新闻媒体接触的机构，处理一切与媒体报道、采访、新闻发布会等相关事务，以保证事故报道的可信性和真实性，对事故单位、政府部门和公众负责。

（4）信息管理机构。信息管理机构负责系统所需一切信息的管理，提供各种信息服务，在计算机和网络技术的支持下，实现信息利用的快捷性和资源共享，为应急工作服务。

各机构要不断调整运行状态，协调关系，形成整体，使系统快速、有序、高效地开展现场应急救援行动。

### 9.2.3　应急救援系统的运作程序

　　应急救援系统内各个机构的协调努力是圆满处理各种事故的基本条件。如图 9-2 所示，当发生事故时，由信息管理机构首先接收报警信息，并立刻通知应急指挥机构和事故现场指挥机构，使其在最短时间内赶赴事故现场，投入应急工作，并对现场实施必要的交通管制。如有必要，应急指挥机构进而通知媒体和支持保障单位进入工作状态，并协调各机构的运作，保证整个应急行动能有序高效地进行。同时，事故现场指挥机构在现

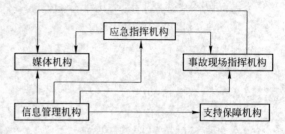

图 9-2　应急救援系统各机构关系图

场开展应急指挥工作，并保持与应急指挥机构的联系，从支持保障机构调用应急所需的人员和物资并投入事故的现场应急。同时，信息管理机构为其他各单位提供信息服务。这种应急救援运作模式能使各机构明确自己的职责，便于管理，从而满足事故应急救援快速、有效的需要。

　　当事故发生时，系统进入有效的整体运作状态，并完成整个应急救援任务，从而实现减轻事故后果的目的。应急救援系统以模块化设计为主，通过对系统内五个方面机构的设计和建立，可实现机构的快速反应、整体行动、信息共享，能尽可能提高应急救援的速度，缩短救援作业的时间，降低事故灾害后果。

## 9.3　应急救援预案的制定

### 9.3.1　应急救援预案编制概述

　　企业制定和建立现场的应急预案，不仅是法律和经济的要求，也是为企业员工和附近居民提供一个更为安全的环境的要求。因此，经过充分演习后的预案应当是：

　　（1）有助于辨识现有的工艺、物质或操作过程的危险性。

　　（2）让有关人员熟悉企业布局、消防、泄漏控制设备和应急反应行动。

　　（3）提高事故突发时的信心和准备性。

　　（4）减少员工和公众的伤亡人数。

　　（5）降低责任赔偿风险，减少保险费。

　　（6）减轻对企业设施的破坏。

　　（7）提出降低危险的建议，如引进新的安全装置或改变操作规程。

　　《安全生产法》规定，县级以上地方各级人民政府应当组织有关部门制定本行政区域的特大生产安全事故应急救援预案，建立应急救援体系。为便于管理，企业制定的现场事故应急预案应并入地方政府应急反应预案中。这样不仅有助于增进与地方政府部门的相互了解，也能确保当地政府机构制定应急预案时可以充分考虑企业制定应急预案，以便在紧急情况发生时迅速实施。

　　企业管理者要比其他人员更熟悉应急预案。管理层应首先委派一个事故应急反应预案小组。应急反应预案小组负责准备预案，并使企业预案与地方政府应急预案相互协调。

　　管理层应根据人员情况对资源进行分配，并考虑反应预案的准备和实施。同时也应重视应急预案的审核、定期复查、培训和演习；否则预案的有效性会极大地削弱。在预案制定过程中，管理层必须给予大力支持和鼓励。

### 9.3.2　应急预案编制的基本要求

　　应急预案的编制应当符合下列基本要求：

（1）符合有关法律、法规、规章和标准的规定。

（2）结合本地区、本部门、本单位的安全生产实际情况。

（3）结合本地区、本部门、本单位的危险性分析情况。

（4）应急组织和人员的职责分工明确，并有具体的落实措施。

（5）有明确、具体的事故预防措施和应急程序，并应与其应急能力相适应。

（6）有明确的应急保障措施，并能满足本地区、本部门、本单位的应急工作要求。

（7）预案基本要素齐全、完整，预案附件提供的信息准确。

（8）预案内容与相关应急预案相互衔接。

### 9.3.3　应急救援预案类型与内容的确定

#### 9.3.3.1　应急救援预案的类型

　　根据事故应急预案的对象和级别，应急预案可分为下列四种类型：

（1）应急行动指南或检查表。针对已辨识的危险采取特定应急行动。简要描述应急行动必须遵从的基本程序，如发生情况向谁报告，报告什么信息，采取哪些应急措施等。这种应急预案主要起提示作用，对相关人员要进行培训，有时也将这种预案作为其他类型应急预案的补充。

（2）应急响应预案。它是针对各场所和现场每项设施可能发生的事故情况编制的应急响应预案，如化学泄漏事故的应急响应预案、台风应急响应预案等。应急响应预案要包括所有可能的危险状况，明确有关人员在紧急状况下的职责。这类预案仅说明处理紧急事务时必需的行动，不包括事前要求（如培训、演练等）和事后措施。

（3）互助应急预案。它是相邻企业为在事故应急处理中共享资源，相互帮助制定的应急预案。这类预案适合于资源有限的中、小企业以及高风险的大企业，并需要高效的协调管理。

（4）应急管理预案。应急管理预案是综合性的事故应急预案，这类预案应详细描述事故前、事故中和事故后何人做何事、什么时候做、如何做等内容。这类预案要明确完成每一项职责的具体实施程序。应急管理预案包括事故应急的四个逻辑步骤：预防、预备、响应、恢复。

　　县级以上政府机构、具有重大危险源的企业，除单项事故应急预案外，还应制定重大事故应急管理预案。

#### 9.3.3.2　应急救援预案的内容

　　应急救援预案应包括以下 10 项基本内容。

（1）组织机构及其职责。

1）明确应急反应组织机构、参加单位、人员及其作用。

2）明确应急反应总负责人，以及每一具体行动的负责人。

3）列出本区域以外能提供援助的有关机构。

4）明确政府和企业在事故应急中各自的职责。

（2）危害辨识与风险评价。

1）确认可能发生的事故类型、地点。

2）确定事故影响范围及可能影响的人数。

3）按所需应急反应的级别，划分事故严重度。

（3）通告程序和报警系统。

1）确定报警系统及程序。

2）确定现场24小时的通告、报警方式，如电话、警报器等。

3）确定24小时与政府主管部门的通讯、联络方式，以便应急指挥和疏散居民。

4）明确相互认可的通告、报警形式和内容（避免误解）。

5）明确应急反应人员向外求援的方式。

6）明确向公众报警的标准、方式、信号等。

7）明确应急反应指挥中心怎样保证有关人员理解并对应急报警反应。

（4）应急设备与设施。

1）明确可用于应急救援的设施，如办公室、通讯设备、应急物资等；列出有关部门，如企业自身、武警、消防、卫生、防疫等部门可用的应急设备。

2）描述与医疗有关的机构的关系，如急救站、医院、救护队等。

3）描述可用的危险监测设备。

4）列出可用的个体防护装备（如呼吸器、防护服等）。

5）列出与有关机构签订的互援协议。

（5）应急评价能力与资源。

1）明确决定各项应急事件的危险程度的负责人。

2）描述评价危险程度的程序。

3）描述评估小组的能力。

4）描述评价危险场所使用的监测设备。

5）确定外援的专业人员。

（6）保护措施程序。

1）明确可授权发布疏散居民指令的负责人。

2）描述决定是否采取保护措施的程序。

3）明确负责执行和核实疏散居民（包括通告、运输、交通管制、警戒）的机构。

4）描述对特殊设施和人群的安全保护措施（如学校、幼儿园、残疾人等）。

5）描述疏散居民的接收中心或避难场所。

6）描述决定终止保护措施的方法。

（7）信息发布与公众教育。

1）明确各应急小组在应急过程中对媒体和公众的发言人。

2）描述向媒体和公众发布事故应急信息的决定方法。

3）描述为确保公众了解如何面对应急情况所采取的周期性宣传以及提高安全意识的措施。

（8）事故后的恢复程序。

1）明确决定终止应急，恢复正常秩序的负责人。

2）描述确保不会发生未授权而进入事故现场的措施。

3）描述宣布应急取消的程序。

4）描述恢复正常状态的程序。

5）描述连续检测受影响区域的方法。

6）描述调查、记录、评估应急反应的方法。

（9）培训与演练。

1）对应急人员进行培训，并确保合格者上岗；

2）描述每年培训、演练计划。

3）描述定期检查应急预案的情况。

4）描述通讯系统检测频度和程度。

5）描述进行公众通告测试的频度和程度并评价其效果。

6）描述对现场应急人员进行培训和更新安全宣传材料的频度和程度。

（10）应急计划的维护。

1）明确每项计划更新、维护的负责人。

2）描述每年更新和修订应急预案的方法。

3）据演练、检测结果完善应急计划。

### 9.3.4 事故应急救援预案的编写

我国《安全生产法》规定，生产经营单位的主要负责人对本单位的安全生产工作全面负责。生产经营单位的主要负责人负有"组织制定并实施本单位的生产安全事故应急救援预案的职责"。

#### 9.3.4.1 应急救援预案的编制步骤

企业对每一个重大危险源都应有一套现场应急预案。现场应急预案应由企业管理部门准备并应包括对重大事故潜在后果的评估。通常企业编制事故应急预案的步骤如下：

（1）成立预案编制小组。

（2）收集资料并进行初始评估。

（3）辨识危险源并评价风险。

（4）评价能力与资源。

（5）建立应急反应组织。

（6）选择合适类型的应急计划方案。

（7）编制各级应急计划。

#### 9.3.4.2 成立应急救援预案编制小组

企业管理层首先应指定应急预案编制小组的人员，组员须是预案制定和实施中有重要作用或是可能在紧急事故中受影响的人。

预案编制小组代表应来自以下职能部门：

（1）安全。

（2）环保。

（3）操作和生产。

（4）保卫。

（5）工程。

（6）技术服务。

（7）维修保养。

（8）医疗。

（9）环境。

（10）人事。

此外，小组成员也可以包括来自地方政府设区和相关政府部门的代表（例如，安全、消防、公安、医疗、气象、公共服务和管理机构等）。这样可消除现场事故应急预案与政府应急预案中的不一致性，同时还可明确紧急事故影响到厂外时涉及的单位及其职责。

编制小组应提出如下主要问题：

（1）会发生什么样的事故？

（2）这种事故的后果如何（要包括对现场和企业外的影响）？

（3）这类事故是否可预防？

（4）如果不能，会产生什么级别的紧急情况？

（5）会影响到什么地区？

（6）如何报警？

（7）谁来评价这种紧急情况，根据什么？

（8）如何建立有效的通讯？

（9）谁负责做什么，什么时间，怎么做？

（10）目前具备什么资源？

（11）应该具备什么资源？

（12）如有可能，可得到什么样的外部援助，怎样得到？

9.3.4.3　应急救援预案的编写

（1）收集信息和初始评估。编制小组的首要任务就是收集制定预案的必要信息并进行初始评估，这包括：

1）国家有关的法律、法规和标准。

2）企业安全记录、事故情况。

3）国内外同类企业事故资料。

4）地理、环境、气象资料。

5）相关企业的应急预案等。

在初始阶段，编制小组应辨识所有可能发生的事故场景并评价现有资源，包括人力、物资和设备。编制小组的初期工作可分为三部分：

1）危险辨识、后果分析和风险评价。

2）明确人员和职能。

3）明确需要的资源。

（2）应急反应能力分析。根据最可能发生的事故场景，编制小组可以确定出不同紧急情况下相应的应急反应行动。据此，编制小组应回答以下问题：

1）在紧急情况下谁该做什么，什么时候做，怎么做？

2）整个应急过程由谁负责，管理结构应该如何适应这种情况？

3）如何通报紧急情况，谁负责通知？

4）可获得哪些外部援助，什么时候能到达？

5）在什么情况下厂内和厂外人员应该进行避难或疏散？

6）如何恢复正常操作？

这是预案编制过程中的综合部分，是在前面分析工作的基础上进行的研究。

（3）编制应急救援预案的注意事项。事故应急预案应当简明，以便于有关人员在实际紧急情况下使用。一方面，预案的主要部分应当是整体应急反应策略和应急行动，而具体实施程序应放在预案附录中详细说明。另一方面，预案应有足够的灵活性，以适应随时变化的实际紧急情况。前面所提到问题的所有结论和解决办法应缩减为一个简单明了的文件，便于评价和使用。

除了以上所述，预案中另一个非常重要的内容是预案应包括至少六个主要应急反应要素，它们是：

1）应急资源的有效性。

2）事故评估程序。

3）指挥、协调和反应组织的结构。

4）通告和通讯联络程序。

5）应急反应行动（包括事故控制、防护行动和救援行动）。

6）培训、演习和预案保持。

根据企业规模和复杂程度不同，应急预案也存在各种形式。编制小组的另一个任务是使总体预案的格式适用于企业的具体情况。

最后，编制小组应确定出如何保证预案更新，如何进行培训和演习。根据预案格式，可以把一些条款放在总体内容中，或放在附录中。

预案编制不是单独、短期的行为，它是整个应急准备中的一个环节。有效的应急预案应该不断进行评价、修改和测试，持续改进。

# 9.4 应急救援行动

## 9.4.1 应急设备与资源

应急设备与资源是开展应急救援工作必不可少的条件。为保证应急工作的有效实施，各应急部门都应制定应急救援装备的配备标准。平时做好装备的保管工作，保证装备处于良好的使用状态，一旦发生事故就能立即投入使用。

应急救援装备的配备应根据各自承担的应急救援任务和要求选配。选择装备要根据实用性、功能性、耐用性和安全性，以及客观条件进行配置。

事故应急救援的装备可分为两大类：基本装备和专用救援装备。

### 9.4.1.1　基本装备

基本装备，一般指应急救援工作所需的通讯装备、交通工具、照明装备和防护装备等。

（1）通讯装备。目前，我国应急救援所用的通讯装备一般分为有线和无线两类，在救援工作中，常采用无线和有线两套装置配合使用。移动电话（手机）和固定电话是通讯中常用的工具，由于使用方便，拨打迅速，在社会救援中已成为常用的工具。在近距离的通讯联系中，也可使用对讲机。另外，传真机的应用缩短了空间的距离，使救援工作所需要的有关资料能够及时传送到事故现场。

（2）交通工具。良好的交通工具是实施快速救援的可靠保证，在应急救援行动中常用汽车和飞机作为主要的运输工具。

国外，直升机和救援专用飞机已成为应急救援中心的常规运输工具，在救援行动中配合使用，提高了救援行动的快速机动能力。目前，我国的救援队伍主要以汽车为交通工具，而在远距离的救援行动中，则借助民航和铁路运输。

（3）照明装置。重大事故现场情况较为复杂，在实施救援时需要良好的照明。因此，需为救援队伍配备必要的照明工具，以利于救援工作的顺利进行。

照明装置的种类较多，在配备照明工具时除了应考虑照明的亮度外，还应根据事故现场的特点，注意其安全性能。工程救援所用的电筒应选择防爆型电筒。

（4）防护装备。有效地保护自己，才能取得救援工作的成效。在事故应急救援行动中，各类救援人员均需配备个人防护装备。个人防护装备可分为防毒面罩和防护服。救援指挥人员、医务人员和其他不进入污染区域的救援人员多配备过滤式防毒面具。对于工程、消防和侦检等进入污染区域的救援人员应配备密闭型防毒面罩。目前，常用正压式空气呼吸器。防护服应能防酸碱。

### 9.4.1.2　专用装备

专用装备，主要指各专业救援队伍所用的专用工具（物品）。各专业救援队在救援装备的配备上，除了本着实用、耐用和安全的原则外，还应及时总结经验，自己动手研制一些简易可行的救援工具。特别在工程救援方面，一些简易可行的救援工具，往往会产生意想不到的效果。

侦检装备，应具有快速准确的特点。现多采用检测管和专用气体检测仪，优点是快速、安全、操作容易、携带方便，缺点是具有一定的局限性。国外采用专用监测车，车上除配有取样器、监测仪器外，还装备了计算机处理系统，能及时对水源、空气、土壤等样品就地实行分析处理，及时检测出毒物和毒物的浓度，并计算出扩散范围等救援所需的各种救援数据。

医疗急救器械和急救药品的选配应根据需要，有针对性地加以配置。急救药品，特别是特殊、解毒药品的配备，应根据化学毒物的种类备好一定的数量，解毒药品与适用中毒症状见表9-1。为便于紧急调用，需编制事故医疗急救器械和急救药品配备标准，以便按标准合理配置。在现场紧急情况下需要使用的大量的应急设备与资源，如果没有足够的设备与物质保障，例如消防设备、个人防护设备、清扫泄漏物的设备，或设备选择不当，都将导致对应急人员或附近的公众造成严重的伤害，那样即使受过很好的训练的应急队员也无法减缓紧急事故。

**表 9-1　解毒药品与适用中毒症状**

| 解毒药品名称 | 适用中毒症状 | 解毒药品名称 | 适用中毒症状 |
|---|---|---|---|
| 亚甲蓝注射液 | 解氰化物中毒 | 盐酸纳洛酮注射液 | 解乙醇及药物急性中毒 |
| 解磷注射液 | 解有机磷中毒 | 硫酸阿托品注射液 | 中毒抢救配套用药 |
| 氯磷定注射液 | 解有机磷中毒 | 高锰酸钾片 | 中毒抢救配套用药 |
| 乙酰胺注射液 | 解氯乙酰胺中毒 | 季德胜蛇药片 | 解蛇咬中毒 |
| 青霉胺片 | 解金属中毒 | | |

### 9.4.1.3　事故现场必需的常用应急设备与工具

（1）消防设备（依赖于消防队的水平）：输水装置、软管、喷头、自用呼吸器、便携式灭火器等。

（2）危险物质泄漏控制设备：泄漏控制工具、探测设备、封堵设备、解除封堵设备等。

（3）个人防护设备：防护服、手套、靴子、呼吸保护装置等。

（4）通讯联络设备：对讲机、移动电话、固定电话、传真机、电报等。

（5）医疗支持设备：救护车、担架、夹板、氧气、急救箱等。

（6）应急电力设备：主要是备用的发电机。

（7）分析和报告及检查表、地图、图纸等。

（8）重型设备：推土机、起重机、破拆设备等。

## 9.4.2　事故评估程序

在应急救援的不同阶段实施什么行动要依靠决策过程，反过来这又要求对事故发展过程进行连续评价。无论是谁只要发现危险的异常现象，第一反应人就要开始启动应急。这种事故评估过程在特定时间首先由主管协调反应行动的人来履行，然后由企业应急总指挥和其他工作人员来执行。在紧急事件初始阶段，第一个发现者会决定是否启动报警程序，同时这也会启动相应的反应机制。应急行动启动的顺序流程图如图 9-3 所示。

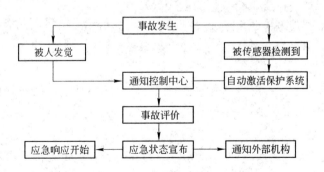

图 9-3　应急行动启动的顺序流程图

事故分级有几种方法，不同的人判断相同事故会产生不同的分级。为了消除紧急情况下产生的混乱，应参考企业和政府有关部门制定的事故分级指南。

应急行动级别是事故不同程度的级别数。事故越严重，级别越高。根据此分级标准，负责人可在特定时刻把事故严重程度转化为相应的应急行动级别。应急行动级别跟企业性质和内在危险有关。大多工业企业采用三级分类系统就足够了。

一级——预警，这是最低应急级别。根据企业不同，这种应急行动级别可以是可控制的异常事件或容易被控制的事件。像小型火灾或轻微毒物泄漏，其对企业人员的影响可以忽略。这样的事故可定为此级。根据事故类型，可向外部通报，但不需要援助。

二级——现场应急，这是中间应急级别，包括已经影响企业的火灾、爆炸或毒物泄漏，但还不会超出企业边界，外部人群一般不会受事故的直接影响。这种级别表明企业人员已经不能或不能立即控制事故，这时需要外部援助。企业外人员像消防、医疗和泄漏控制人员应该立即行动。

三级——全体应急，这是最严重的紧急情况，通常表明事故已经超出了企业边界。在火灾、爆炸事故中，这种级别表明需要外部消防人员控制事故。如有毒物质泄漏，根据不同事故类型和外部人群可能受到的影响，可决定是否要求进行安全避难或疏散。同时也需要医疗和其他机构的人员支持，启动企业外应急预案。

不同于上述应急行动级别，核工业应急标准有更详细的分级。无论采用什么分级方法，都应该有利于应急组织机构对不同级别事故应急反应的标准化，并能简化和改善通讯联络。

政府主管部门和企业就应急分级的标准，能否达成一致非常重要。此外，所有企业人员都应该知道这种分级方法和它的含义，因为当得知情况紧急时，每个人都可能需要采取行动。

### 9.4.3　通告和通讯联络程序

通讯联络对于有效协调不同应急组织的应急行动是非常重要的，且在实施防护措施时也至关重要。通告和通讯联络的设备、方法和程序包括：

（1）报警。

（2）通知企业内人员紧急行动。

（3）如必要，通知外部机构。

（4）建立和保持企业应急组织之间的通讯联络。

（5）建立和保持现场应急组织、外部机构和其他应急组织之间的通讯联络。

（6）如果社区居民受影响，通知企业外人员应急救援。

（7）通知媒体。

事故最初通告程序尤其重要，因为它们决定在何时启动应急预案。为避免通讯联络中断，应急组织内的每个岗位必须配备通讯设备，否则会严重影响应急预案的有效性。

#### 9.4.3.1　报警

报警是实施应急预案的第一步。通常在许多企业，任何员工都能拉响警报或至少向报警人员报告。这个程序有利于尽早地预警可能出现的异常情况。如果有充分的事前准备，任何企业员工或操作人员都会知道在这种情况下首先该采取什么行动（例如，打企业应急热线电话）。从这开始，应急反应会按计划实施：热线操作人员将通知最初的应急评估负责人，他要确定应急级别并根据应急行动级别启动相应的应急反应预案。

### 9.4.3.2　通知企业人员

最初应急组织有许多任务，首先是让企业内人员知道发生的紧急情况。使用什么报警系统完成这个目的都可，但最常使用的是声音报警。报警有两个目的：动员应急人员和提醒其他无关人员采取防护行动（例如，转移到更安全的地方，进入安全避难点，或撤离企业）。

就企业应急通讯系统（包括人员和设备）而言，让应急人员知道应急发生是关键。组织有序和经过演习验证的预案可使每个人知道做什么。

### 9.4.3.3　通知外部机构

根据应急的类型和严重程度，企业应急总指挥或企业有关人员（业主或操作人员）必须按照法律、法规和标准的规定将事故有关情况上报政府安全生产主管部门。汇报应该包括以下信息：

（1）将要发生或已发生事故或泄漏的企业名称和地址。
（2）汇报人的姓名和电话号码。
（3）泄漏化学物质名，该物质是否为极危险物质。
（4）泄漏时间或预期持续时间。
（5）实际泄漏量或估算泄漏量，是否会产生企业外效应。
（6）泄漏发生的介质是什么。
（7）已知或预期的事故的急性或慢性健康风险和关于接触人员的医疗建议。
（8）由于泄漏应该采取的预防措施，包括疏散。
（9）获取进一步信息，相关联系人的姓名和电话号码。
（10）气象条件，包括风向、风速和预期企业外效应。
（11）应急行动级别。

尽管可靠的电话系统很有效，但在应急过程中设置应急通知热线会十分有用。应急人员必须熟悉这种程序并了解它的重要性。

应急通告是强制的，不只因为它是法规要求，还在于通告企业外应急反应组织并动员他们。此外，通知应急严重程度时，使用一套事先确定的应急行动级别将会非常有效。企业外的应急行动是否启动，要根据应急预案中事故类型和严重程度由现场应急总指挥做出判断后来决定。

### 9.4.3.4　建立与保持企业内的通讯联络

一旦企业应急总指挥决定启动应急预案，通讯协调和联络部门就要负责保持各应急组织之间高效的通讯能力。最重要的通讯联络是应急指挥中心，它装备有固定通讯设备。任何应急指挥中心与外部的通讯中断（特别是应急指挥中心与现场应急组织之间），必须报告通讯联络负责人，他会动员现有资源和人力来解决问题，如可以使用警笛和公共广播系统向企业人员通报应急情况，必要时通知他们疏散，从企业部分或全部撤离。

### 9.4.3.5　建立和保持与外部组织的通讯联络

一旦应急预案启动，企业应急总指挥和副指挥在应急指挥中心进行应急指挥与协调，保持与外部机构联络，现场操作负责人直接与应急指挥中心联系。

### 9.4.3.6　向公众通告应急情况

在事故影响到社区居民的情况下，可采取两种行动：疏散或在建筑物内避难。无论采取什么行动，社区居民和公众必须得到应急通知。如果没有有效的通讯程序，这几乎不可能实现。用警笛报警系统通知事故发生的社区时效果较差，而且这种系统只有在公众明白警报的含义，知道该采取何种行动时才会有效。紧急广播系统与警笛报警系统结合使用会更有效。紧急广播系统能发射无线电信号和电视信号，信号内容应该尽可能简明，告诉公众该如何采取行动。此外，应该通知公众避免使用电话通告附近地区发生的紧急情况（避免增加电话线路负担）。

如果决定疏散，应该通知居民避难所位置和疏散路线。

公众防护行动的决定权一般由当地政府主管部门掌握。应急组织应该做好如下准备行动：

(1) 准备向当地政府主管部门提供建议。

(2)（根据危险分析）制定关于何时进行公众疏散或是安全避难的指南。

(3) 根据事故性质、气象条件、地形和原有逃生路线提出疏散的最佳路线。

(4) 保存当地电台、电视台的电话簿。

(5) 事先联系这些电台以协调信息发布。

(6) 建立填单式信息向公众广播（这样可减少紧急时的混乱和避免忽略某些信息）。

企业负责人没有权力决定涉及公众的行动，可是这并不减少他们的事故责任。因而他们应该（特别对大众）确保建立起完善的防护措施和有效的通讯机制，尽量减小事故后果。

### 9.4.3.7　向媒体通告应急信息

在紧急情况下，媒体很可能会获悉事故消息，当地报纸、电视和电台的记者也必然会涌到事故现场或至少到企业大门前采集有关新闻消息。保卫人员应该确保若非允许不得入内。尤其是无关人员，不得进入应急指挥中心或应急人员正在控制险情的地方，因为他们会干扰应急行动。为防止媒体错误报道事件，应急组织中要有专门负责处理公众、媒体的部门。

此项功能的负责人应该定期举办新闻发布会，提供准确信息，避免错误报道。当没有进一步信息时，应该让人们知道事态正在调查，具体情况将在下次新闻发布会通知媒体。无理由地回避或掩盖事实真相只可能让日后陷入尴尬的境地。

在这种情况下，用预先制好的填空式信息单在新闻发布会上宣读是很方便的。在任何情况下，应准备好书面说明以便在新闻发布时分发，发布前由负责人员审定。作为应急准备方案的一部分，在新闻发布会上使用的其他材料，如地图、表格、黑板和其他声像材料应该事先准备好。

## 9.4.4　现场应急对策的确定和执行

应急人员赶到事故现场后首先要确定应急对策，即应急行动方案。正确的应急行动对策，不仅能够使行动达到所预期的目的，保证应急行动的有效性，而且可以避免和减少应急人员的自身伤害。无数事实表明，在营救过程中，应急救援人员的风险很大，没有一个清晰、正确的行动方案，会使应急人员面临不必要的风险。应急对策实际上是正确评估判断和决策的结果，而初始的评估来源于最初应急行动所经历的情况。

现场应急对策的确定和执行包括：

(1) 初始评估。

（2）危险物质的探测。

（3）建立现场工作区域。

（4）确定重点保护区域。

（5）防护行动。

（6）应急行动的优先原则。

（7）应急行动的支援。

### 9.4.4.1  初始评估

事故应急的第一步工作是对事故情况的初始评估。初始评估应描述最初应急者在事故发生后几分钟里观察到的现场情况，包括事故范围和扩展的潜在可能性，人员伤亡，财产损失情况，以及是否需要外界援助。初始评估是由应急指挥者和应急人员共同决策的结果，可以使用 LOCATE 因素分析法、DECIDE 法进行初始评估。

（1）LOCATE 因素分析法，它描述了在初始评价阶段需要考虑的问题，主要包括：

Life（生命）：危险区人员以及如何保护应急者、雇员和附近居民的生命安全。

Occupancy（影响程度）：事故范围与破坏车辆、储槽、管道和其他设备的情况。

Construction（建筑）：结构尺寸、高度和类型。

Area（附近区域）：在直接区域和周边区域需要的保护。

Time（时间）：日期，季节，火灾燃烧泄漏持续时间，到行动之前有多长时间。

Exposure（暴露）：在事故中有什么是需要保护的，比如人员、建筑、附近区域、环境。

初始应急者必须在到达现场时考虑这些因素。应用 LOCATE 因素分析，应急者能够制定一个良好的应急行动对策。

（2）DECIDE 法。主要内容包括：

Detect（探测）：探测何种危险物质的存在。

Estimate（估计）：估计在各种情况下的危害。

Choose（选择）：选择应急的目标。

Identify（确定）：确定行动。

Do（行动）：做最好的选择。

Evaluate（评价）：评价进展。

处理危险物质泄漏引发的事故的关键是确定事故物质。没有确定物质之前，没法采取适当正确的行动。因此，初始评估的事故应急指挥者要和操作人员交流，以确定事故所包含的物质，识别事故发生的原因。掌握事故的原因有助于应急人员减轻或控制事故，例如，爆炸引起了管道破坏，指挥者可以通过遥控开关来抑制事故源，或停止操作以阻止管道泄漏。

### 9.4.4.2  危险物质的探测

危险物质的探测实际上是对事故及事故起因的探测。第一种方法是由两个人组成的小组在远离事故现场的地方（在逆风向的较高位置，并且确保他们不会接触危险物质）测定发生事故的物质；第二种方法可能更危险些，要求由两名应急人员组成的小组，到事故区域进行状况评估，采用这种方法时，应急人员要穿上防护服。

对事故需要探测和了解的情况包括：

（1）所涉及到物质的类型和特性。例如，闪点、燃烧值、蒸气密度、蒸气压力、可溶性、活性、pH 值、相容性、燃烧的产物。

（2）泄漏、反应、燃烧的数量。

（3）密闭系统的状况。例如，当前的压力和温度（特别是在不正常的情况下）、容器损坏的数量和类型、正在进行中的反应及泄漏的后果。

（4）控制系统的控制水平和转换、处理、中和的能力。

### 9.4.4.3　建立现场工作区域

在初始评估阶段，另一项重要的任务是建立一个现场工作区域。在这个区域明确应急人员可以进行工作，这样有利于应急行动和有效控制设备进出，并且能够统计进出事故现场的人员。

在初始评价阶段确定工作区域时，主要依据为事故的危害、天气条件（特别是风向）和位置（工作区域和人员位置要高于事故地点）。在设立工作区域时，要确保有足够的空间。开始时所需要的区域要大，随后必要时可以缩小。

对危险物质事故要设立三类工作区域，即危险区域、缓冲区域、安全区域。

危险区域是把一般人员排除在外的区域，是事故发生的地方。它的范围取决于事故的级别以及清除行动的执行。只有受过正规训练和有特殊装备的应急操作人员才能够在这个区域作业。所有进入这个区域的人员必须在安全人员和指挥者的控制下工作。另外，还应设定一个可以在紧急情况下得到后援人员帮助的紧急入口。

环绕危险区域的是缓冲区域，也是进行净化和限制通过的区域。在这里污染将会受到净化，可称之为入口通道，只有受过训练的净化人员和安全人员才可以在这里工作。根据现场的实际情况，净化过程可以很简单，如仅仅使用一桶水和一把刷子；也可以有非常复杂的多重步骤。净化工作非常必要，排除污染的方法必须和所污染的物质相匹配。

第三个区域是安全区域，这个区域是指挥和准备区域。它必须是安全的，只有应急人员和必要的专家能在这个区域。

限制区域的大小、地点、范围将依赖于泄漏或事故的类型、污染物的特性、天气、地形、地势和其他的因素。在现场实时的观察、仪器的读数及多方面的参考资料即能决定受控制区域的大小和程度。有关组织编制的运输应急指南、化学事故应急信息系统、应急预案指南、物质安全数据（MSDS）和其他的资料与信息也能为建立控制区域提供帮助。

其他的控制区域可由现场内和现场外的防护区域组成。例如，疏散区域和掩体。应急预案应该包括决定疏散或进入掩体的原则。经过授权进行防护性行动的人员必须要对他们的任务和处理的方法有过良好的培训。特殊行动修改或扩大保护性行动必须由应急指挥者决定。如果泄漏有可能向现场外扩展，指挥者应该及时与当地政府应急主管部门联系。

### 9.4.4.4　确定重点保护区域

通过事故后果模型和接触危险物质浓度，应急指挥者应能够估计出事故影响的区域，在这个区域内，要考虑：

（1）人员接触。

1）哪些人最可能接触危险。

2）影响程度。

3）达到危险浓度的时间。

（2）对事故现场内重要系统的考虑。

1）各重要的控制区域是否在危险区域内。

2）是否有必要在危险区域内对重要设施进行有序的停车程序，以防止更大的潜在危险。

（3）对环境的考虑。

1）对危险很敏感的土壤区域。

2）对野生物的保护。

3）渔业。

4）水生生物。

（4）财产。

1）现场内的财产（设备、操作系统、车辆、油罐车、原材料、产品、存货）。

2）现场外的财产。

（5）现场外的关键系统。

1）可能受到事故影响的主要运输系统。

2）可能受到事故影响的公用水、电、气、通讯服务系统等。

（6）应急人员的工作区域。

1）指挥中心。

2）准备区域。

3）支援的路线。

### 9.4.4.5 防护行动

防护行动的目的在于保护应急中企业人员和附近公众的生命和健康。这些行动常包括：

1）搜寻和营救行动。

2）人员查点。

3）疏散。

4）避难。

5）危险区进出管制。

这些防护行动大多要求有完善的准备和与各种应急组织和机构的广泛合作，以便在应急中有效实施。此外，实施某些行动，例如疏散，可能要求与许多轻度危险或无危险区人员的合作，这同样要求必须认真进行事先计划。

（1）搜寻和营救行动。此类行动通常由消防队或救护队执行。如果人员受伤、失踪或困在建筑和单元中，就需要启动搜寻和营救行动。

进行营救行动的人员应该穿戴防护服，执行速度至关重要。在建筑或单元中的营救行动一般是极困难和危险的，营救人员应成对工作，并配备自持式呼吸器。内部营救常要求移动受害者身体，因为他们可能已经让烟或气体熏倒昏迷。这种行动大多需要小队联合行动，也可能要求其他小队提供水喷淋掩护以减少热影响和驱散气体。在行动过程中随时进行通讯联络也是绝对必要的。此外，在进行营救行动前或营救过程中，需要实施防护行动，例如切断动力、单元隔离或灭火。

（2）人员查点和集合区。重大事故应急可能要求所有企业人员实行防护行动。无论采取什么行动，不能使任何人被遗漏，这很重要。这要求在应急时进行人员查点。

企业每个单元或建筑应该派有疏散监督管理员。这些人通常是没有其他专门职责的企业员工，他们负责向其他员工报警和在疏散最初阶段负责查找人员。他们应该指挥关闭所有设备、设施、空调和通风系统。当决定放弃单元或建筑时，他们应该保证没有人被遗漏。在遇到事故时，他们应该检查所有房屋（包括可能遗漏区域，如厕所），引导员工到集合点。这些疏散监管员应该熟悉内部报警系统（例如，不同的警笛声调）和集合地点，以便指挥人员按预定逃生路线疏散。所有员工都应能辨认警报，并知道集合点和熟悉逃生路线及总体疏散程序。

非应急人员的集合点应该预先指定。如果原有集合点不稳定或不安全，应指定其他的集合点。逃生路线和替代逃生路线也应该事前确定出来。天气条件，特别是风向，将确定最合适的逃生路线。应该使用工厂报警系统，以便向工厂不同位置进行报警。

如果存在可能发生毒物泄漏的危险，应该设置专用避难所作为指定集合点，并应制定专门程序以减少人员到达避难所前的风险。

（3）疏散。

在重大事故应急发生时，可能要求从事故影响区疏散企业人员到其他区域，有时甚至要求全企业人员除了负责控制事故的应急人员外都必须疏散。小企业或事故迅速恶化时，可直接进行全体疏散。被影响区无关人员应该首先撤离，接着是全面停车时的剩余工人撤离。所有人员应该熟悉关于疏散的有关信息，在撤离他们的企业时，应该根据指示关闭所有设施和设备。此外，单元操作人员应该确切知道如何以安全方式进行应急停车。对于控制主要工艺设备停车的应急设备和公用工程，如果没有通知不能实施停车程序。

现场疏散的实际计划通常与企业大小、类型和位置有关。应事先确定出通知企业员工疏散的方法、主要或替换集合点、疏散路线和查点所有员工的程序。应该制定规定以警示和查找企业来访者。保卫人员应该持有这些人的名单，企业陪同人员要负责来访者的安全。

如果发生毒气泄漏，应该设计转移企业人员的逃生方法，特别对于泄漏影响地区。所有在影响区域的人员都应配备应急逃生呼吸器。如果有毒物质泄漏能透过皮肤进入身体，还应该提供其他防护设备。人员应该横向穿过泄漏区下风位以减少在危险区的暴露时间。逃生路线、集合点和企业地图应该在整个企业内设置，并清楚标识出来。此外，晚上应保证照明充足，便于安全逃生。企业内应该设置风标和南北指示标志，以便让人员辨识逃生方向。

（4）现场安全避难。当毒物泄漏时，一般有两类保护人员的方法：疏散或安全避难。选择正确的保护方案要根据泄漏类型和有关标准。

当人员受到毒物泄漏的威胁，且疏散又不可行时，短期安全避难可给人员提供临时保护。如果有毒气体渗入量在标准范围内，大多建筑都可提供一定程度保护。行政管理楼内也可设置避难所。

短期避难所通常是有空气供给的密封室，空气可由瓶装压缩空气提供。一般控制室可设计为短期避难所，以使操作人员在紧急时安全使用。有些控制室如果为保证有序停车防止发生更大事故，设计还应能防止有毒气体的渗入。选择短期避难所的另一原因是人员到达可长期避难场所的距离过远，或因缺少替代疏散路线而不能立即安全疏散。

指挥者可根据事故区域大小、相对距离的远近和主导风向，为其员工选择短期避难所。避难所不应过远，以防人员不能及时到达。在选定某建筑作为短期避难所前，指挥者应该综合考虑其设计特点：

1）结构良好，没有明显的洞、裂口或其他可能使危险气体进入内部的结构弱点。

2）门窗有良好的密封。

3）通风系统可控制。

短期避难所不能长期驻留，如果需要作为长期避难设施，在计划和设计时必须保证具备安全的室内空气供给和其他支持系统。

避难场所应该能为限定人员提供足够呼吸的空气量和足够长的时间下的有效保护。对大多常见情况，临时避难所可以是窗户和门都关闭的任何一个封闭空间。

在许多情况下（如快速、短暂的气体泄漏等），采取安全避难是一个很有效的方法，特别是与疏散相比，它具有实施所需时间少的优点。

（5）企业外疏散和安全避难。

在紧急情况尤其是发生毒物泄漏时，企业经理或应急指挥者的一个首要任务是向外报警并建议政府主管部门采取行动保护公众。

接到企业汇报，地方政府主管部门应决定是否启动企业外应急行动，协调并接管应急总指挥的职责。

计算机软件可预测有毒气体在环境中扩散的情况。这些软件建立在数学扩散模型基础上，包括许多参数，像泄漏类型、泄漏物质物化特性、释放形式、释放位置、天气条件和地形等。企业或技术支持机构应配有这些计算机软件并能提供有毒物质浓度等信息，这种信息在确定采取最佳行动时极为有用。在特大毒物泄漏事故时，唯一现实的选择几乎只有疏散或避难。如果地方政府没有周密的应急预案，疏散或避难是很难做到的。

迅速有效地对公众通告应急是十分重要的。使用可听报警器非常有效，如警笛系统和无线电广播系统。通告的应急信息应该能提醒和通知大众该做什么。安全避难一般不涉及后勤问题。如前面提到对于短期毒气泄漏，如果通风系统停止，渗漏甚小，大多数房屋甚至车辆也能作为临时避难所。如果建议进行疏散，后勤问题难度会很快升级，例如，毒气泄漏通常是在下风向1公里区域内开始疏散，这在大城市地区需要疏散人群数目会很大，也要求更多时间。若没有组织周密的计划其结果可能是灾难性的。

为了建立有效疏散计划，企业管理层应该积极与地方政府主管部门合作，制订应急预案以保护公众免受紧急事故危害，而不能单独行动。

### 9.4.4.6　应急救援行动的优先原则

应急行动的优先原则是：

（1）员工和应急救援人员的安全优先。

（2）防止事故扩大优先。

（3）保护环境优先。

### 9.4.4.7　应急救援行动的支援

支援行动是当实施应急救援预案时，需要援助事故反应行动和防护行动的行动。这种活动包括对伤员的医疗救治，建立临时区，企业外部调入资源，与临近企业应急机构和地方政府应急机构协调，提供疏散人员的社会服务、企业重新入驻以及在应急结束后的恢复等。

（1）医疗救治。许多组织或人员可提供应急医疗救治和医疗援助：

1）接受过急救和心脏恢复培训的应急反应人员。

2）企业医生或护士。

3）当地医生、护士和其他医疗人员。

4）当地救护公司。

5）来自附近企业的医疗人员和其他救援小组。

6）当地卫生部门官员。

7）医疗设备和医药供应商。

8）毒物控制中心。

为实现有效的医疗救治，支援组织或人员应该注意：介入的迅速性和介入单位之间的协调；负责医疗救治的人员必须熟悉最基本的急救技术；保证在应急行动后立刻开始医疗救治；迅速把伤员从事故现场转移到临时区域，使他们可在那里得到充分医疗救治。

（2）临时区行动。临时区是应急救援活动后勤运作的活动区域，它具有以下功能：

1）接收、临时储存和给应急救援人员分发后勤物资。

2）应急部署前集合企业外应急人员。

3）停放所有运输车辆、救护车、起重机械、消防车和其他来到现场的车辆。

4）提供直升机的降落场地。

5）建立非污染区。

临时区不应该离事故现场太远，当然也要考虑安全。临时区域应该有充足的车位，保证应急车辆自由移动。应设置保卫人员，防止无关人员进入此区域，临时区选址时要考虑保证电力照明和水源充足。

临时区可位于应急指挥中心附近。临时区的位置应该让所有有关人员知道，要张贴标识以指示应急人员。

临时区的一个很重要任务是保存物资清单，包括收到什么、发放给应急人员什么。企业应急指挥必须知道现有物资、设备和需求，这样可及时提出申请。临时区常用的供应物资、设备有：呼吸器、灭火剂、泡沫、水管、水枪、检测器、挖土和筑堤设备、吸收剂、照明设备、发电机、便携式无线电和其他通讯设备、重型设备和车辆、特种工具、堵漏设备、食物、饮料、卫生设施、衣物、汽油、柴油等。

临时区也可以用于接收伤员、管理急救和安排伤员转入待用救护车。在严重事故时，临时区可以作为临时停尸所。

清除污染也是临时区任务的一部分，尽管清污场所可能处于其他位置。临时区应配有塑料盆和安装喷头以擦洗防护设备和进行人员清洁。处理水和溢流水也应该尽可能收集，并进行消毒处理。

（3）互助与协调外部机构行动。附近企业经常是拥有技术、人员、物资和设备的另一个资源。其他当地外部机构只有事先介入计划才能有效合作。可以成立互助协会，以使成员单位事先知道能提供什么合作和由谁提供。

（4）值勤和社会服务。应急时事故影响区的值勤主要由保安和当地公安部门负责。他们的主要任务是防止无关人员和旁观者进入企业或事故现场，指挥交通以保证公众安全，保护应急行动。企业保安也要控制人员进入应急指挥中心、新闻发布室、有重要记录和商业秘密的敏感地区。

全体应急时，当地警方有指挥疏散和在疏散区执法（防止抢劫）的任务，这些在政府应急预案中应有详细说明。

社会服务，如对事故受害者家属的援助或对疏散者的帮助应该在政府主管部门的直接指挥下进行，编制地方政府应急预案时应予以考虑。对企业员工的其他救助可由企业管理层通过人事部门和当地志愿组织提供。

（5）恢复和重新进入。从应急到恢复和重新进入现场需要编制专门程序，根据事故类型和损害严重程度，具体问题具体解决。主要应考虑如下内容：

1）组织重新进入人员。

2）调查损坏区域。

3）宣布紧急结束。

4）开始对事故原因调查。

5）评价企业损失。

6）转移必要操作设备到其他位置。

7）清理损坏区域。

8）恢复损坏区的水、电等供应。

9）清除废墟。

10）抢救被事故损坏的物资和设备。

11）恢复被事故影响的设备、设施。

12）解决保险和损坏赔偿。

当应急结束后，企业应急总指挥应该委派有关人员重新入驻，清理重大破坏区域和保证恢复操作的安全。根据危险的性质和事故大小，重新入驻人员可能不同，可包括应急人员、企业技术、工程、维修人员。重新入驻人员的安全应该得到保证，如果存在危险，入驻人员应佩戴个人防护设备。重新入驻时要直接观察现场和采取适当措施后才能进入破坏区域。

进入现场的人员应将发现的情况及时通知企业应急指挥，由他决定是否宣布应急结束。只有在所有火灾扑灭、没有点燃危险存在、所有气体泄漏物质已经被隔离和剩余气体被驱散时，才可以宣布结束应急状态。

小型应急事故，可以及时指示企业人员重新进入建筑或企业单元，并恢复正常操作。然而重大事故时，应急指挥者可能决定暂不允许大多数员工进入，而由人事部门负责通知员工什么时候可以开始工作。

事故调查应该尽早进行，并应严格遵守有关事故调查处理法规和标准。

如果事故涉及有毒或易燃物质，清理工作必须在进行其他恢复工作之前进行。

水、电供应的恢复只有在对企业彻底检查之后才能开始，以保证不会产生新危险。

恢复工作的最终目的是恢复到企业原有状况或更好。所需时间、费用和劳动力与事故的严重程度有关。无论怎样，从事故中吸取教训是极为重要的，包括重新安装防止类似事故发生的装置，这也是审查应急反应预案、评价应急行动有效性的一个因素。通过加入新的内容，改善原应急预案，可以不断提高事故预防水平。

## 思 考 题

9-1　应急救援有何意义?

9-2　简述应急救援的基本任务有哪些?

9-3　应急预案的内容有哪些?

9-4　简述应急救援预案的基本编制程序。

9-5　应急救援系统的组织机构是怎样的?

9-6　应急救援的基本原则是什么?

# 参 考 文 献

[1] 刘强. 危险化学品从业单位安全标准化工作指南（第二版）[M]. 北京：中国石化出版社，2011.

[2] 董大勤. 化工设备机械基础 [M]. 北京：化学工业出版社，2003.

[3] 许文，张毅民. 化工安全工程概论 [M]. 北京：化学工业出版社，2011.

[4] 徐国财，邢宏龙. 化工安全导论 [M]. 北京：化学工业出版社，2010.

[5] 邵辉，王凯全. 危险化学品生产安全（第二版）[M]. 北京：中国石化出版社，2010.

[6] 田兰，曲和鼎，蒋永明，等. 化工安全技术 [M]. 北京：化学工业出版社，1984.

[7] 蒋军成. 化工安全 [M]. 北京：机械工业出版社，2008.

[8] 邢晓琳. 化工设备 [M]. 北京：化学工业出版社，2005.

[9] 蔡凤英，谈宗山，孟赫，等. 化工安全工程（第二版）[M]. 北京：科学出版社，2009.

[10] 董文庚，苏昭桂. 化工安全工程 [M]. 北京：煤炭工业出版社，2007.

[11] 周忠元，陈桂琴. 化工安全技术与管理 [M]. 北京：化学工业出版社，2002.

[12] 王凯全，王新颖. 危险化学品设备安全（第二版）[M]. 北京：中国石化出版社，2010.

[13] 孙玉叶，王瑾. 化工安全技术与职业健康 [M]. 北京：化学工业出版社，2009.

[14] 葛晓军，等. 化工生产安全技术 [M]. 北京：化学工业出版社，2008.

[15] 张广华. 危险化学品生产安全技术与管理 [M]. 北京：中国石化出版社，2011.

[16] 田水承，景国勋. 安全管理学 [M]. 北京：机械工业出版社，2009.

[17] 毛海峰. 现代安全管理理论与实务 [M]. 北京：北京经济学院出版社，2000.

[18] 刘宏. 职业安全管理 [M]. 北京：化学工业出版社，2004.

[19] 张荣，张晓东. 危险化学品安全技术 [M]. 北京：化学工业出版社，2009.

[20] 王德堂，孙玉叶. 化工安全生产技术 [M]. 天津：天津大学出版社，2009.

[21] 朱宝轩. 化工安全技术基础 [M]. 北京：化学工业出版社，2008.

[22] 刘景良. 化工安全技术 [M]. 北京：化学工业出版社，2003.

[23] 罗云. 现代安全管理（第二版）[M]. 北京：化学工业出版社，2010.

[24] 吴宗之，高进东，魏利军. 危险评价方法及其应用 [M]. 北京：冶金工业出版社，2003.

[25] 刘诗飞，詹予忠. 重大危险源辨识及危害后果分析 [M]. 北京：化学工业出版社，2004.

[26] 魏新利，李惠萍，王自健. 工业生产过程安全评价 [M]. 北京：化学工业出版社，2005.

[27] 陈网桦，等. 安全评价师（国家职业资格一级）（第2版）[M]. 北京：中国劳动社会保障出版社. 2010.

[28] 吴宗之，刘茂. 重大事故应急救援系统及预案导论 [M]. 北京：冶金工业出版社，2003.

[29] 刘铁民. 应急体系建设和应急预案编制 [M]. 北京：企业管理出版社，2004.

[30] 邢娟娟. 企业事故应急救援与预案编制技术 [M]. 北京：气象出版社，2008.

[31] 李庄. 化工机械设备安装调试、故障诊断、维护及检修技术规范实用手册 [M]. 长春：吉林电子出版社，2003.

[32] 宋建池，范秀山，王训道. 化工厂系统安全工程 [M]. 北京：化学工业出版社，2004.

[33] 崔克清，等. 化工单元运行安全技术 [M]. 北京：化学工业出版社，2006.

[34] 张延松，等. 安全评价师（基础知识）（第2版）[M]. 北京：中国劳动社会保障出版社. 2010.

[35] 廖学品. 化工过程危险性分析 [M]. 北京：化学工业出版社，2000.

[36] 赵雪娥，孟亦飞，刘秀玉. 燃烧与爆炸理论 [M]. 北京：化学工业出版社，2011.

[37] 解立峰，余永刚，韦爱勇，等. 防火与防爆工程 [M]. 北京：冶金工业出版社，2010.

# 冶金工业出版社部分图书推荐

| 书　名 | 作　者 | | 定价(元) |
|---|---|---|---|
| 防火与防爆工程（本科教材） | | 解立峰 | 45.00 |
| 化工安全分析中的过程故障诊断 | | 田文德 | 27.00 |
| 化工基础实验（本科教材） | | 马文瑾 | 19.00 |
| 煤气安全知识300问 | | 张天启 | 25.00 |
| 系统安全评价与预测（第2版）(本科国规教材) | | 陈宝智 | 26.00 |
| 安全原理（第2版）(本科教材) | | 陈宝智 | 20.00 |
| 安全系统工程（高职高专教材） | | 林　友 | 24.00 |
| 安全系统工程（本科教材） | | 谢振华 | 26.00 |
| 安全管理基本理论与技术 | | 常占利 | 46.00 |
| 安全评价（本科教材） | | 刘双跃 | 36.00 |
| 安全学原理（本科教材） | | 金龙哲 | 27.00 |
| 危险评价方法及其应用 | | 吴宗之 | 47.00 |
| 噪声与振动控制（本科教材） | | 张恩惠 | 30.00 |
| 燃烧与爆炸学 | | 张英华 | 30.00 |
| 爆炸合成新材料与高效、安全爆破关键科学和工程技术<br>　　——中国工程科技识途论坛第125场论文集 | | 汪旭光 | 150.00 |
| 煤矿安全生产400问 | | 姜　威 | 43.00 |
| 煤矿钻探工艺与安全（高职高专教材） | | 姚向荣 | 43.00 |
| 硫化矿自燃预测预报理论与技术 | 阳富强 | 吴　超 | 43.00 |
| 我国金属矿山安全与环境科技发展前瞻研究 | | 古德生 | 45.00 |
| 矿山安全工程（国规教材） | | 陈宝智 | 30.00 |
| 矿山安全与防灾（高职高专教材） | | 王洪胜 | 27.00 |
| 矿井通风与防尘（高职高专教材） | | 陈国山 | 25.00 |
| 选矿原理与工艺（高职高专教材） | | 于春梅 | 28.00 |
| 爆破手册 | | 汪旭光 | 180.00 |
| 凿岩爆破技术（职业技能培训教材） | | 刘念苏 | 45.00 |
| 冶金企业环境保护（本科教材） | 马红周 | 张朝晖 | 23.00 |
| 炼钢厂生产安全知识（职业技能培训教材） | | 邵明天 | 29.00 |
| 安全管理技术 | | 袁昌明 | 46.00 |
| 安全生产与环境保护（高职高专） | | 张丽颖 | 24.00 |
| 产品安全与风险评估 | | 黄国忠 | 18.00 |
| 冶金炉热工基础（高职高专教材） | | 杜效侠 | 37.00 |